U0271268

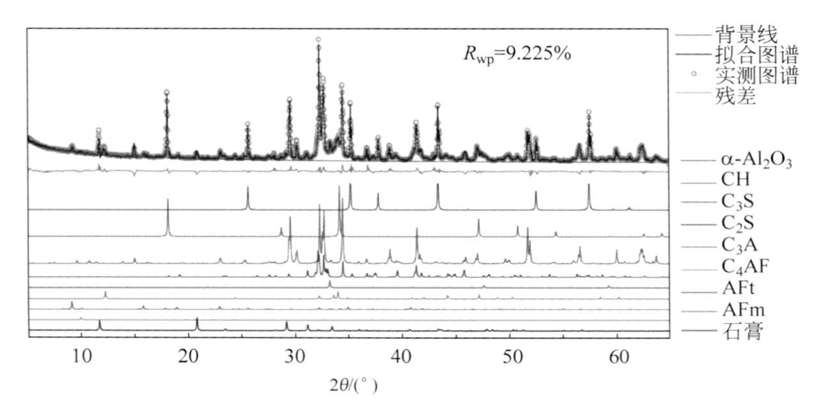

图 2.8 Rietveld 全谱拟合案例

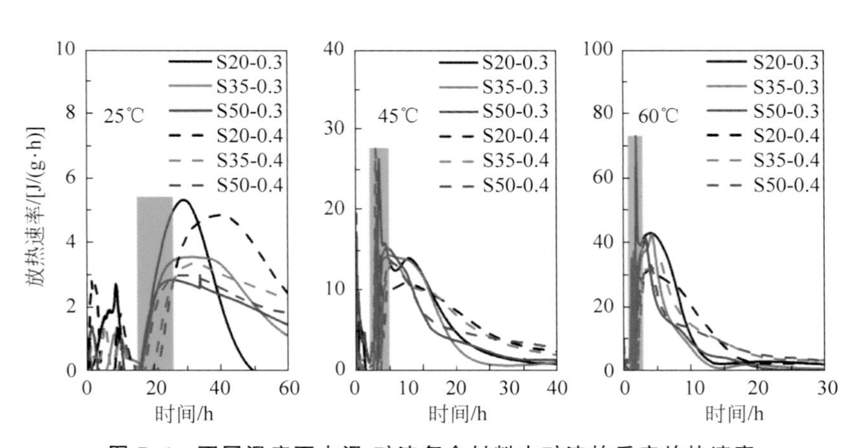

图 7.4 不同温度下水泥-矿渣复合材料中矿渣的反应放热速率

清华大学优秀博士学位论文丛书

水泥-矿渣复合胶凝材料水化动力学模型研究

张增起（Zhang Zengqi）著

Study on the Hydration Kinetics Model of Cement-Slag Composite Cementitious Materials

清华大学出版社
北京

内 容 简 介

本书从纯 C_3S 单矿出发，建立水化动力学模型，在这一模型的基础上，研究了硅酸盐水泥的水化机理、以石英为代表的惰性掺合料的物理作用和以矿渣为代表的火山灰材料的化学反应，说明了不同形式的水泥水化动力学之间的联系和区别，丰富了水泥水化动力学体系，对于添加不同掺合料的水泥水化速率、水化产物的生成过程和硬化水泥的物相组成也给出了分析结果。

本书可供高校和科研院所土木工程、硅酸盐材料等专业的师生以及技术人员阅读参考。

图书在版编目(CIP)数据

水泥-矿渣复合胶凝材料水化动力学模型研究/张增起著. —北京：清华大学出版社，2021.6

(清华大学优秀博士学位论文丛书)

ISBN 978-7-302-57244-2

Ⅰ. ①水… Ⅱ. ①张… Ⅲ. ①矿渣水泥－复合材料－胶凝材料－化学动力学－研究 Ⅳ. ①TQ172.71

中国版本图书馆 CIP 数据核字(2020)第 260625 号

责任编辑：王 倩
封面设计：傅瑞学
责任校对：刘玉霞
责任印制：杨 艳

出版发行：清华大学出版社
　网　　址：http://www.tup.com.cn，http://www.wqbook.com
　地　　址：北京清华大学学研大厦 A 座　**邮　　编**：100084
　社 总 机：010-62770175　**邮　　购**：010-62786544
　投稿与读者服务：010-62776969，c-service@tup.tsinghua.edu.cn
　质量反馈：010-62772015，zhiliang@tup.tsinghua.edu.cn
印 刷 者：三河市铭诚印务有限公司
装 订 者：三河市启晨纸制品加工有限公司
经　　销：全国新华书店
开　　本：155mm×235mm　**印　　张**：13　**插　　页**：1　**字　　数**：220 千字
版　　次：2021 年 8 月第 1 版　**印　　次**：2021 年 8 月第 1 次印刷
定　　价：99.00 元

产品编号：088848-01

一流博士生教育
体现一流大学人才培养的高度(代丛书序)[①]

人才培养是大学的根本任务。只有培养出一流人才的高校,才能够成为世界一流大学。本科教育是培养一流人才最重要的基础,是一流大学的底色,体现了学校的传统和特色。博士生教育是学历教育的最高层次,体现出一所大学人才培养的高度,代表着一个国家的人才培养水平。清华大学正在全面推进综合改革,深化教育教学改革,探索建立完善的博士生选拔培养机制,不断提升博士生培养质量。

学术精神的培养是博士生教育的根本

学术精神是大学精神的重要组成部分,是学者与学术群体在学术活动中坚守的价值准则。大学对学术精神的追求,反映了一所大学对学术的重视、对真理的热爱和对功利性目标的摒弃。博士生教育要培养有志于追求学术的人,其根本在于学术精神的培养。

无论古今中外,博士这一称号都和学问、学术紧密联系在一起,和知识探索密切相关。我国的博士一词起源于2000多年前的战国时期,是一种学官名。博士任职者负责保管文献档案、编撰著述,须知识渊博并负有传授学问的职责。东汉学者应劭在《汉官仪》中写道:“博者,通博古今;士者,辩于然否。”后来,人们逐渐把精通某种职业的专门人才称为博士。博士作为一种学位,最早产生于12世纪,最初它是加入教师行会的一种资格证书。19世纪初,德国柏林大学成立,其哲学院取代了以往神学院在大学中的地位,在大学发展的历史上首次产生了由哲学院授予的哲学博士学位,并赋予了哲学博士深层次的教育内涵,即推崇学术自由、创造新知识。哲学博士的设立标志着现代博士生教育的开端,博士则被定义为独立从事学术研究、具备创造新知识能力的人,是学术精神的传承者和光大者。

---

① 本文首发于《光明日报》,2017年12月5日。

博士生学习期间是培养学术精神最重要的阶段。博士生需要接受严谨的学术训练，开展深入的学术研究，并通过发表学术论文、参与学术活动及博士论文答辩等环节，证明自身的学术能力。更重要的是，博士生要培养学术志趣，把对学术的热爱融入生命之中，把捍卫真理作为毕生的追求。博士生更要学会如何面对干扰和诱惑，远离功利，保持安静、从容的心态。学术精神，特别是其中所蕴含的科学理性精神、学术奉献精神，不仅对博士生未来的学术事业至关重要，对博士生一生的发展都大有裨益。

独创性和批判性思维是博士生最重要的素质

博士生需要具备很多素质，包括逻辑推理、言语表达、沟通协作等，但是最重要的素质是独创性和批判性思维。

学术重视传承，但更看重突破和创新。博士生作为学术事业的后备力量，要立志于追求独创性。独创意味着独立和创造，没有独立精神，往往很难产生创造性的成果。1929年6月3日，在清华大学国学院导师王国维逝世二周年之际，国学院师生为纪念这位杰出的学者，募款修造"海宁王静安先生纪念碑"，同为国学院导师的陈寅恪先生撰写了碑铭，其中写道："先生之著述，或有时而不章；先生之学说，或有时而可商；惟此独立之精神，自由之思想，历千万祀，与天壤而同久，共三光而永光。"这是对于一位学者的极高评价。中国著名的史学家、文学家司马迁所讲的"究天人之际，通古今之变，成一家之言"也是强调要在古今贯通中形成自己独立的见解，并努力达到新的高度。博士生应该以"独立之精神、自由之思想"来要求自己，不断创造新的学术成果。

诺贝尔物理学奖获得者杨振宁先生曾在20世纪80年代初对到访纽约州立大学石溪分校的90多名中国学生、学者提出："独创性是科学工作者最重要的素质。"杨先生主张做研究的人一定要有独创的精神、独到的见解和独立研究的能力。在科技如此发达的今天，学术上的独创性变得越来越难，也愈加珍贵和重要。博士生要树立敢为天下先的志向，在独创性上下功夫，勇于挑战最前沿的科学问题。

批判性思维是一种遵循逻辑规则、不断质疑和反省的思维方式，具有批判性思维的人勇于挑战自己，敢于挑战权威。批判性思维的缺乏往往被认为是中国学生特有的弱项，也是我们在博士生培养方面存在的一个普遍问题。2001年，美国卡内基基金会开展了一项"卡内基博士生教育创新计划"，针对博士生教育进行调研，并发布了研究报告。该报告指出：在美国和欧洲,培养学生保持批判而质疑的眼光看待自己、同行和导师的观点同样非常不容易,批判性思维的培养必须成为博士生培养项目的组成部分。

对于博士生而言,批判性思维的养成要从如何面对权威开始。为了鼓励学生质疑学术权威、挑战现有学术范式,培养学生的挑战精神和创新能力,清华大学在2013年发起"巅峰对话",由学生自主邀请各学科领域具有国际影响力的学术大师与清华学生同台对话。该活动迄今已经举办了21期,先后邀请17位诺贝尔奖、3位图灵奖、1位菲尔兹奖获得者参与对话。诺贝尔化学奖得主巴里·夏普莱斯(Barry Sharpless)在2013年11月来清华参加"巅峰对话"时,对于清华学生的质疑精神印象深刻。他在接受媒体采访时谈道:"清华的学生无所畏惧,请原谅我的措辞,但他们真的很有胆量。"这是我听到的对清华学生的最高评价,博士生就应该具备这样的勇气和能力。培养批判性思维更难的一层是要有勇气不断否定自己,有一种不断超越自己的精神。爱因斯坦说:"在真理的认识方面,任何以权威自居的人,必将在上帝的嬉笑中垮台。"这句名言应该成为每一位从事学术研究的博士生的箴言。

提高博士生培养质量有赖于构建全方位的博士生教育体系

一流的博士生教育要有一流的教育理念,需要构建全方位的教育体系,把教育理念落实到博士生培养的各个环节中。

在博士生选拔方面,不能简单按考分录取,而是要侧重评价学术志趣和创新潜力。知识结构固然重要,但学术志趣和创新潜力更关键,考分不能完全反映学生的学术潜质。清华大学在经过多年试点探索的基础上,于2016年开始全面实行博士生招生"申请-审核"制,从原来的按照考试分数招收博士生,转变为按科研创新能力、专业学术潜质招收,并给予院系、学科、导师更大的自主权。《清华大学"申请-审核"制实施办法》明晰了导师和院系在考核、遴选和推荐上的权力和职责,同时确定了规范的流程及监管要求。

在博士生指导教师资格确认方面,不能论资排辈,要更看重教师的学术活力及研究工作的前沿性。博士生教育质量的提升关键在于教师,要让更多、更优秀的教师参与到博士生教育中来。清华大学从2009年开始探索将博士生导师评定权下放到各学位评定分委员会,允许评聘一部分优秀副教授担任博士生导师。近年来,学校在推进教师人事制度改革过程中,明确教研系列助理教授可以独立指导博士生,让富有创造活力的青年教师指导优秀的青年学生,师生相互促进、共同成长。

在促进博士生交流方面，要努力突破学科领域的界限，注重搭建跨学科的平台。跨学科交流是激发博士生学术创造力的重要途径，博士生要努力提升在交叉学科领域开展科研工作的能力。清华大学于2014年创办了“微沙龙”平台，同学们可以通过微信平台随时发布学术话题，寻觅学术伙伴。3年来，博士生参与和发起“微沙龙”12 000多场，参与博士生达38 000多人次。“微沙龙”促进了不同学科学生之间的思想碰撞，激发了同学们的学术志趣。清华于2002年创办了博士生论坛，论坛由同学自己组织，师生共同参与。博士生论坛持续举办了500期，开展了18 000多场学术报告，切实起到了师生互动、教学相长、学科交融、促进交流的作用。学校积极资助博士生到世界一流大学开展交流与合作研究，超过60%的博士生有海外访学经历。清华于2011年设立了发展中国家博士生项目，鼓励学生到发展中国家亲身体验和调研，在全球化背景下研究发展中国家的各类问题。

在博士学位评定方面，权力要进一步下放，学术判断应该由各领域的学者来负责。院系二级学术单位应该在评定博士论文水平上拥有更多的权力，也应担负更多的责任。清华大学从2015年开始把学位论文的评审职责授权给各学位评定分委员会，学位论文质量和学位评审过程主要由各学位分委员会进行把关，校学位委员会负责学位管理整体工作，负责制度建设和争议事项处理。

全面提高人才培养能力是建设世界一流大学的核心。博士生培养质量的提升是大学办学质量提升的重要标志。我们要高度重视、充分发挥博士生教育的战略性、引领性作用，面向世界、勇于进取，树立自信、保持特色，不断推动一流大学的人才培养迈向新的高度。

邱勇

清华大学校长

2017年12月5日

丛书序二

以学术型人才培养为主的博士生教育，肩负着培养具有国际竞争力的高层次学术创新人才的重任，是国家发展战略的重要组成部分，是清华大学人才培养的重中之重。

作为首批设立研究生院的高校，清华大学自20世纪80年代初开始，立足国家和社会需要，结合校内实际情况，不断推动博士生教育改革。为了提供适宜博士生成长的学术环境，我校一方面不断地营造浓厚的学术氛围，一方面大力推动培养模式创新探索。我校从多年前就已开始运行一系列博士生培养专项基金和特色项目，激励博士生潜心学术、锐意创新，拓宽博士生的国际视野，倡导跨学科研究与交流，不断提升博士生培养质量。

博士生是最具创造力的学术研究新生力量，思维活跃，求真求实。他们在导师的指导下进入本领域研究前沿，吸取本领域最新的研究成果，拓宽人类的认知边界，不断取得创新性成果。这套优秀博士学位论文丛书，不仅是我校博士生研究工作前沿成果的体现，也是我校博士生学术精神传承和光大的体现。

这套丛书的每一篇论文均来自学校新近每年评选的校级优秀博士学位论文。为了鼓励创新，激励优秀的博士生脱颖而出，同时激励导师悉心指导，我校评选校级优秀博士学位论文已有20多年。评选出的优秀博士学位论文代表了我校各学科最优秀的博士学位论文的水平。为了传播优秀的博士学位论文成果，更好地推动学术交流与学科建设，促进博士生未来发展和成长，清华大学研究生院与清华大学出版社合作出版这些优秀的博士学位论文。

感谢清华大学出版社，悉心地为每位作者提供专业、细致的写作和出版指导，使这些博士论文以专著方式呈现在读者面前，促进了这些最新的优秀研究成果的快速广泛传播。相信本套丛书的出版可以为国内外各相关领域或交叉领域的在读研究生和科研人员提供有益的参考，为相关学科领域的发展和优秀科研成果的转化起到积极的推动作用。

感谢丛书作者的导师们。这些优秀的博士学位论文,从选题、研究到成文,离不开导师的精心指导。我校优秀的师生导学传统,成就了一项项优秀的研究成果,成就了一大批青年学者,也成就了清华的学术研究。感谢导师们为每篇论文精心撰写序言,帮助读者更好地理解论文。

感谢丛书的作者们。他们优秀的学术成果,连同鲜活的思想、创新的精神、严谨的学风,都为致力于学术研究的后来者树立了榜样。他们本着精益求精的精神,对论文进行了细致的修改完善,使之在具备科学性、前沿性的同时,更具系统性和可读性。

这套丛书涵盖清华众多学科,从论文的选题能够感受到作者们积极参与国家重大战略、社会发展问题、新兴产业创新等的研究热情,能够感受到作者们的国际视野和人文情怀。相信这些年轻作者们勇于承担学术创新重任的社会责任感能够感染和带动越来越多的博士生,将论文书写在祖国的大地上。

祝愿丛书的作者们、读者们和所有从事学术研究的同行们在未来的道路上坚持梦想,百折不挠!在服务国家、奉献社会和造福人类的事业中不断创新,做新时代的引领者。

相信每一位读者在阅读这一本本学术著作的时候,在吸取学术创新成果、享受学术之美的同时,能够将其中所蕴含的科学理性精神和学术奉献精神传播和发扬出去。

清华大学研究生院院长

2018年1月5日

导师序言

现代混凝土大量使用辅助性胶凝材料，以减少自然资源的消耗和温室气体排放，综合利用固体工业废渣，提高混凝土的绿色度。精确描述现代混凝土所用多组分复合胶凝材料的水化过程是指导现代混凝土配制的基本科学问题，具有重要的理论意义与实用价值。本书建立了水泥-矿渣复合胶凝材料的水化动力学模型，以研究该复合胶凝材料体系的水化过程。

张增起博士全面掌握了国内外胶凝材料水化机理与水化动力学的研究现状，分析了几种经典的胶凝材料水化模型的特点与不足。基于"蚀坑"理论、BNG模型、Jander方程和局部生长假说等理论，张增起采用遗传算法拟合得到在不同胶凝材料体系中的成核速率、沉淀速率、生长速率等动力学参数，提出了修正后的水化动力学模型，并与试验结果进行对比，证明了模型的正确性。本书将复杂的水泥-矿渣复合胶凝体系的水化过程分成几个阶段来处理：首先，研究硅酸盐水泥熟料中含量最多的C_3S的水化动力学，在现有BNG模型的基础上对其主要水化产物CSH的生长速率使用局部生长假定进行了修正，并研究了粒径大小对C_3S矿物水化的影响；其次，在C_3S水化动力学基础上，提出了纯硅酸盐水泥的水化理论模型，在扩散控制阶段使用了修正的Jander模型来表征，通过早龄期水泥水化热测量结果校准了模型参数，通过测定硬化水泥浆的矿物与化学组成验证了水化模型；再次，利用水泥-石英粉复合体系来研究惰性填料对水泥水化过程的物理作用，阐明了惰性填料对水泥的稀释、加速熟料矿物溶解以及增加水化产物成核面积等作用，通过对纯硅酸盐水泥的水化动力学模型的修正，得到水泥-石英粉体系的水化动力学模型，并通过测定水化热以及物相组成来校准和验证该模型；最后，研究水泥-矿渣复合体系的水化动力学，确定了矿渣水化的触发条件和反应程度，分别考虑水泥与矿渣的水化过程，建立了水泥-矿渣复合胶凝材料的水化动力学模型，并通过实际试验结果予以验证。本书的研究内容从水泥熟料单矿物到水泥-矿渣复合胶凝材料层层递进，清楚详细地说明了不同形式的胶凝材料的水化动力学的联系和区别，形成了一个完整的体系，这对于了解添加不同掺合料的水泥的水化速率、水化产物的生成过程和硬化水泥的物相组成有重要的意义，丰富了水泥水化动力学体系。本书得到的模型较为复杂，但具有较高科学性，对提高复合胶凝体系水化过程的科学认识有推动作用。本书采用的研究手段先进，实验数据客观翔实，公式推导与分析过程严谨，创新点突出，结论正确。本书展示的研究成果可为混凝土材料水化及性能演化机理研究提供重要的帮助。

阎培渝

清华大学土木工程系

2020年3月10日

摘 要

建立动力学模型是研究水泥基材料水化的重要手段。一方面，水化动力学模型有助于阐述特定的水泥水化机理，有利于理解和表征水泥的水化行为；另一方面，根据精细化的水化动力学模型可以预测水泥浆体中物相含量的变化，为水泥基材料的力学性能和耐久性能建模提供研究基础。目前，大量的辅助性胶凝材料被用于水泥基材料的制备。但是现有的水化动力学模型通常基于纯水泥水化机理建立，针对复合胶凝材料的水化动力学模型研究则较为缺乏。因此，有必要建立一个同时表征水泥水化和矿物掺合料火山灰反应的动力学模型。本书以水泥-矿渣复合胶凝材料为研究对象，建立了复合材料体系水化动力学模型。

建立了溶解-沉淀耦合动力学方程来描述 C_3S 的水化过程。在新建动力学模型中通过同时考虑溶解释放离子和水化产物沉淀消耗离子两个相反过程来计算液相中的离子浓度。离子浓度又反过来决定了液相中 C_3S 和水化产物的饱和度，进而影响了 C_3S 溶解速率和水化产物沉淀速率。对水化产物沉淀过程采用了与边界成核生长（boundary nucleation and growth，BNG）模型相似的推导思路，但产物的生长速率通过局部生长假说进行了修正。

在对纯硅酸盐水泥的水化过程建模时，忽略早期水泥溶解动力学建模部分。硅酸盐水泥产物成核生长阶段和扩散控制阶段分别通过修正的 BNG 模型和修正的杨德（Jander）方程表征。研究了水灰比对动力学参数的影响，并提出了动力学参数与水灰比之间的函数关系，同时测定了不同动力学参数的活化能。

把惰性掺合料对水泥水化的影响分为 3 个方面：成核作用（增加成核位点）、稀释作用（增大实际水灰比）和加速溶解作用（表现为成核速率和生长速率的增长）。基于纯硅酸盐水泥的水化动力学模型，引入相关动力学参数表征了上述惰性掺合料对硅酸盐水泥水化的影响机理。对含有不同细度和掺量的石英粉的胶凝材料体系进行模型拟合，确定了相关动力学参数，并给出了取值方法。

最终建立了完整的复合胶凝材料水化动力学模型。在完整的水泥-矿渣水化动力学模型中，水泥水化部分仍然由水泥-石英水化动力学模型表征。矿渣的火山灰反应同样包含产物成核生长和扩散这两个过程，分别以修正的BNG模型和修正的Jander方程表征。通过矿渣的化学组成和反应产物的物相组成分析，给出了矿渣的反应方程式。通过对实验数据的拟合，确定了矿渣开始反应的时间、矿渣反应产物晶核密度、生长速率常数和扩散速率常数等动力学参数。

关键词：动力学模型；复合胶凝材料；水泥；矿渣；物相组成

Abstract

Development of the reaction kinetic model is an important method to study the hydration of cement-based materials. Firstly, the hydration kinetic model of cement helps to clarify the specific cement hydration mechanisms, which is beneficial to understand and characterize the hydration behavior of cement. Secondly, some cement hydration kinetic model can predict the phase compositions of cement paste, which provides a basis for modeling the mechanical properties or durability of cement-based materials. At present, large amounts of supplementary cementitious materials (SCMs) have been used in the preparation of cement-based materials. However, the research on the hydration kinetics model of composite binders is limited, since the existing models are generally established based on the hydration of plain Portland cement. Hence it is very important to develop a new kinetic model to simultaneously describe the hydration of cement and the pozzolanic reaction of SCMs. In this research, by taking the composite binder containing ground granulated blast-furnace slag as the research object, the hydration kinetic model of composite binder is established.

A dissolution-precipitation coupled kinetic model is established to describe the hydration of C_3S. In the new developed model, the ions concentrations are calculated by considering the release of ions from the dissolution process and the consumption of ions from the precipitation of products. Conversely, the ion concentration influences the saturation degree of C_3S and CSH, which definitely influences their dissolution and precipitation rate. The precipitation process of hydration product is modeled according to the similar thought of classical boundary nucleation and growth (BNG) model. But the growth rate of CSH in the new developed BNG model is modified by a reaction zone hypothesis.

The new developed kinetic model of Portland cement ignored the initial dissolution process. The nucleation and growth of hydration products are described by the modified BNG model, and the followed diffusion controlled period is characterized by a modified Jander's equation. The influence of water/cement ratio on the value of kinetic parameters is analyzed and the relation equations are given. The apparent activation energy of various kinetic parameters is determined in this study.

The influence of inert mineral admixtures on the hydration of cement is classified as the nucleation effect (additional nucleation site), dilution effect (increasing the actual water/cement ratio) and accelerated dissolution effect (essentially increasing the nucleation and growth rate). Based on the hydration kinetic model of Portland cement, these mechanisms of the effects of inert mineral admixtures are characterized by introducing some corresponded kinetic parameters. The value of these parameters in the cases of various content of quartz with different fineness is determined and the value-taking functions of these parameters are given in this study.

Finally, the hydration kinetic model of composite cementitious materials is established. In the complete kinetic model of composite binders, the hydration of cement is still represented by the model of cement & quartz. The pozzolanic reaction of slag is supposed to be successively controlled by the nucleation and growth of pozzolanic reaction products and the diffusion of free water. These two reaction process are also characterized by the modified BNG model and Jander's equation, respectively. The species and content of pozzolanic reaction products are analyzed according to the chemical composition of slag and the reaction equation is determined. The pozzolanic reaction starting time, the nucleus density, the growth rate and the diffusion rate are determined by simulative fit of the complete model to the experiment data.

Key words: kinetic model; composite binders; Portland cement; slag; phase composition

主要符号对照表

AFt	三硫型水化硫铝酸钙(钙矾石)
AFm	单硫型水化硫铝酸钙
A_{eff}	水泥颗粒表面未被水化产物覆盖的面积分数
A_{cov}	水泥颗粒表面被水化产物覆盖的面积分数
A_{f}	单位质量水泥对应的总成核面积增加比例
a_{f}	单位质量水泥对应的实际有效成核面积增加比例
BNG	boundary nucleation and growth,边界成核生长
C_3S	硅酸三钙
C_2S	硅酸二钙
C_3A	铝酸三钙
C_4AF	铁铝酸四钙
CSH	水化硅酸钙凝胶
CH	氢氧化钙
$C_{\mathrm{Si}}^{\mathrm{total}}$	液相硅元素浓度(mol/L)
$C_{\mathrm{Ca}}^{\mathrm{total}}$	液相钙元素浓度(mol/L)
$d\alpha_i$	水泥熟料单矿各自的反应速率(h^{-1})
E	活化能(kJ/mol)
$\mathrm{Eff}_{\mathrm{ratio}}$	掺合料成核作用的折扣系数
f_{SCM}	石英、矿渣等掺合料掺量(%)
G	晶核径向生长速率(μm/h)
g	BNG 模型中椭球形水化产物细长比(0.16~0.3)
G_{ratio}	水化产物生长速率增长比例
$l_{\max}$	水化产物临界长度(nm)
I_{ratio}	水化产物成核速率增长比例
I	水化产物成核速率($\mu m^{-3}\cdot h^{-1}$)或($\mu m^2\cdot h^{-1}$)
JMAK	Johnson-Mehl-Avrami-Kolmogorov 晶体成核生长模型

k_{C_3S}	溶解速率常数(mol/(m^2 · h^{-1}))
k_D	修正 Jander 方程中的广义扩散系数(h^{-1})
M	物相摩尔质量(kg/mol)
m_i	剩余水泥四个熟料矿物的质量分数
N	水化产物晶核密度(μm^{-3} 或 μm^{-2})
r	水化产物超出临界长度后的生长速率减小比例
SSA_V	单位水化产物生长空间内的总成核面积(m^{-1})
SSA	原材料比表面积(m^2/kg)
S_{max}	水化产物在临界长度上的截面积分数
t_1	矿渣开始反应的时间
V_M	物相摩尔体积(m^3/mol)
$V_{mSCM}^{product}$	单位质量矿渣完全反应产生的水化产物体积(m^3/g)
$w_{ne}^{60}, w_{ne}^{105}$	化学结合水含量(%)
α	反应程度
α_u	极限反应程度
η_i	水泥四个熟料矿物的反应活性

目　录

第1章 绪　　论

1.1 研究背景与意义

目前,混凝土仍然是现代建筑行业中使用量最大的建筑材料,而混凝土的力学性能和耐久性能与混凝土中胶凝材料的水化硬化过程密不可分。水泥是制备混凝土过程中最重要的胶凝材料。水泥的生产和使用已经有200多年的历史,其生产过程需要消耗大量的能源和资源,并释放大量的CO_2等温室气体[1-2]。现在,矿渣、粉煤灰和钢渣等辅助性胶凝材料已经被广泛地应用于水泥混凝土的制备过程中。大量辅助性胶凝材料的使用可以明显减小波特兰水泥(硅酸盐水泥,简称水泥)的用量,降低混凝土生产过程中的能耗和资源消耗,实现水泥混凝土行业的绿色和可持续发展。此外,优质辅助性胶凝材料能够和水泥起到互补作用,改善混凝土的微结构,提高水泥混凝土力学性能和耐久性能[3-5]。

反应动力学是研究化学反应速率问题的科学,包括研究不同物理、化学因素(温度、压力、浓度和催化剂等)对反应速率的影响,不同物理、化学条件下的反应机理和反应速率的数学表达式。水泥主要由硅酸三钙(C_3S)、硅酸二钙(C_2S)、铝酸三钙(C_3A)、铁铝酸四钙(C_4AF)以及少量的石膏组成。由于不同矿物相的反应活性差异较大,其反应机理也不尽相同,因此水泥的水化是一个复杂的多相反应过程,而水泥水化动力学的研究有助于理解水泥复杂的水化机理。同时利用水泥水化动力学模型可以预测任意龄期水泥的水化程度,进而评估水泥基材料的性能。

目前,已经有很多国内外学者尝试通过反应动力学研究胶凝材料的水化硬化机理[6-11]。遗憾的是,由于水泥的水化机理非常复杂,仍然有很多水泥水化过程中的现象不能得到准确的解释[12-15]。因此,基于现有水泥水化理论的水化动力学模型不能够清晰、准确地表征水泥的水化过程。此外,现代水泥基材料通常都掺有石英粉、石灰石粉等惰性掺合料以及矿渣粉、粉煤灰等具有反应活性的辅助性胶凝材料,这些掺合料的掺入会改变水泥的水化进程(如细小掺合料颗粒的成核作用)。现有水泥动力学模型很少考虑掺合料的作用。此外,矿渣、火山灰等材料的反应需要氢氧化钙的激发,矿渣的反应与水泥的反应是一个链式过程。而现有水化动力学模型通常把复杂的复合胶凝材料看作一个整体,把复合胶凝材料当作均质材料以研究其动力学过程和动力学参数[16-20],这并不能清晰、准确地表征现代复合胶凝材料的水化动力学。虽然有学者建立动力学模型分别考虑水泥水化和掺合料水化,但是这些动力学模型的建立通常以水泥为主,掺合料的动力学过程仅仅通过简单的数学方程来简略表征,不能揭示掺合料的反应机理[21-24]。

综上所述,水泥基材料的水化动力学研究是水泥混凝土科学研究的重要组成部分,水化动力学模型的建立有助于理解和验证水泥基材料的水化机理,同时通过所建立的动力学模型可以计算硬化浆体中各组分的含量变化,为水泥混凝土诸多性能建模研究提供基础。随着科学研究的深入,人们对水泥的水化机理有了更多且更清晰的解释,水化动力学模型还需要进一步完善以便于准确、清晰地反映水泥水化机理。同时,现代胶凝材料组分日益复杂,不同组分之间的相互作用和各自的反应过程需要更精确的动力学模型来表征。因此,有必要建立更符合现代复合胶凝材料的水化动力学模型。

本书将以水泥-矿渣复合胶凝材料体系为研究对象,分别从 C_3S 单矿的水化、硅酸盐水泥水化、含惰性掺合料(石英)胶凝材料水化和含活性掺合料(矿渣)胶凝材料水化出发,逐步建立完备的水化动力学模型。

1.2　水泥-矿渣复合胶凝材料水化机理研究进展

针对复合胶凝材料的水化机理,国内外众多学者进行了深入的研究,取得了诸多成果。尤其是近年来随着实验手段的进步和科学理论的发展,关于复合胶凝材料水化机理有了很多新颖的观点和认知。下面主要介绍有关水泥和矿渣以及二者复合之后的水化机理,为动力学模型的建立提供理论支撑。

1.2.1　水泥水化机理

水泥熟料在经历高温煅烧与快速冷却后,熟料矿物的晶体结构中存在大量缺陷,这是水泥熟料具有反应活性的主要原因。熟料矿物主要包含硅相(C_3S 和 C_2S)、铝相(C_3A)以及铁铝相固溶体(C_4AF)。硅相的质量约占水泥熟料组成的 75%,硅相反应是水泥基材料强度产生的主要原因。对于硅相和铝相的具体反应方程式已经有很清晰的研究结果[25]。水泥中硅相反应的化学方程式如下所示：

$$C_3S + H_2O \longrightarrow C_xSH_y + (3-x)CH \tag{1-1}$$

$$C_2S + H_2O \longrightarrow C_xSH_y + (2-x)CH \tag{1-2}$$

在有石膏存在的情况下，铝酸盐首先与石膏反应，生成三硫型水化硫铝酸钙（AFt）：

$$C_3A + 3C\bar{S} \cdot H_2 + 26H \longrightarrow C_3A \cdot 3C\bar{S} \cdot 32H \tag{1-3}$$

其中，$\bar{S}$ 代表硫。

石膏消耗完之后，C_3A 会继续反应，AFt 逐渐转变成单硫型水化硫铝酸钙（AFm）：

$$C_3A \cdot 3C\bar{S} \cdot 32H + 2C_3A + 4H \longrightarrow 3C_3A \cdot C\bar{S} \cdot 12H \tag{1-4}$$

C_4AF 的水化与 C_3A 的水化类似，只是产物中部分 Al 被 Fe 替代[26-27]。但上述 C_4AF 的水化机理只有在合成的 C_4AF 单矿反应时较为合理，在复杂的多相体系中，C_4AF 的水化有明显差异。C_4AF 活性较低，水化速率较慢，当 C_4AF 持续水化时，水化环境已经和早期 C_3A 的水化环境相差较大。Powers 和 Brownyard[29] 发现 C_4AF 更可能和 C_3S 与 C_2S 发生反应，生成含铁的水榴石和氢氧化钙。Copeland 等[30] 通过 X 射线衍射分析（XRD）发现，多相水泥体系中 C_4AF 反应产物的化学组成近似为 $C_6AFS_2H_8$。在水泥体系中，C_4AF 的反应方程式如下[31-32]：

$$C_4AF + 2C_3S + 12H \longrightarrow C_6AFS_2H_8 + 4CH \tag{1-5}$$

$$C_4AF + 2C_2S + 10H \longrightarrow C_6AFS_2H_8 + 2CH \tag{1-6}$$

水泥水化是一个放热过程，根据等温量热实验测得的水泥基材料水化放热曲线可以把水泥的水化分为诱导前期（Ⅰ）、诱导期（Ⅱ）、加速期（Ⅲ）、减速期（Ⅳ）和稳定期（Ⅴ）[33-34]，如图 1.1 所示。

诱导前期（Ⅰ）放热主要来自水泥颗粒的润湿热、熟料矿物的早期快速溶解以及少量 AFt 的快速生成。进入诱导期之后，水泥水化放热速率明显降低，且放热速率在整个诱导期始终维持在较低水平。诱导期出现的机理主要有：①亚稳态薄膜假说[35-39]，早期生成的水化产物在水泥颗粒表面生成一层亚稳态的水化膜，阻止了水泥的快速水化；②缓慢溶解理论[14,40-41]，水泥溶解释放的离子在水泥颗粒表面附近富集，抑制了水泥的进一步溶解；③CSH 结晶理论[42-44]，诱导期内 CSH 处于结晶阶段，大量 CSH 晶核开始快速生长导致诱导期的结束；④CH 结晶理论[45]，认为硅酸根抑制了 CH 晶核的生成，当溶液中 Ca^{2+} 浓度足够高时能够克服硅酸根的

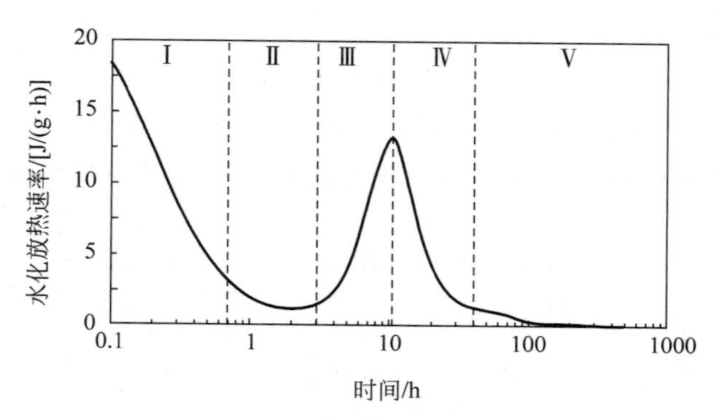

图 1.1　硅酸盐水泥水化的不同阶段

这种延迟作用；⑤晶体缺陷理论[46-47]，认为诱导期与水泥熟料的晶体缺陷含量息息相关。尽管上述理论已经提出很长时间，不同理论之间的争论仍然存在，即便是受认可程度更高的水化膜假说也不能够被实际的实验手段证实。2010 年 Juilland 等提出了一种蚀坑理论用于解释 C_3S 在不同液相环境中的溶解速率[48]。基于蚀坑理论，Bullard 等[14]和 Scrivener 等[13,49]学者总结了诱导期可能出现的原因：在新拌浆体中，液相离子浓度较低，C_3S 处于极度欠饱和状态，在 C_3S 表面倾向形成溶解蚀坑导致 C_3S 快速溶解；随着液相离子浓度的升高，C_3S 的饱和度升高，C_3S 的溶解不再形成蚀坑，而是在已经形成的蚀坑处缓慢溶解。

基于蚀坑溶解机理，在诱导期内液相离子浓度较高，C_3S 溶解速率维持在较低水平。同时，CSH 处于过饱和状态，但由于 CSH 的晶核数量较少，诱导期内 CSH 的沉淀速率较慢。当 CSH 的晶核积累到一定数量时，CSH 开始大量沉淀，离子浓度降低，C_3S 再次快速溶解，诱导期结束，进入加速期。无论是实验结果[14,50-51]还是模型推测[11]都证明了加速期内的水化速率主要由 CSH 的沉淀速率控制，加速期内水泥水化速率逐渐加快，随之转变进入减速期，形成第二放热峰。加速期向减速期转变的机理包括空间填充假说、CSH 低密度生长-加密假说、扩散控制假说和局部生长假说，但目前仍然没有被广泛接受的理论。根据经典的 Avrami 晶体成核与生长模型计算结果，水化加速期向减速期的转变主要是由于相邻 CSH 晶核在长大的过程中相互接触重叠，限制了 CSH 的生长[44]。但当假设 CSH 的形貌和密度与实验观测到的结果相同时，根据累积放热量的计算结果可以断定处于放热峰时几乎不可能出现 CSH 相互重叠的现象。Bishnoi 和 Scrivener

通过基于矢量方法的水泥水化模拟平台 μic 拟合同样发现，主放热峰处的 CSH 含量不足以导致相邻水泥颗粒表面水化产物的重叠[52-53]。因此有学者提出了 CSH 首先以很小的密度生长，然后密度逐渐增加的猜想[52]。然而许多实验证明，水灰比对第二放热峰处的总放热量以及峰值出现的时间影响较小[51,54-55]，表明不同水灰比条件下 CSH 初始密度存在差异，先低密度生长然后加密的猜想与实际结果不符。扩散控制假说认为 CSH 完全覆盖水泥颗粒导致水泥水化速率由水分扩散速率控制，水化进而进入减速期。然而大量实验研究和模型研究结果表明，扩散控制阶段更可能发生在加速期后期或稳定期(水化速率趋于 0)[14]。基于此，有学者提出了局部生长假说[51,55]，即早期 CSH 的生长主要集中在距离水泥颗粒表面一定距离的范围内，当 CSH 的长度超出该区域时，其生长速率则会显著降低。Han 等[56]通过透射电子显微镜(TEM)观察发现，CSH 的长度始终为 200～500 nm，而 Bazzoni[51]通过扫描电子显微镜(SEM)同样观察到了临界长度的存在。尽管有实验结果证明 CSH 的生长集中在水泥颗粒附近，但仍然没有详细的理论机制解释这一实验现象。

随着 CSH 的不断生长，水泥颗粒逐渐被 CSH 完全覆盖，在水泥颗粒表面形成一层水化产物层，此时水泥水化速率主要由水分在水化产物层中的扩散速率控制，即扩散阶段。扩散过程中，水分扩散经过水化产物层与未水化水泥颗粒接触，溶解释放的离子和部分水化产物沉淀经由水化产物层向外扩散，水化产物随时会在水化产物层内沉淀，阻隔孔道，使水化产物层扩散性能降低。大量水化产物会在未水化水泥颗粒附近沉淀，表现为水化产物向内生长，生成高密度凝胶。水泥水化扩散阶段[57]如图 1.2 所示。水化过程包括溶解、成核、生长、扩散以及最终形成非常致密的高密度凝胶产物层。

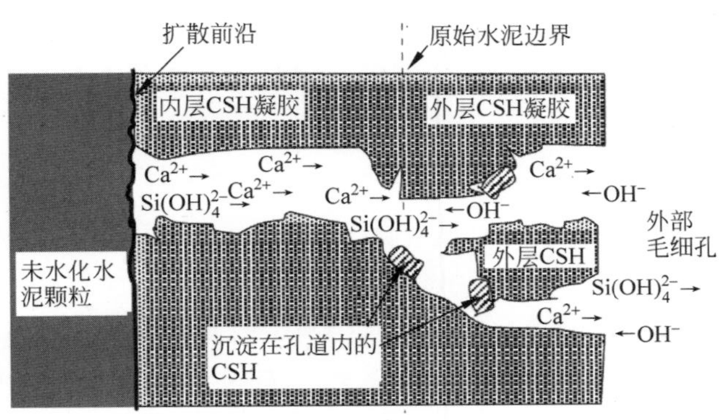

图 1.2 水泥水化扩散阶段

1.2.2 矿渣水化机理

粒化高炉矿渣(ground granulated blast furnace slag, GGBFS)是高炉炼铁过程中产生的工业副产品。高温熔融状态下的高炉矿渣经过水淬急冷之后形成非晶态颗粒,经粉磨至一定细度之后可作为活性矿物掺合料使用。除水淬急冷之外,还有半急冷和空气自然冷却。半急冷方式得到的多孔、轻质材料可用于制备轻质混凝土,而自然冷却得到的矿渣性能则与天然碎石相近,可用作骨料。本书主要讨论有潜在活性的水淬矿渣,下文中的矿渣均代表水淬矿渣。

矿渣主要化学组成为 SiO_2、Al_2O_3、CaO 和 MgO,其非晶态组成是一种三维玻璃网格结构,网格的主框架为硅氧四面体和四配位的铝氧四面体,钙、镁等原子分布在网状结构空穴中。然而矿渣的玻璃体结构并不是均质结构,在急速冷却过程中结构缺陷和分相是矿渣具有胶凝性的原因。矿渣呈现出的玻璃体结构与其化学元素组成息息相关,矿渣的化学组成因而决定了矿渣的反应活性。史才军[59]总结了国内外根据矿渣化学组成计算其水硬活性指数的公式,如表 1.1 所示。国际上许多国家标准采用 K_3 评估矿渣品质,而我国标准则主要以 K_{11} 评价矿渣品质。

矿渣为玻璃体网格结构,尽管三维网格结构中存在缺陷,在中性环境中网格结构仍然很难断开,但碱性环境中 OH^- 的强烈作用可以使网格结构断开,促进矿渣分解[60-63]。可用于激活矿渣反应活性的方法有机械激发、化学激发和热激发[33]。通过机械磨细的方式可以提高矿渣比表面积,增大矿渣与液相间的接触面,提高反应活性。通过碱或硫酸盐激发有助于破开矿渣网格结构,提高矿渣反应活性。矿渣的水化产物以 CSH 为主。Chen 和 Brouwers[64-65]建立了碱激发矿渣的反应模型,认为碱激发矿渣的主要水化产物有 CSH、水滑石、水榴石(含铁)、AFt 和 AFm。通过对比矿渣的化学组成和水化产物组成,Chen 计算了碱激发矿渣体系的反应方程式,如式(1-7)所示:

$$C_{yC}S_{yS}A_{yA}M_{yM}\bar{S}_{y\bar{S}}F_{yF}+n_{H}H\longrightarrow n_{CSH}C_{a}SA_{b}H_{x}+n_{HT}M_{5}AH_{13}+n_{HG}C_{6}AFS_{2}H_{8}+n_{AFt}C_{6}A\bar{S}_{3}H_{32}+n_{AH}C_{4}AH_{13}+n_{ST}C_{2}ASH_{8} \tag{1-7}$$

其中,y_i 表示第 i 种元素的含量,i=C,S,A,M,$\bar{S}$,F;n_i 表示第 i 种物相的化学计量数,i=H,CSH,HT,HG,AFt,AH,ST;a 和 b 表示物相没有明确的元素比例,在不同体系中取值不一致。

表 1.1 根据化学组成计算矿渣活性指数公式汇总[59]

类型	水硬活性指数
Ⅰ	$K_1=100-w(SiO_2)$ $K_2=(100-w(SiO_2))/w(SiO_2)$ $K_3=(w(CaO)+w(MgO)+w(Al_2O_3))/w(SiO_2)$ $K_4=(w(CaO)+w(MgO)+w(Al_2O_3)-10)/w(SiO_2)$ $K_5=(w(CaO)+1.4w(MgO)+0.6w(Al_2O_3))/w(SiO_2)$ $K_6=w(CaO)+0.5w(MgO)+w(Al_2O_3)-2.0w(SiO_2)$ $K_7=(6w(CaO)+3w(Al_2O_3))/(7w(SiO_2)+4w(MgO))$
Ⅱ	$K_8=\frac{w(CaO)+0.5w(MgO)+w(CaS)}{w(SiO_2)+w(MnO)}$ $K_9=\frac{w(CaO)+0.5w(MgO)+w(Al_2O_3)}{w(SiO_2)+w(FeO)+w((MnO)^2)}$ $K_{10}=\frac{w(CaO)+w(MgO)+w(Al_2O_3)+w(BaO)}{w(SiO_2)+w(MnO)}$ $K_{11}=\frac{w(CaO)+w(MgO)+w(Al_2O_3)}{w(SiO_2)+w(MnO)+w(TiO_2)}$
Ⅲ	$K_{12}=\frac{w(CaO)+w(MgO)+0.3w(Al_2O_3)}{w(SiO_2)+0.7w(Al_2O_3)}$ $K_{13}=\frac{w(CaO)+w(MgO)}{w(SiO_2)+0.5w(Al_2O_3)}$

1.2.3 水泥-矿渣复合胶凝材料水化机理

水泥-矿渣复合体系中水泥的水化机理与其在纯水泥体系中的水化机理并无太大差异，但矿渣可以为早期水泥水化提供成核位点，促进水泥水化，同时水泥水化产生的碱性环境可以激发矿渣的反应活性，促进矿渣的反应。水泥与矿渣在遵循各自反应机理的基础上互相促进。De Schutter 和 Taerwe[66-67] 发现水泥-矿渣复合胶凝材料体系中存在明显的两种反应，即硅酸盐水泥反应（portland reaction，P）和矿渣反应（slag reaction，S）。复合胶凝材料与水拌合后，首先是水泥与水反应并生成 CSH 和 CH 等水化产物。随着水泥水化进行，体系中液相 pH 值逐渐升高并开始激发矿渣的反应活性。Song 和 Jennings[68] 认为当液相 pH 值达到 11.5 以上时才能够激发矿渣的反应活性，破坏矿渣三维网格结构。此时，水泥水化和矿渣火山灰反应同时进行。

矿渣反应和水泥反应一样，水化产物主要为 CSH 凝胶，但矿渣中钙含量相对较低，而铝含量相对较高，矿渣生成的 CSH 产物中有较低的 Ca/Si 和较高的 Al/Si[70-71]。不同于粉煤灰等低钙矿物掺合料，矿渣在复合体系中反应所需消耗的 CH 较少。Wang 等[72-76]通过模型研究认为，矿渣对 CH 的消耗量明显低于其他高钙火山灰材料。大量研究表明当矿渣掺量较高时，在硬化复合胶凝材料浆体中甚至不能够检测到 CH 的存在，说明矿渣的水化仍然需要消耗 CH[77-82]。Chen 和 Brouwers[31,65]研究了水泥-矿渣复合体系中水化产物的组成和含量，认为复合体系的水化产物主要有 CSH、M_5AH_{13}、AFt、CH 和 C_4AH_{13}。基于火山灰类物质反应机理，Chen 提出了矿渣和水泥中硅相反应耦合的水化方程，如式(1-8)所示：

$$n_{C_3S}C_3S + n_{C_2S}C_2S + C_{n_C}S_{n_S}A_{n_A} \longrightarrow (n_{C_3S} + n_{C_2S})C_{\overline{C/S}}SH_x + n_S C_{\overline{C/S}}SA_{A/S}H_x + (n_{CH}^{P} - n_{CH}^{C})CH \tag{1-8}$$

其中，n_C、n_S 和 n_A 分别是矿渣中 CaO、SiO_2 和 Al_2O_3 的摩尔分数，n_{CH}^{P} 和 n_{CH}^{C} 分别为水泥生成的 CH 含量和矿渣反应消耗的 CH 含量。

1.3 水泥基材料水化动力学模型概述

1.3.1 水泥水化动力学模型

完整、准确的水泥水化模型不仅有助于预测水泥基材料的性能，也有助于设计配制新型的水泥基材料。模型通常是指通过数学语言定量描述材料的结构和性能，模拟是指基于确定的理论和原则，对实例进行计算预测，得到想要的物理量。Thomas[11]综述了近 40 年来业内有关水泥水化模型和模拟的研究成果，并把水化模型分为单颗粒模型、晶体成核生长模型与计算机水化全过程模拟。Xie 和 Biernacki[83]把水化动力学模型和模拟研究分为四大类：基于质量守恒的动力学模型、考虑粒径分布的水泥水化动力学模型、晶体成核与生长动力学模型以及基于计算机平台的水泥水化全过程模拟。

基于质量守恒的动力学方程主要有 Jander(杨德尔)模型[84]、Ginstling(金斯特林格)模型[85]、Brown(布朗)模型[86-88]和 Pommersheim(波默斯海姆)模型[89-90]。最初的动力学模型往往极度简化水泥的水化控制机理，上述基于质量守恒的动力学模型主要基于扩散过程或相界面反应过程推导。

Xie 和 Biernacki[83]总结了上述模型按照先后顺序的推导过程以及不同模型之间的演变关系。事实上，Xie 和 Biernacki[83]总结的质量守恒动力学模型与 Xie[11]总结的单颗粒模型相似，都是按照质量守恒的方式对单个水泥颗粒的水化过程进行表征。单颗粒同芯生长模型主要分为 Pommersheim[89]模式和 Kondo[91]模式。

根据水泥水化机理可知，水泥水化包含水泥颗粒的溶解、水化产物的成核与生长，当水泥颗粒被水化产物完全覆盖之后，水泥的水化会被扩散过程控制。因此，基于晶体成核与生长的动力学模型更能够准确描述早期水泥水化过程。Avrami[92-93]最早通过模型表征了水化产物的成核和生长过程，该模型与 Johnson 和 William[94]、Kolmogorov[95]的研究被统称为 JMAK 模型。JMAK 模型假定水化产物在整个空间中随机成核并以球体的形状匀速生长。然而水化产物的成核和生长主要发生在固体颗粒表面，Cahn[96]推导了边界成核与生长(boundary nucleation and growth，BNG)模型，2007 年 Thomas[97]把 Cahn 模型应用于水泥基材料的动力学表征。此后学者普遍选用 BNG 模型描述水泥基材料早期产物成核与生长的动力学过程[52,98-101]。不同于 JMAK 模型，BNG 模型假定水化产物在水泥颗粒表面随机成核并生长，水化产物被假定为固定长细比的椭球。

1986 年 Jennings 和 Johnson [102]首次提出复杂的水泥水化模拟模型(J-J model)。1997 年 Bentz[103]开发了基于数字图像的 3D 计算机模拟软件：CEMHYD3D。CEMHYD3D 主要基于电子扫描显微镜的观察结果建立最初的颗粒堆积状态，然后用元胞自动机模型的方式模拟水泥的溶解沉淀过程。1995 年 Breugel[104-105]在 J-J 模型的基础上开发了 HYMOSTRUC 水泥水化模拟软件。2007 年 Bullard[106-107]建立了 HydratiCA 模型，用于计算物相的溶解和生长、离子扩散、离子间的反应以及产物的成核速率。2009 年 Bishnoi 和 Scrivener[52-53]推出了基于矢量方法的水泥水化模拟平台 μic。以上模型和软件是至今为止业内认可程度最高的水泥水化计算机模拟平台。

1.3.2　矿物掺合料水化动力学模型

上述水泥水化动力学模型都是基于纯硅酸盐水泥(甚至只是基于纯 C_3S)推导的，当掺入矿物掺合料之后胶凝材料的组分会发生较大变化，矿物掺合料的反应与水泥的反应有明显区别，复合胶凝材料不宜再被看作均质材料，复合胶凝材料的水化动力学也不宜再通过统一的动力学方程描述。

现有的表征复合胶凝材料水化动力学的模型中，韩方晖等[16-18,108-110]通过Krstulovic-Dabic动力学模型研究了复合胶凝材料的水化过程，该模型把复合胶凝材料的水化过程分为晶体成核生长、相界面反应和扩散三个过程，分别通过JMAK模型、Brown模型和Jander模型表征[111]。韩方晖等系统分析了矿物掺合料种类及掺量对复合胶凝材料水化动力学参数的影响，同时根据不同温度下水化动力学参数的拟合结果探讨了矿物掺合料种类和掺量对复合胶凝材料活化能的影响。Merzouki等[112]同样采用Krstulovic-Dabic动力学模型研究了复合胶凝材料的水化动力学，但Merzouki等只通过Krstulovic-Dabic动力学模型表征复合胶凝材料体系中水泥熟料的水化过程，且通过对比XRD定量的结果确定了四个矿物各自的动力学参数，复合胶凝材料体系中的矿物掺合料则通过Knudsen扩散模型表征。De Schutter[66]最早提出水泥-矿渣复合胶凝材料的水化硬化过程可以拆分为水泥和矿渣(P-reaction和S-reaction)两部分，并提出了相关的水化速率计算方程，如式(1-9)所示。但该模型仅为数值模型，并不能够体现水泥-矿渣的反应机理。

$$\begin{cases} q_{\mathrm{P}} = q_{\mathrm{P,max,20}} \cdot c_{\mathrm{P}} \cdot [\sin(r_{\mathrm{P}}\pi)]^{a_{\mathrm{P}}} \cdot \exp(-b_{\mathrm{P}} \cdot r_{\mathrm{P}}) \\ q_{\mathrm{S}} = q_{\mathrm{S,max,20}} \cdot c_{\mathrm{S}} \cdot [\sin(r_{\mathrm{S}}\pi)]^{a_{\mathrm{S}}} \cdot \exp(-b_{\mathrm{S}} \cdot r_{\mathrm{S}}) \end{cases} \tag{1-9}$$

其中，q 表示放热速率，a、b、c 和 r 为常系数。

Park等[113]提出的是一种包含四个动力学参数(B、C、k、D)的动力学模型，模型假定屏障层的形成导致诱导期出现，此后出现加速期以及后续的减速期。模型参数分别控制初始屏障层的形成和破坏，加速反应期以及扩散。

$$\frac{\partial \alpha_i}{\partial t} = \frac{3\rho_{\mathrm{w}} C_{\text{w-free}}}{(v + w_{\mathrm{g}}) r_0 \rho_{\mathrm{c}}} \frac{1}{\frac{1}{k_{\mathrm{d}}} - \frac{r_0}{D_{\mathrm{e}}} + \frac{r_0}{D_{\mathrm{e}}}(1-\alpha_i)^{-1/3} + \frac{1}{k_{ri}}(1-\alpha_i)^{-2/3}} \tag{1-10}$$

其中，v 和 w_{g} 分别是每克水泥生成的化学结合水和凝胶水含量，k_{d}、D_{e}、k_{ri} 分别控制初始屏障层的形成和破坏、扩散、相界面反应。Wang等[72-76,114-115]考虑矿物掺合料反应对CH的消耗，提出了相似模式的矿物掺合料反应速率方程：

$$\frac{\partial \alpha_{\mathrm{f}}}{\partial t} = \frac{m_{\mathrm{CH}}(t)}{P_{\mathrm{f}}} \frac{3\rho_{\mathrm{w}}}{v_{\mathrm{f}} r_{\mathrm{f0}} \rho_{\mathrm{f}}} \frac{1}{\frac{1}{k_{\mathrm{df}}} - \frac{r_{\mathrm{f0}}}{D_{\mathrm{ef}}} + \frac{r_{\mathrm{f0}}}{D_{\mathrm{ef}}}(1-\alpha_{\mathrm{f}})^{-1/3} + \frac{1}{k_{\mathrm{rf}}}(1-\alpha_{\mathrm{f}})^{-2/3}} \tag{1-11}$$

其中，m_{CH} 是 CH 实时含量，P_f 是矿物掺合料掺量。该模型虽然单独考虑了矿物掺合料的反应过程，但直接套用水泥的水化动力学模型似乎并不合理。且该模型认为当水泥水化产生 CH 之后，矿物掺合料即开始反应，这与实际情况不符。

1.4　水泥基材料水化动力学研究方法概述

水化动力学研究的重点在于定量表征水泥基材料的水化速率和水化程度，水化动力学模型研究是水化动力学研究中的重要方法之一，但动力学模型的准确性需要实验结果的佐证。目前通过实验手段表征水泥基材料水化程度的方法主要是间接表征方法：化学结合水法、CH 定量法、等温量热法、化学收缩法以及电导率方法；直接测量方法：选择性溶解法、图像处理法以及 XRD 全谱拟合定量法。下面将详细介绍以上方法。

1.4.1　化学结合水法

从水泥的水化机理中可以看到(见式(1-1)～式(1-6))，水泥的水化过程伴随着水分从液相向固相(水化产物)转移。硬化水泥浆体中的水分可以分为两类：化学结合水和非化学结合水。化学结合水含量与硬化浆体中水化产物的含量呈正相关关系，因此可以用化学结合水表征水泥的水化程度。Parrott 等[116]、Atlassi[117]和 Kjellsen 等[118]认为，胶凝材料的反应程度可以通过化学结合水(w_n)含量表征，如式(1-12)所示：

$$\alpha = w_{nt}/w_{n\infty} \tag{1-12}$$

其中，w_{nt} 是 t 时刻化学结合水含量，$w_{n\infty}$ 是胶凝材料完全水化时的化学结合水含量。化学结合水方法操作简单，但存在缺陷。首先，化学结合水的测定存在误差，传统方法设定化学结合水为 105～1050℃ 的质量损失百分比，但硬化浆体中的 AFt 从 70℃ 就开始分解失水，采用传统方法测定的化学结合水含量偏低。另外，水泥和矿物掺合料水化并不同步，二者产生的化学结合水含量并不统一，水泥和矿物掺合料的反应程度无法区分。

1.4.2　CH 定量法

$Ca(OH)_2$ 是水泥中硅酸盐相水化反应的重要产物之一，矿物掺合料的反应则会消耗 $Ca(OH)_2$，$Ca(OH)_2$ 含量不仅是表征水泥水化程度的重要参数，还是联系水泥反应和矿物掺合料反应的中间桥梁。对于纯水泥体系，采用 $Ca(OH)_2$ 定量的方法可以比较准确地计算水泥的反应程度[119]。

$$\alpha = CH_{Ct}/CH_{C\infty} \tag{1-13}$$

其中，CH_{Ct} 是纯水泥体系在 t 时刻的 $Ca(OH)_2$ 含量，$CH_{C\infty}$ 是水泥完全水化后产生的 $Ca(OH)_2$ 含量。对于含矿物掺合料的胶凝材料体系，仅仅通过 CH 定量的方法不能够定量确定水泥和矿物掺合料的反应程度。要定量确定复合胶凝材料体系的反应程度，需要首先对水泥水化和矿物掺合料的反应进行解耦合处理。胡曙光等[120]和李响等[121]通过盐酸选择性溶解法测定了粉煤灰的反应程度，进而计算了粉煤灰反应消耗的 $Ca(OH)_2$ 量。然后对热重分析(TGA)实测的 $Ca(OH)_2$ 量进行修正，得到水泥水化产生的 $Ca(OH)_2$ 总量，根据式(1-13)计算得到水泥反应程度。Zeng 等[122]则首先建立复合胶凝材料体系中水泥水化的动力学模型，模型考虑了粉煤灰的成核作用和粉煤灰对水泥的稀释作用。在通过模型计算得到水泥水化程度的基础上，综合考虑 TGA 测定的 $Ca(OH)_2$ 量，评估了复合胶凝材料体系中粉煤灰的反应程度。

综合来看，通过 CH 定量方法可以较为准确地计算纯水泥反应程度，而对于含矿物掺合料的胶凝材料，则首先要确定胶凝材料中水泥或者掺合料的反应程度以达到解耦合的目的，进而分析剩余组分的反应程度。

1.4.3 等温量热法

胶凝材料水化是一个放热过程，根据等温量热实验结果可以判断胶凝材料的水化程度。水泥中各矿物相的水化放热量和矿物掺合料的反应放热量如表 1.2 所示。对硅酸盐水泥中的不同矿物相来说，不同学者得到的水化放热量相差不大，但不同矿物之间水化放热量相差较大。不同学者所得矿渣和粉煤灰水化放热量的差异主要源于原材料和实验手段的差异。等温量热实验测得的是复合胶凝材料整体的水化放热量，其结果表征的也是胶凝材料整体的反应程度。Han 等[124]采用和矿渣、粉煤灰相同细度的石英粉进行对比，排除了矿物掺合料在复合胶凝材料水化过程中的物理作用，进而单独分析了矿渣与粉煤灰在复合胶凝材料中的水化放热量。

表 1.2 水泥和掺合料的反应放热量

组 分	C_3S	C_2S	C_3A	C_4AF	矿渣	粉煤灰
反应放热量/(J/g)	510[a]	247[a]	1356[a]	427[a]	460[c,e]	209.3[c]
	569[b-1]	259[b-1,2]	836[b-1]	125[b-1]	530[d]	285[d]
	502[b-2]	222[b-3]	866[b-2]	418[b-2]		209[e]
	489[b-3]		1372[b-3]	464[b-3]		

注：a 代表参考文献[26]；b 代表参考文献[123]；c 代表参考文献[72]～[74]；d 代表参考文献[124]；e 代表参考文献[125]～[128]；b-1 和 b-2 的 C_3A 水化放热量偏低是由于研究者还考虑了 SO_3 和游离 CaO 的水化放热。

1.4.4 化学收缩法

胶凝材料的化学反应伴随着整体体积收缩的过程，近年来，化学收缩方法同样被用于研究胶凝材料的水化机理[129-131]和反应动力学过程[131-134]。水泥中每克 C_3S、C_2S、C_3A 和 C_4AF 水化产生的体积收缩分别为 0.0596 mL、0.0503 mL、0.1300 mL、0.0469 mL[131]。Pang 等[133]比较了等温量热法和化学收缩法的测量结果，结果表明根据化学收缩法推算的水泥水化放热与等温量热法的实测结果几乎重合。这说明化学收缩法同样能够精确表征胶凝材料早期水化硬化过程。但和等温量热法相似，化学收缩方法表征的仍然只是胶凝材料整体反应，无法准确区分不同矿物相的反应程度。

1.4.5 电导率方法

根据 Archie 法则[135]可知，多孔材料电导率和两个因素有关：液相的离子浓度与固相的连通孔隙率。香港大学李宗津团队开发了一种非接触式水泥基材料电阻率测试仪，可以避免传统方法的极化现象以及电极和样品之间的接触问题[136]。Wei、Li 和 Xiao[137-142]与 Shao 等[143]通过该电阻率测试仪系统表征了胶凝材料水化硬化过程中电阻率的变化，并推广 Archie 法则用于胶凝材料领域。根据连续测得的胶凝材料浆体电阻率变化曲线，胶凝材料的水化被划分成三个阶段：溶解期，诱导形成期和诱导期、凝结硬化期[144]。当水化处于溶解期时，由于水泥初始时刻的快速溶解，向溶液中释放大量离子，导致液相电阻率明显降低；诱导形成期和诱导期阶段，水泥的溶解变慢，水化产物沉淀也不明显，无论是液相电阻率还是连通孔隙率变化都很小，因此胶凝材料浆体的电阻率几乎保持不变；在凝结硬化期，水化产物快速沉淀生长，液相离子浓度降低，固相体积分数增加，连通孔隙率降低，导致胶凝材料浆体电阻率持续增加。

1.4.6 选择性溶解法

选择性溶解法是测定粉煤灰和矿渣等矿物掺合料的反应程度的传统方法，该方法的关键在于选择合适的溶剂使之可以溶解掉胶凝材料中未水化的水泥熟料和水化产物，而仅仅留下未水化的矿物掺合料，计算公式如式(1-14)所示。目前，该方法已经被广泛用于测定矿物掺合料的反应程度[145-149]。选择性溶解法中常用的溶剂包括用于测定粉煤灰反应程度的盐酸[146-147,150-154]、苦味酸[145-146,155-157]和用于测定矿渣反应程度的EDTA溶液[70,148-150,158]。我国规范中分别采用盐酸和EDTA溶液测定粉煤灰和矿渣的反应程度。事实上，选择性溶解法的测试稳定性较差，不同学者与不同溶液配制方法均会导致测试结果相差较大。

$$\alpha_{M}=\frac{w/(1-w_{ne})-f_{c}w_{C,E}}{f_{M}w_{M,E}} \tag{1-14}$$

其中，w，$w_{C,E}$，$w_{M,E}$ 分别是胶凝材料浆体、水泥原材料和矿物掺合料原材料选择性溶解后残留物质量分数，w_{ne} 是硬化浆体的化学结合水含量，f_c 与 f_M 分别为水泥和矿物掺合料的质量分数。

1.4.7 图像处理法

图像处理法是目前最有效地直观评价水泥和矿物掺合料各自反应程度的实验方法，其依据是水泥、矿物掺合料与水化产物的平均原子序数相差较大，在SEM背散射电子像(BSE)中的灰度有明显差异，易于区分。根据配合比和原材料的密度可以计算得到原始时刻水泥和矿物掺合料各自的体积分数，对比特定龄期从背散射电子像中获取的水泥和矿物掺合料的体积分数，推算可得此龄期水泥和矿物掺合料的反应程度，计算公式如式(1-15)所示：

$$\alpha_{C,M}=\left(1-\frac{V_{C,M}^{t}}{V_{C,M}^{\text{initial}}}\right)\times 100\% \tag{1-15}$$

其中，V_i^t，V_i^{initial} 分别是水泥($i=\mathrm{C}$)或者矿物掺合料($i=\mathrm{M}$)在 t 时刻和初

始时刻的体积分数。

背散射电子图像分析已经被广泛应用于胶凝材料反应程度的测定[159-161]。Kocaba等[162]对比了选择性溶解法、差示扫描量热法(DSC)、等温量热法、化学收缩法和背散射电子图像处理法在矿渣反应程度测量中的应用效果,发现图像处理法的测量结果可信度相对更高。在分析背散射电子图像的过程中,通过对比Mg元素的面分布来确定矿渣的分布范围可以提高背散射电子图像的处理精度[162]。Han等[163]对比了选择性溶解法和背散射电子图像处理法在粉煤灰、矿渣反应程度测量中的应用效果,同样发现图像处理法更合理,选择性溶解法测得的矿物掺合料的反应程度在早龄期偏高,而在长龄期则偏低。综上所述,背散射电子图像处理法可以作为精确测定矿物掺合料的反应程度的实验方法。

1.4.8 XRD全谱拟合定量法

X射线衍射定量分析的原理是混合物相中某单一物相的衍射峰强度与其在混合物中的含量呈正相关关系。Rietveld全谱拟合方法[164]能够很好地减少谱峰重叠和择优取向对定量分析结果的影响,因此普遍用于定量计算XRD测试结果。Rietveld全谱拟合方法主要基于以下原理:各物相的每个衍射峰都有一定的形状特征,可以分别找到合适的函数表征,而实测XRD图谱是所有晶体相图谱的叠加;首先根据初始数据文件计算衍射图谱,对比加权剩余方差因子(R_{wp}),采用最小二乘法获得较好的拟合结果。该方法也已经被广泛应用于定量测定水泥熟料矿物的组成[165-166]和水化后胶凝材料的反应程度与产物含量[167]。当待测样品中含有非晶相时,还需要额外提供标准样品。常用的标准样品包括α-Al_2O_3[168]和ZnO[169-170]等。具体方法按照标准样品添加方式的不同可分为内标法和外标法。

近年来,有学者通过原位测定XRD的方法实时监测了硅酸盐水泥早期水化过程[171-173]和碱激发材料的早期水化过程[174]。通过对水泥早期水化的实时监测,Hesse等提出了更为精细的水泥水化早期不同阶段的反应机理[172]。

硅酸盐水泥与水拌合后,部分C_3A和石膏在短时间内快速溶解,伴随着一定量AFt的快速生成,未生成AFt的铝元素可能以铝胶的形式存在于浆体中。由于石膏的持续溶解,液相中 SO_4^{2-} 离子浓度保持较高水平,部分 SO_4^{2-} 离子吸附在 C_3A 表面,限制了 C_3A 溶解,存在于铝胶中的铝元素保证了 AFt 的后续生成。此时,硅酸盐相缓慢溶解,并伴随着 CSH 的成核。当体系中积累了足够稳定的 CSH 晶核时,水化产物开始快速生长,进入加速期。当体系中的石膏完全溶解之后,由于 AFt 的持续沉淀,消耗了 SO_4^{2-},使得 C_3A 重新开始溶解,宏观表现为第二水化放热峰肩上出现鼓包。当 AFt 达到体系能够生成的最大含量时,AFt 开始向 AFm 转变。但值得注意的是,Neubauer 等仍然把水化加速期向减速期的转变归因于由结晶沉淀阶段向扩散阶段的转变,这是不科学的。

综上所述,XRD 定量方法是精确测量胶凝材料体系中各晶体相含量的有效实验手段,可用于计算水泥熟料的反应程度和晶态水化产物含量变化等。

1.5 现有模型研究中的缺陷与不足

从前述文献总结中可知,胶凝材料水化动力学模型是水化动力学研究的重要手段之一。但动力学建模的意义主要在于用数学模型的方式阐述反应机理,近年来,随着科学理论的发展和实验技术的进步,对胶凝材料的水化机理有了新的理解,而基于水化机理的胶凝材料的动力学模型研究却较为缺乏。现阶段复合胶凝材料水化动力学模型研究中存在的问题主要有以下三个方面:

(1) 缺少完整统一的基于水泥水化机理的动力学模型。现有水泥水化动力学模型不能完整表达不同阶段的水泥水化进程,且上述单一的水泥水化控制机制模型尚有待完善。水泥水化在 1 h 内主要是溶解阶段,后续是水化产物成核与生长以及水分扩散控制阶段。溶解阶段持续较短,且对胶凝材料整体性能影响不明显,模型未有考虑。水化产物成核生长阶段主要由 JMAK 模型和 BNG 模型表征,BNG 模型假定成核发生在固体材料表面,更为科学。但原始的 BNG 模型以水化产物的体积分数表征反应程度,与实际反应程度相差较大。扩散控制模型中的扩散速率通常被假定为常数,而实际上水化产物层会逐渐加密,扩散速率会逐渐减小。以上问题亟待解决。

(2) 复合胶凝材料体系中矿物掺合料对水泥水化的影响机理缺少模型表征。矿物掺合料对水泥水化的影响主要分为物理作用和化学作用,其中化学作用在早龄期并不明显。物理作用主要是指矿物掺合料的掺入为水泥水化产物的成核生长提供了额外的位点,即成核作用。此外,用矿物掺合料部分取代水泥提高了实际的水灰比(水和水泥的质量比),这会明显影响水泥的水化速率。

(3) 缺少基于火山灰反应机理的矿物掺合料反应动力学模型。矿物掺合料在复合胶凝材料体系中的化学反应包括玻璃体结构的解聚和缩聚。玻璃体结构的解聚主要和液相环境相关,而缩聚(即反应产物的沉淀)和水泥水化产物沉淀相似,都要经过成核与生长阶段,当矿渣表面被反应产物完全覆盖时,矿渣反应转变为扩散控制。目前含矿渣的复合胶凝材料水化动力学模型通常把水泥和矿渣看作整体,以均质材料为对象,研究复合材料的动力学过程。少数几个单独考虑水泥和矿渣各自反应动力学的模型通常以水泥水化建模为主,矿渣的反应动力学模型则以简单的数学方程表征,不能阐述矿渣的反应机理。

1.6 本书研究内容与技术路线

本研究的目标是建立完善的基于反应机理的水泥-矿渣复合胶凝材料水化动力学模型,以数学方程的形式阐述复合胶凝材料的水化机理。通过模型与实验数据的拟合,确定水化动力学模型参数与原材料、配合比、养护条件之间的关系,建立函数表达式,为其他原材料、配合比和养护条件下的水泥-矿渣复合胶凝材料的水化动力学模拟提供基础。水泥是多相材料,水泥和矿渣复合之后的化学反应更为复杂,水泥-矿渣复合胶凝材料的水化动力学模型需要从单相反应开始,基于不同程度的简化与假设,逐步完善改进。

C_3S 是水泥中含量最多的矿物,也是水泥早期水化的主要矿物,C_3A 虽然活性很高,但含量较少,有关水泥水化过程的模型大多以 C_3S 单矿为研究对象。本研究首先以 C_3S 为研究对象,根据蚀坑溶解理论建立 C_3S 的溶解速率方程。根据异相成核理论,建立 CSH 成核速率与 CSH 过饱和度之间的关系,基于 BNG 模型的推导思路建立 CSH 体积分数计算方程,再结合 CSH 摩尔体积计算 C_3S 的反应程度。在模型建立过程中,借鉴局部生长理论，对传统 BNG 模型进行改进。

把硅酸盐水泥作为建模研究对象。由于水泥矿物组成复杂，液相离子组成复杂，不宜再考虑溶解速率。对前一阶段建立的动力学模型进行简化，借鉴原始 BNG 模型的基本假设，认为 CSH 的成核速率和生长速率为常数。在减速期末段，水泥颗粒表面几乎被水化产物完全覆盖，认为此时水化进程进入扩散控制阶段，以修正后的 Jander 方程表征扩散过程。在高水灰比条件下，液相离子浓度偏低，导致 CSH 的沉淀较慢，宏观表现为诱导期的延长和第二放热峰的延后。通过模拟不同水灰比条件下的实验数据，建立动力学参数与水灰比之间的函数关系。温度越高，化学反应越快。通过实验数据模拟，获得不同温度下的动力学参数，根据阿伦尼乌斯(Arrhenius)公式计算不同物理化学过程的活化能。

矿物掺合料对水泥早期水化影响明显，尤其是矿物掺合料对水泥水化的物理作用显著。本研究以石英作为惰性掺合料，研究外加掺合料对水泥水化的物理影响。首先，掺合料的掺入增大了实际水灰比，水泥水化动力学模型的基础模型参数可借鉴上一阶段建立的模型参数与水灰比之间的函数关系。掺合料为水泥水化提供额外的成核位点，可根据掺合料的比表面积和掺量，对水泥水化产物的成核面积进行修正。掺合料的掺入增大了水泥溶解速率，引入了成核速率增大因子和生长速率增大因子。最终通过模型和实验数据拟合，获得成核面积、成核生长速率增大因子与石英比表面积和掺量的函数关系。

在考虑了掺合料物理作用的基础上，再单独考虑矿物掺合料自身的化学反应。首先根据矿渣的化学组成，建立水泥-矿渣复合胶凝材料体系中矿渣的反应机理和方程。其次确定矿渣开始反应的条件和时间，并借鉴水泥水化模型的推导方式，考虑恒定晶核密度和恒定生长速率，推导矿渣早期成核生长的动力学模型。当矿渣表面被水化产物完全覆盖之后，以修正的 Jander 方程计算扩散阶段的反应程度。通过对不同温度下实验数据的拟合，确定矿渣反应活化能。有关矿渣反应动力学部分的实验研究，均以相同细度的石英粉作为对照组，排除掺合料物理作用的干扰。

基于上述研究内容的阐述，绘制本研究的技术路线如图 1.3 所示。

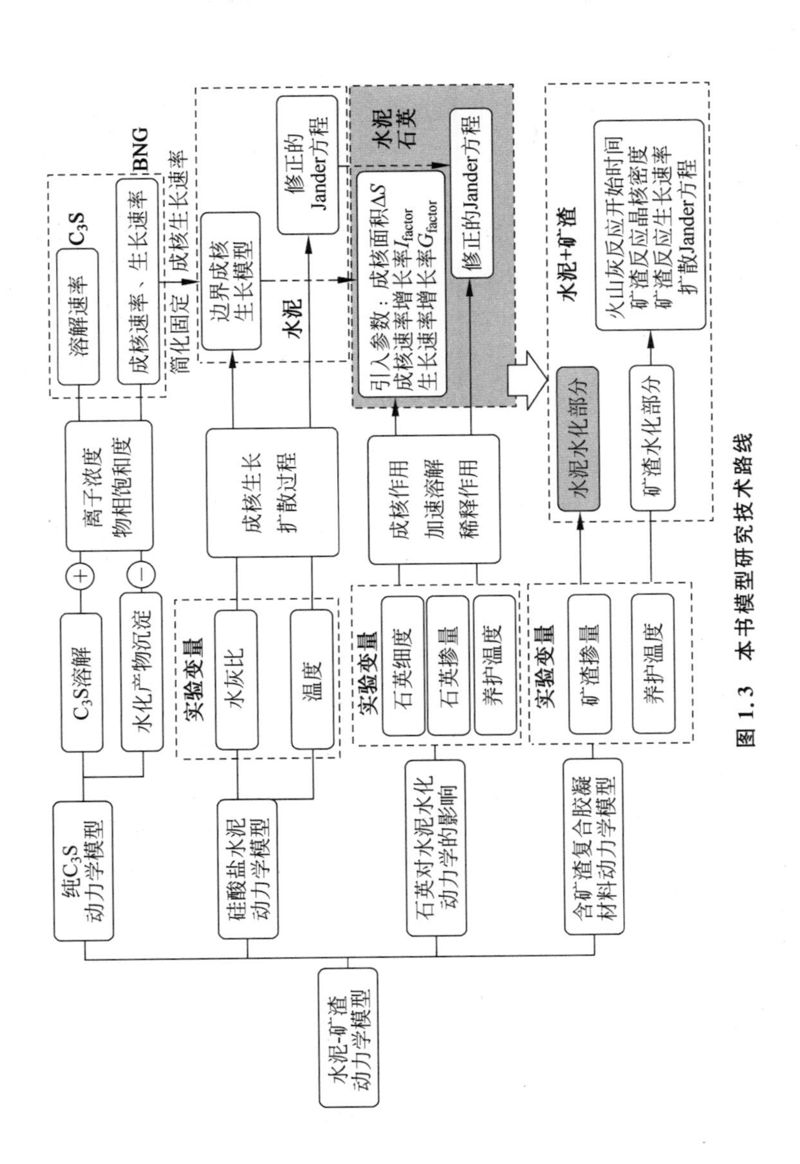

图 1.3　本书模型研究技术路线

1.7 本书章节安排

依据制定的研究内容和技术路线，本书的章节安排如下。

第1章为绪论，主要阐述本书的研究背景，强调研究目的与意义；总结胶凝材料水化动力学的研究进展，包括胶凝材料的水化动力学模型和水化动力学实验方法；提出本书研究内容和技术路线。

第2章介绍原材料与实验方法，主要介绍本研究中使用的原材料的基本性质，详细介绍研究中使用的实验方法和参数。

第3章阐述典型晶体成核与生长模型的推导过程及其缺陷，探讨传统晶体成核与生长模型的推导过程，并结合其推导过程和计算结果分析其不足。提出更完备和更科学的晶核成核生长动力学模型的建模方向，为后续建模研究奠定基础。

第4章建立纯 C_3S 水化动力学模型，以纯 C_3S 为研究对象，综合 C_3S 的溶解和水化产物的沉淀，建立完整的水化动力学模型，并通过文献中的动力学原始数据进行参数拟合，表征粉体细度和养护温度对硅酸三钙水化动力学的影响。

第5章建立纯硅酸盐水泥水化动力学模型，在纯 C_3S 水化动力学模型的基础上进行简化和改进，建立硅酸盐水泥水化动力学模型，探讨养护温度和水灰比对硅酸盐水泥水化动力学的影响，建立动力学参数与养护温度、水灰比之间的函数关系，并通过文献中的动力学数据进行验证。根据水泥的水化机理和水化方程，基于水泥的反应程度计算任意时刻硬化浆体中的矿物组成和含量，并通过实验数据进行验证。

第6章介绍惰性掺合料对硅酸盐水泥水化动力学的影响及表征，在硅酸盐水泥水化动力学模型的基础上，考虑惰性掺合料成核作用、稀释效应以及惰性掺合料对水泥溶解的促进作用，建立含惰性掺合料的硅酸盐水泥水化动力学模型，表征惰性掺合料细度和掺量对硅酸盐水泥水化的影响效果，并建立函数关系。根据水泥的水化机理和水化方程，基于配合比和水泥的反应程度计算任意时刻硬化浆体中的矿物组成和含量，并通过实验数据进行验证。

第7章建立水泥-矿渣复合胶凝材料的水化动力学模型，首先提出水泥-矿渣复合胶凝材料体系中矿渣的反应机理和反应方程。在考虑掺合料物理作用的基础上(见第6章)建立水泥-矿渣复合胶凝材料的水化动力学模型,尤其是建立矿渣的动力学模型表征矿渣的火山灰反应。通过模型研究了掺量和温度对矿渣反应动力学的影响,并建立函数关系。根据水泥和矿渣的反应机理,计算任意时刻硬化浆体的矿物组成与含量,并通过实验数据进行验证。

第8章为结论与展望,总结本研究的主要工作和结论,提出本研究的创新点与不足,并展望后续的研究工作。

第 2 章 原材料与实验方法

本章主要介绍研究中用到的原材料的基本性质、参数和详细的实验方法，原材料包括水泥、石英和矿渣等。

2.1 原材料

本研究采用的硅酸盐水泥为 P.I 42.5 纯硅酸盐水泥（基准水泥），基准水泥主要应用于外加剂检测，只含有水泥熟料和石膏，不含混合材料。基准水泥的化学组成和矿物组成如表 2.1 所示。本研究选用石英粉作为惰性掺合料，选用 S95 矿渣粉为活性矿物掺合料。以上掺合料的化学组成如表 2.2 所示，从表 2.2 中可以看到，石英粉主要由 SiO_2 组成，其含量达到 99.9%以上。

表 2.1 基准水泥化学组成和矿物组成

化学组成	质量分数/%	矿物组成	质量分数/%
CaO	62.48	C_3S	59.8
SiO_2	21.18	C_2S	19.2
Al_2O_3	4.73	C_3A	6.4
MgO	2.53	C_4AF	9.6
SO_3	2.83	$CaSO_4$	4.28
Fe_2O_3	3.41		
Na_2O_{eq}	0.56		
LOI	0.72		

注：$Na_2O_{eq}=Na_2O+0.658K_2O$；LOI，即 loss on ignition，表示烧失量。

表 2.2 掺合料化学组成 （质量分数/%）

原材料	化学组成							
	SiO_2	Al_2O_3	Fe_2O_3	CaO	MgO	SO_3	Na_2O_{eq}	LOI
石英	99.92	0.04	0.01	0.01	0.01	—	0.01	—
矿渣	34.65	15.36	0.88	33.94	11.16	1.95	0.76	1.30

注：$Na_2O_{eq}=Na_2O+0.658K_2O$。

基准水泥、石英和矿渣的 X 射线衍射图谱如图 2.1 所示。从图 2.1 中可以看到，基准水泥主要由晶态的四种矿物和石膏组成，而石英则主要由结晶度很高的 SiO_2 组成。矿渣粉的 XRD 图谱主要是非晶态矿物的漫散鼓包，从图 2.1 中可以看到，矿渣的玻璃体含量非常高。

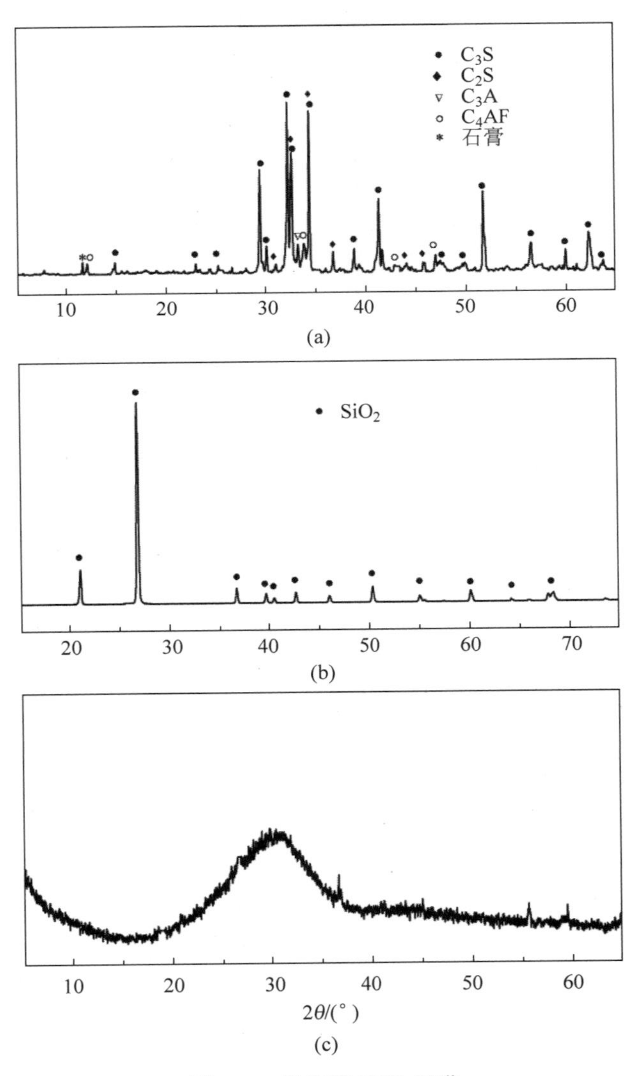

图 2.1 原材料 XRD 图谱

(a) 基准水泥；(b) 石英；(c) 矿渣

水泥的细度会明显影响其反应活性，水泥颗粒越细、比表面积越大，则水泥与水接触并溶解的面积和可供水化产物成核生长的面积就越大，水化反应越快。为了研究惰性掺合料对水泥水化的影响，本研究选用了四种不同细度的石英粉，分别标记为Q1、Q2、Q3、Q4。惰性掺合料对水泥水化影响机理中最重要的是成核作用，而成核作用的显著程度与惰性掺合料的细度息息相关。矿渣等活性掺合料的细度不仅仅影响其对水泥水化的成核作用，同时影响矿渣自身的反应速率。本研究通过激光粒度分析测定了水泥、石英和矿渣的粒径分布，如图2.2所示。从图中可以看到，四种不同细度的石英粒径分布相差很大。在研究矿渣等活性掺合料反应机理过程中，需要把含矿渣复合胶凝材料的实验结果与含相同细度石英的实验结果进行对比，从图2.2中可以看到，本研究所选用的矿渣粒径分布与石英Q3的粒径分布相近，可以认为二者在复合胶凝材料体系中对水泥水化的物理作用一致。

除了原材料的粒径分布之外，粉体的比表面积也是表征其细度的重要参数。而且，BNG模型的推导过程考虑了粉体的比表面积，无论是水泥水化产物的成核速率还是矿渣反应的晶核密度都以单位表面积为基准。此外，判别水化控制机制由水化产物成核与生长阶段向扩散控制阶段转变的主要条件是水泥表面被水化产物覆盖的比例，这与水泥的比表面积息息相关。掺合料对水泥水化的成核作用主要体现在掺合料提供了水化产物额外的成核位点，这与掺合料比表面积息息相关。因此，本研究测定了水泥、石英和矿渣的比表面积。

N_2 吸附法(BET)是测定材料比表面积常用的方法，但对于水泥基材料来说，BET方法通常会过高估计粉体与水接触的面积，与本研究需要用到的比表面积有较大差异。勃氏法是水泥行业最常用的比表面积测定方法，本研究的比表面积测定采用勃氏法。石英Q1和Q2的比表面积过小，而Q4的比表面积过大，均不在勃氏法能够精确测量的比表面积范围内。Ghasemi等[175-176]报道了根据粒径分布数据计算粉体比表面积的方法，并与勃氏法测得的比表面积对比。该方法首先假定粉体为球体或者多面体，根据球体或者多面体的几何形状可计算得到任意尺寸颗粒的比表面积，结合粒径分布的实验结果进而计算出材料的整体比表面积。该方法的计算公式如下：

$$a_{\mathrm{poly}} = \sum_{i=1}^{n} \frac{\mathrm{SA}_i w_i}{V_i \rho_{\mathrm{s}}} \tag{2-1}$$

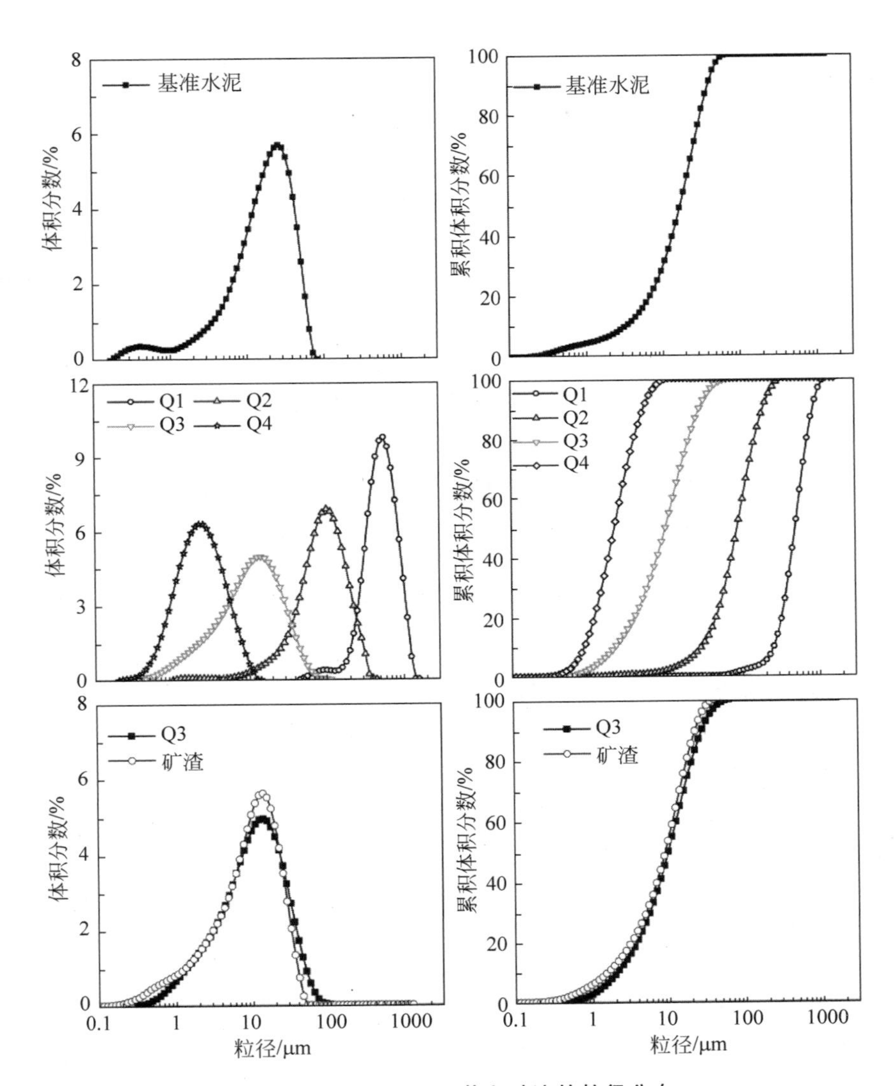

图 2.2　基准水泥、石英和矿渣的粒径分布

其中，a_{poly} 是比表面积，SA_i/V_i 是第 i 个粒径区间材料表面积与体积的比值，w_i 是第 i 个粒径区间的质量分数，ρ_{s} 是材料密度。当颗粒为球体时，$\mathrm{SA}_i/V_i=6/d_i$，其中 d_i 是球体直径。不同形状颗粒表面积与体积的关系如图 2.3 所示。

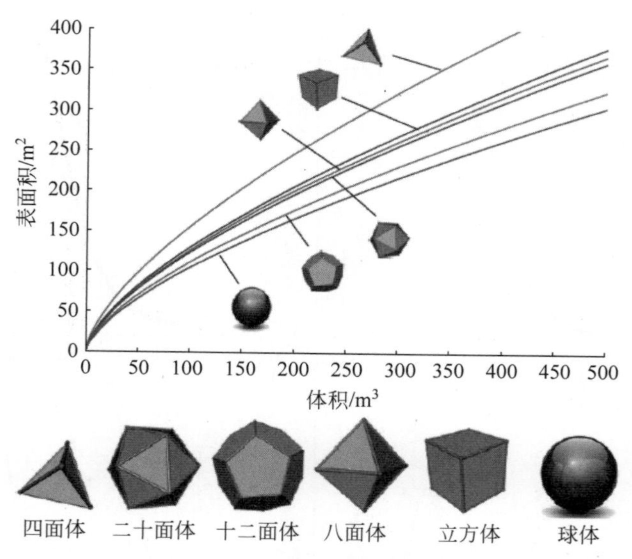

图 2.3 不同形状颗粒表面积随体积的变化[175]

本研究所用粉体的比表面积实测结果和计算结果如表 2.3 所示。从表中可以看到,水泥、石英 Q3 和矿渣比表面积实测结果及计算结果相近,石英 Q4 的比表面积虽然超出了勃氏法有效测量范围,但实测结果与计算结果仍然相差不大,以上结果可信度较高。石英 Q1 和 Q2 比表面积远小于勃氏法准确测量范围,Q2 测量结果与计算结果相差较大,而 Q1 则无法测得数据,二者最终采用计算结果。

表 2.3 原材料比表面积 单位:m^2/kg

化学组成	基准水泥	石英 Q1	石英 Q2	石英 Q3	石英 Q4	矿渣
实测结果	360	无法测量	76	435	1250	446
计算结果	356	5.42	46	428	1276	432

2.2 实验方法

本研究在建立动力学模型的基础上进一步计算了胶凝材料浆体的矿物组成和含量,动力学模型需要动力学实验数据进行拟合验证并确定动力学参数,而在动力学模型模拟结果的基础上计算的水化产物含量也需要实验数据的佐证。本书主要开展的实验研究包括等温量热实验、热重分析(TG-

DTG)、化学结合水测定、孔溶液离子浓度测定(ICP)、扫描电子显微镜背散射电子像分析(BSE)、扫描电子显微镜二次电子像分析(SEM)和 XRD 全谱拟合定量分析。下面主要详细介绍上述实验方法。

2.2.1 实验样品制备

本书中纯硅酸盐水泥水化研究部分选用 0.3、0.4、0.5 和 0.6 共四个水灰比,含石英或矿渣的复合胶凝材料体系则选用 0.3 和 0.4 两个水灰比。石英或矿渣的掺量为 0、20%、35%和 50%,所有水泥基材料的几种原材料间的配合比的养护温度均选用 25℃、45℃和 60℃这三个温度。本研究中样品的配合比和编号如表 2.4 所示。

表 2.4　实验配合比

编号	质量百分比/%		
	基准水泥	石英 Q1～Q4	矿渣
C	100	0	0
Qi-20	80	20	0
Qi-35	65	35	0
Qi-50	50	50	0
S-20	80	0	20
S-35	65	0	35
S-50	50	0	50

注:表中 i=1,2,3,4,分别表示四种不同细度的石英。

粉体与水拌合,用水泥净浆搅拌机低速搅拌 30 s 后高速搅拌 1 min。高温养护采用设定温度为 45℃和 60℃的恒温水浴锅。所有样品养护至指定龄期后,终止水化。若龄期在净浆凝结硬化之前,则取约 5 mL 样品,置于 50 mL 无水乙醇中,用磁力搅拌器持续搅拌 30 min,过滤后用 40℃干燥箱烘干固体粉末,供下一步的实验测试。凝结硬化之后的样品,首先用玛瑙研钵粉磨,然后用无水乙醇终止水化。BSE 实验需要块状试样,样品养护至指定龄期后,取小块试样用无水乙醇浸泡 1 d,终止水化后进行后续实验处理。

2.2.2 等温量热实验

采用 TAM Air(TA Instruments)8 通道水泥水化热等温测量仪进行胶凝材料整体水化放热速率和累积放热量的测定。实验配合比详见表 2.4。测量过程中,设备温度始终维持在 25℃、45℃或 60℃。

2.2.3 孔溶液离子浓度测定

胶凝材料浆体中离子浓度与水化产物的沉淀过程息息相关，本研究通过 ICP-OES 方法测定浆体中各元素浓度。凝结硬化前的浆体孔溶液通过离心的方式获得，离心后的上清液通过 0.22 μm 的过滤器过滤，然后用质量分数为 1%的稀硝酸溶液稀释 10 倍后测试。凝结硬化后的浆体孔溶液则采用压榨的方式获得，压力机设置 50 MPa 压力，维持 10 min，收集压榨出的浆体孔溶液通过 0.22 μm 的过滤器过滤，然后用质量分数为 1%的稀硝酸溶液稀释 10 倍后测试。

2.2.4 化学结合水量

化学结合水量是本研究中模型计算结果验证的重要实验数据。化学结合水是浆体在高温条件下水化产物分解时才会释放的水分，可以粗略表征水化产物的含量。化学结合水量在胶凝材料研究领域有广泛的应用，但不同学者采用的化学结合水测试方法不尽相同，主要用于计算化学结合水量的温度区间略有差异。通常初始的烘干温度为 100℃或者 105℃，最高温度通常为 900～1100℃。但硬化浆体中含有钙矾石，而研究表明钙矾石在 70℃就已经开始分解，且在 110℃条件下仅 8 min 即可分解 98%以上[177]。因此，本研究采用两种化学结合水测试方法：初始温度为 60℃和 105℃，最高温度均为 1050℃。取终止水化后的样品粉末约 3 g，在 60℃或 105℃烘箱中干燥 12 h 并称量记录质量后放入坩埚，于马弗炉中灼烧至 1050℃，称量记录灼烧后的样品质量。单位质量原始胶凝材料水化产生的化学结合水含量计算公式如下：

$$w_{\mathrm{ne}}^{60,105}=\frac{m_{60,105}-m_{1050}}{m_{1050}}\times 100\%-\mathrm{LOL} \tag{2-2}$$

$$\mathrm{LOL}=\sum f_i\times \mathrm{LOL}_i \tag{2-3}$$

其中，$m_{60,105}$ 和 m_{1050} 分别代表样品在 60(105)℃和 1050℃时的质量；f_i 和 LOL_i 分别为配合比中各原材料的质量分数和烧失量(i=C,Q,S)。

2.2.5 热重分析

胶凝材料硬化浆体中的不同水化产物受热分解的温度不同，其中氢氧化钙(CH)在 400～500℃受热分解，且该温度区间内并无其他水化产物分解，因此热重分析是测定 CH 含量的重要实验手段之一。本研究采用热重分析定量计算 CH 含量。具体实验过程如下：取终止水化后的样品粉末，在 60℃干燥箱中烘干 12 h，在氮气保护环境下用热重分析仪记录样品从室温加热到 900℃过程中的质量变化，加热速率为 10℃/min。获得样品的热失重曲线后，根据失重微分曲线确定 CH 分解的精确温度区间，记录由于 CH 受热分解所致的质量损失。根据 CH 受热分解方程式，换算得到样品中 CH 含量，计算公式如下：

$$w(\mathrm{CH}) = 4.11 \times \frac{w_{400} - w_{500}}{1 - w_{\mathrm{ne}}^{60}} \times 100\% \tag{2-4}$$

其中，$w(\mathrm{CH})$是单位质量胶凝材料在该龄期产生的 CH 含量，w_{400} 和 w_{500} 分别代表 CH 受热分解开始和结束时样品质量占初始样品质量百分比，w_{ne}^{60} 是按照 2.2.4 节中的方法测定的化学结合水含量。

2.2.6　扫描电子显微镜背散射电子像分析

扫描电子显微镜背散射电子图像分析(BSE-IA)能够精确测量矿物掺合料的反应程度，同时能够精确测定水泥的整体反应程度。在 BSE 图片中，不同物相表现出不同的灰度。这主要和物相的平均原子序数有关，平均原子序数越大，图像灰度越大。平均原子序数的计算公式如下：

$$\bar{Z} = \sum w_i Z_i \tag{2-5}$$

其中，w_i 和 Z_i 分别为第 i 种元素的质量分数和该元素的原子序数。通过对比原材料的化学组成可知，水泥、矿渣和石英的平均原子序数逐渐减小，对应的 BSE 图像中呈现出来的灰度逐渐降低。水泥和矿渣的水化产物并非均质材料，其元素比例也非定值，体现在 BSE 图像中的灰度分布范围较大，但仍然能够与原材料清晰地区分开。

所有净浆样品养护至 3 d、28 d、120 d 和 365 d 后截取小块浸泡于无水乙醇中 1 d，终止水化。已停止水化的样品镶嵌到环氧树脂中。待环氧树脂硬化后脱模，以粒度为 23 μm(600 目)的砂纸打磨样品，去除覆盖在样品表面的环氧树脂。然后以粒度为 12 μm(1200 目)、5.5 μm(2500 目)和 3.4 μm(4000 目)的砂纸抛光，每一级砂纸抛光均以消除上一级砂纸划痕为标准。再分别以 9 μm、3 μm 和 1 μm 的金刚石抛光膏继续抛光样品表面。

使用 FEI Quanta 200 FEG 扫描电子显微镜在低真空条件下观测样品表面，并在放大 500 倍的条件下拍摄 BSE 图像，每张图片的分辨率为

1024 dpi×943 dpi。采用 Image Pro Plus 6.0 图像处理软件分析 BSE 图像的灰度分布，统计属于水泥和矿渣的灰度区间的像素点个数，计算水泥和矿渣在指定龄期占硬化浆体的体积分数，并结合初始配合比计算反应程度。计算公式如下：

$$\alpha_{\mathrm{C,S}}=\left(1-\frac{V_t^{\mathrm{C,S}}}{V_{\mathrm{initial}}^{\mathrm{C,S}}}\right)\times 100\% \tag{2-6}$$

其中，C 和 S 分别代表水泥和矿渣。纯水泥、含石英以及含矿渣样品的 BSE 图像如图 2.4 所示，从图中可以看到，水泥、矿渣和石英能够被很清晰地区分。

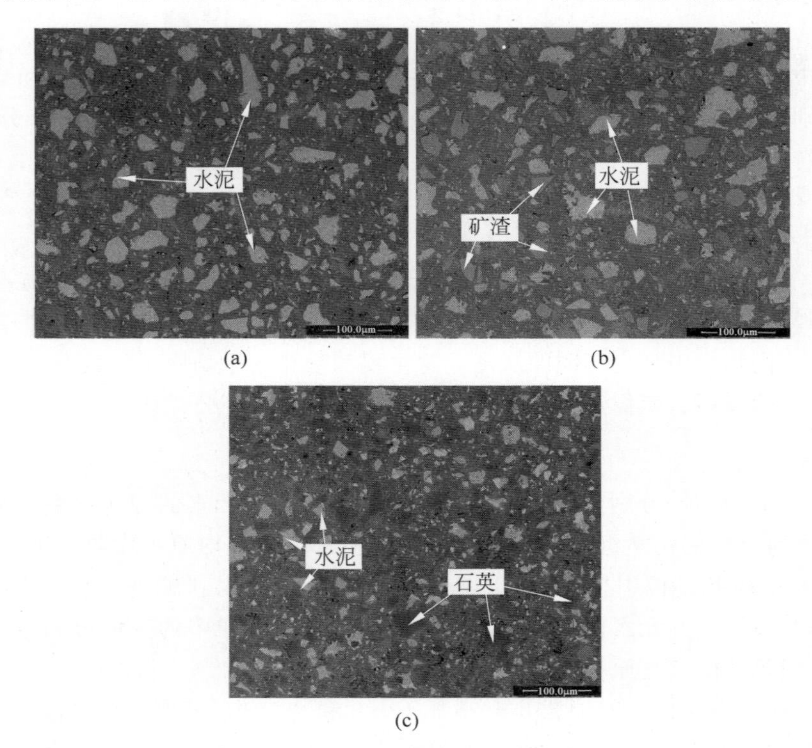

(a)　(b)　(c)

图 2.4　典型的 BSE 图片

(a) 纯水泥；(b) 含矿渣；(c) 含石英 Q3

以含矿渣硬化浆体的 BSE 图片为例，图像处理的具体过程如图 2.5 和图 2.6 所示。从图 2.5(b)中可以看到，不同物相的灰度界限非常明显，便于分离物相。图 2.5(a)和图 2.6 分别给出了含矿渣 BSE 图像(见图 2.4(b))中不同物相的整体分布和单个物相分布情况。

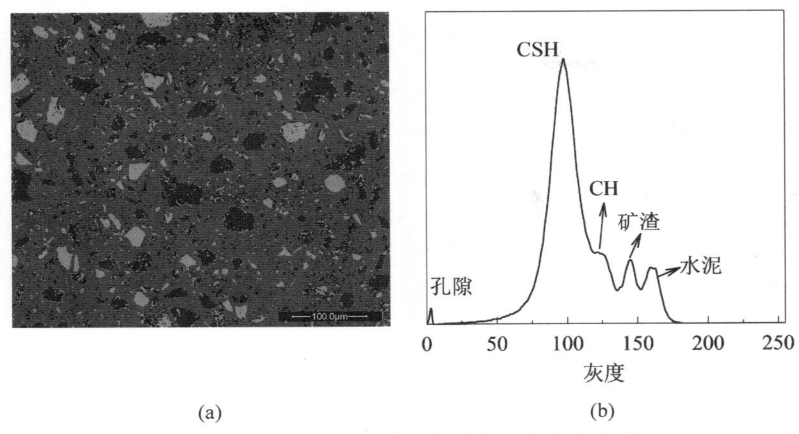

(a) (b)

图2.5 含矿渣BSE图片物相分离和灰度分布情况

(a) 物相分离图；(b) 灰度分布图

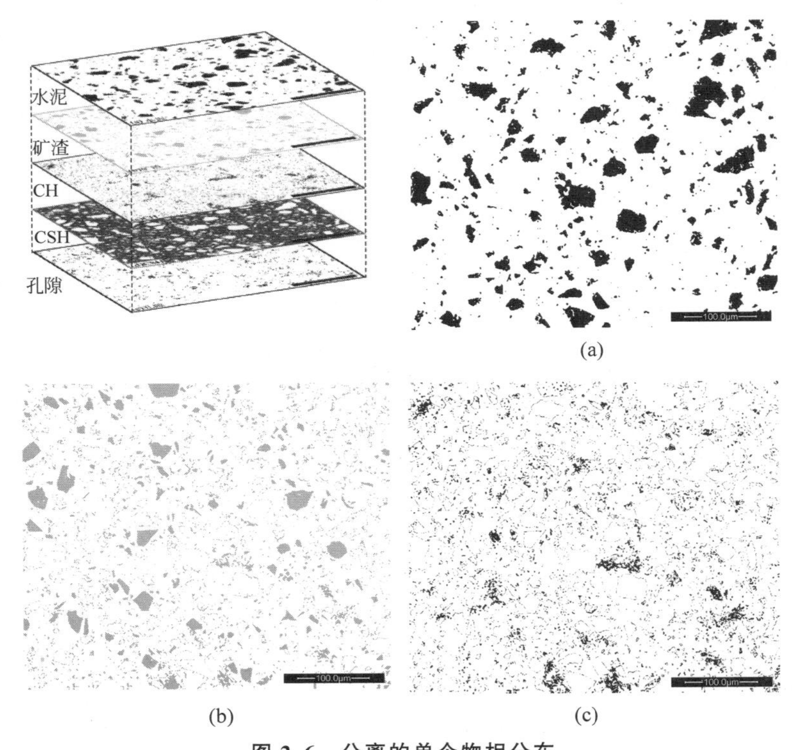

(a)

(b) (c)

图2.6 分离的单个物相分布

(a) 水泥；(b) 矿渣；(c) CH；(d) CSH；(e) 孔隙

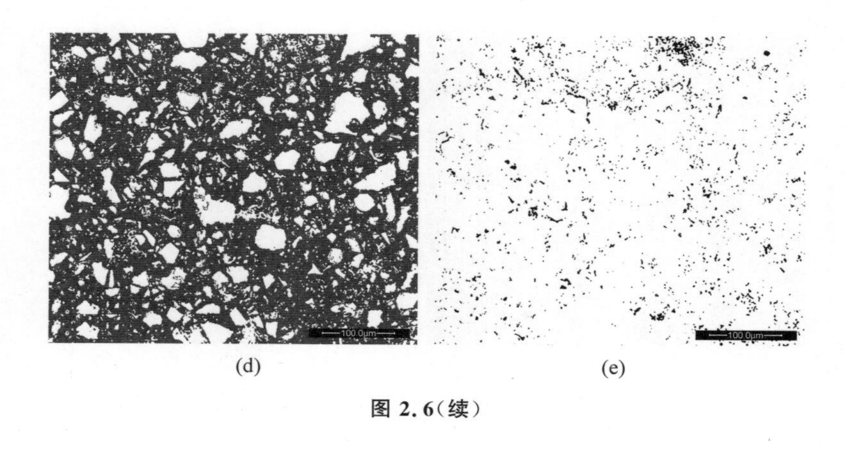

(d)　　(e)

图 2.6(续)

2.2.7　扫描电子显微镜二次电子像分析

本研究中采用扫描电子显微镜(SEM,FEI Quanta 200 FEG)二次电子像观察水泥浆体新鲜断口上的水化产物。首先根据 2.2.1 节中粉末样品的制备方法准备样品,样品表面镀碳后于 SEM 下观察早龄期水泥的水化产物生长情况,判断不同水化阶段的水化产物形貌和分布状态。

2.2.8　XRD 全谱拟合定量分析

基于 Rietveld(特沃尔德)方法的 XRD 全谱拟合分析能够精确定量水泥中不同矿物相的反应程度和晶态水化产物的含量。本书采用 XRD 定量的方法分析了水泥基材料浆体中晶态物相的含量变化。样品粉末制备方法详见 2.2.1 节,因为样品中存在非晶态物相,因此选用 α-Al_2O_3 作为内标,内标和待测样品按照 1∶4 的质量比混合均匀,内标的 XRD 图谱如图 2.7 所示,可以从图中看到内标为结晶度极高的 α-Al_2O_3。然后通过布鲁克公司的 D8 Advance XRD 衍射仪测定样品粉末的 X 射线衍射图谱。扫描起始角度 5°,终止角度 65°,每步间隔 0.02°,每步停留 0.5 s。通过 Topas 4.2 软件对 XRD 衍射图谱进行 Rietveld 全谱拟合分析,分析过程中优化参数包括背景系数、胞元参数、零移误差和峰形参数,洛仑兹极化系数设为 0。当局部拟合较差时,考虑该区域物相的结晶取向性。全谱拟合精确程度以残差(R_{wp})为评价标准,一般认为 R_{wp} 小于 10%表示拟合结果良好,本研究中 R_{wp} 保持为 8%～13%。

图 2.8 给出了原始 XRD 衍射图谱、拟合图谱、残差以及各晶相图谱的

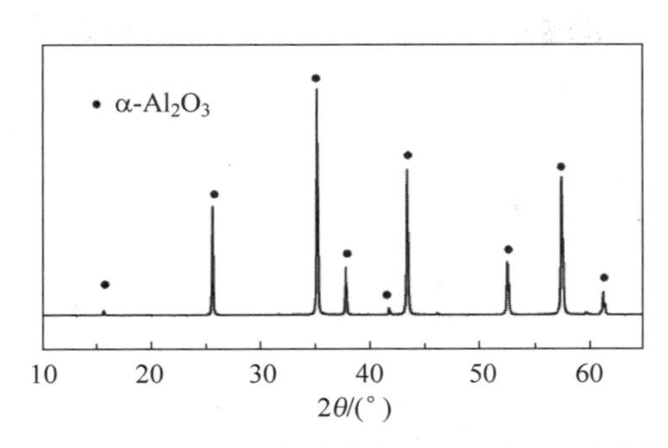

图 2.7　XRD Rietveld 全谱拟合内标 α-Al_2O_3 衍射图谱

范例。从图中可以看到拟合结果和实测图谱吻合良好，R_{wp} 小于 10%，可信度较高。初步计算得到的各晶相和非晶相含量是该相占硬化浆体总质量的质量分数，要得到原单位水泥基材料产生的水化产物含量需要经过化学结合水换算，如式(2-7)所示：

$$m_i = \frac{m_i^R}{1 - w_{ne}^{60}} \times 100\% \tag{2-7}$$

其中，m_i^R 是 Rietveld 全谱拟合方法初步测定的各物相占硬化浆体的质量分数，m_i 是经过化学结合水换算后各物相占原单位质量胶凝材料的质量分数。

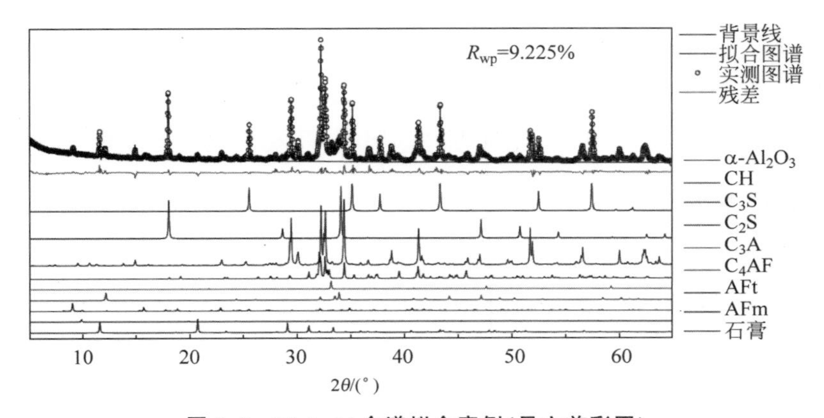

图 2.8　Rietveld 全谱拟合案例(见文前彩图)

第3章　典型晶体成核与生长模型推导过程及其缺陷

水化产物的成核和生长在水泥早期水化动力学过程中起着至关重要的控制作用，从水化放热速率上看，第二放热峰对应的水化过程均由水化产物的成核生长主导，该时期的水化建模研究有助于分析水泥水化机理，尤其是有助于研究各种外部条件对水泥早期水化的影响，如不同掺合料和外加剂对水泥早期水化的作用机理及影响程度。本书研究的重点之一是建立科学的水化产物成核生长模型。目前，可以借鉴的晶体成核与生长模型主要包括 JMAK 模型和 BNG 模型，本章主要介绍这两种模型的推导思路和详细推导过程，并结合推导过程讨论上述模型的缺陷和不足，为后续建立科学的水化产物成核生长模型指明方向。

3.1　JMAK 模型

JMAK 模型是较早表征晶体成核生长的动力学模型，自 20 世纪 40 年代建立之后，被引入到水泥基材料早期水化动力学表征领域。下面将基于模型基本假设和模型详细推导过程对 JMAK 模型进行详细分析介绍。

3.1.1　基本假设

JMAK 模型的基本假设如下：

(1) 晶核在整个空间中随机生成；

(2) 晶核的生成速率为常数 I，单位为 $\mu m^{-3} \cdot h^{-1}$；或体系中有固定的晶核密度 N，单位为 μm^{-3}；

(3) 每个晶核以球体的形式长大，径向生长速率为常数 G，单位为 $\mu m/h$；

(4) 在晶核长大过程中，相邻晶核会互相接触，接触后停止生长；

JMAK 晶体成核生长模型示意图如图 3.1 所示。

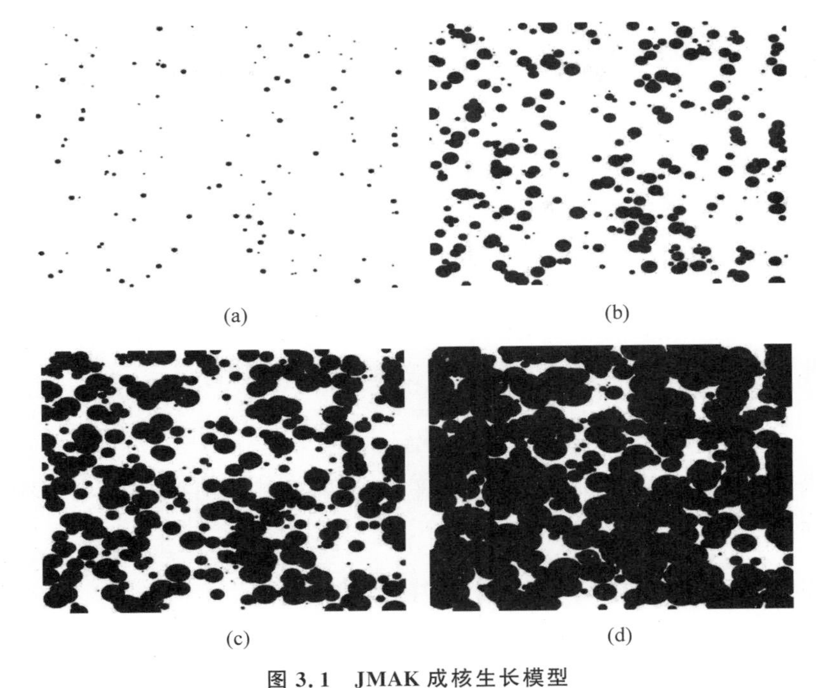

图 3.1　JMAK 成核生长模型

(a) 初始成核；(b) 晶核长大，伴随着新核生成；
(c) 相邻晶核互相接触；(d) 长大后的晶核占据几乎整个空间

3.1.2　推导过程

基于 3.1.1 节的基本假设，晶核以球体的形式长大，那么 τ 时刻产生的晶核长大到 t 时刻时的半径为 $G(t-\tau)$，根据球体体积计算公式可知此时单个晶核的体积为 $\frac{4}{3}\pi \cdot G^3(t-\tau)^3$。考虑固定的成核速率 I，那么 τ 时刻产生的晶核数为 $I \cdot \mathrm{d}\tau$，τ 时刻产生的晶核总体积为 $\frac{4}{3}\pi \cdot G^3(t-\tau)^3 \cdot I\mathrm{d}\tau$，对时间积分之后可得体系内所有晶核在 t 时刻时的总体积为

$$V^e = \int_{\tau=0}^{t} \frac{4\pi}{3} \cdot G^3(t-\tau)^3 \cdot I\mathrm{d}\tau = \frac{\pi}{3} I G^3 t^4 \tag{3-1}$$

其中，V^e 高估了晶核的总体积，晶核是在整个体系中随机生成，长大的过程中相邻晶核会相互接触，空间重叠部分的体积被计算了两次。假设实际晶核的总体积为 V，特定时段内实际总体积的增量为 $\mathrm{d}V$，按照式(3-1)计算的

总体积增量为 dV^e。由于相邻晶核的重叠导致实际总体积增量减小的百分比可以认为和体系中已经实际生成的晶核总体积分数相等[97]，即

$$1-\frac{dV}{dV^e}=V \tag{3-2}$$

经过简单的转换之后可得 $\frac{dV}{1-V}=dV^e$，等式两侧同时积分后即可得到实际总体积和计算总体积之间的关系：

$$\int_0^V \frac{dV}{1-V}=\int_0^{V^e} dV^e \Rightarrow V=1-\exp(-V^e) \tag{3-3}$$

因此，体系内所有晶核在 t 时刻时的实际总体积分数为[97]

$$V=1-\exp\left(-\frac{\pi}{3}IG^3t^4\right) \tag{3-4}$$

如果假定体系中含有固定的晶核密度 N，则体系内所有晶核在 t 时刻时的实际总体积分数为[97]

$$V=1-\exp\left(-\frac{\pi}{3}NG^3t^3\right) \tag{3-5}$$

3.2 BNG 模型

3.2.1 基本假设

JMAK 模型假定晶核在整个体系中随机生成，但实际上晶核主要在固体颗粒表面随机生成，因此 BNG 模型在 JMAK 模型的基础上做了进一步假设。

(1) 晶核在固液界面上随机生成。

(2) 晶核的生成速率为常数 I，单位为 $\mu m^{-2}\cdot h^{-1}$；或体系中有固定的晶核密度 N，单位为 μm^{-2}。

(3) 每个晶核以椭球体的形式长大，径向生长速率为常数 G，单位为 $\mu m/h$。

(4) 在晶核长大过程中，相邻晶核会互相接触，接触后停止生长。

(5) 因为 BNG 模型假定晶核在固体表面随机生成并生长，则晶核长大的过程应当考虑取向性，即假定表面切向生长速率与法向生长速率之间的比值为 g。

BNG 模型的假设(2)与 JMAK 模型的假设(2)区别在于 BNG 模型中晶核生成速率或晶核密度是按照单位面积计算的。BNG 晶体成核与生长模型如图 3.2 所示。

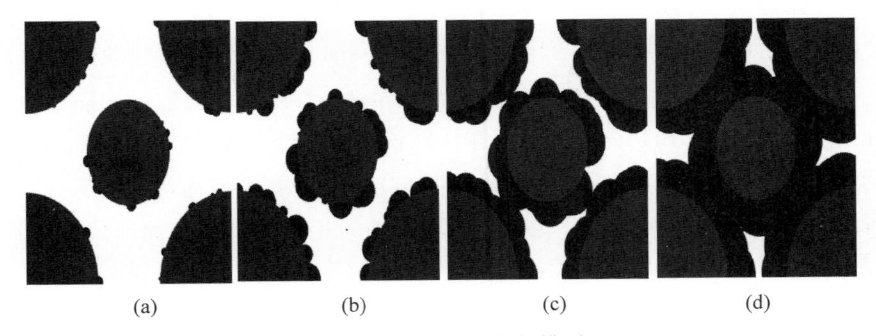

图 3.2　BNG 成核生长模型

(a) 初始成核；(b) 晶核长大,同一固体颗粒表面相邻晶核开始互相重叠；
(c) 不同固体颗粒表面晶核开始互相重叠；(d) 长大后的晶核占据几乎整个空间

实际上水泥水化产物是一种长细比较大的长条状形貌,按照 BNG 模型的基本假设,应当简化成长轴与短轴相差较大的椭球体。相对于水泥颗粒来说,水化产物尺寸较小,水泥颗粒表面可近似看作平面,相邻两个平面上椭球的随机生长过程如图 3.3 所示。

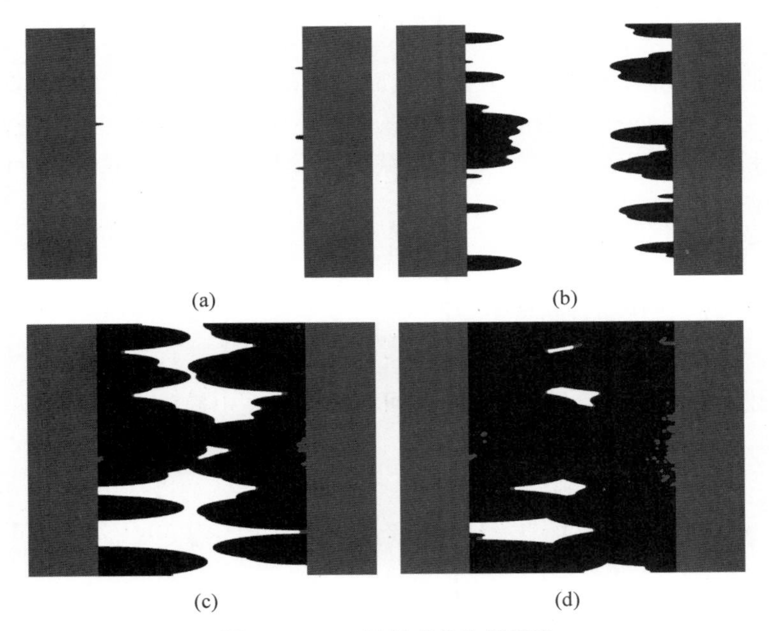

图 3.3　BNG 平板成核生长模型

(a) 初始成核；(b) 晶核长大,同一平面相邻晶核开始互相重叠；
(c) 不同平面晶核开始互相重叠；(d) 长大后的晶核占据几乎整个空间

3.2.2 推导过程

首先考虑单个椭球在固体表面的存在状态，如图 3.4 所示。椭球法向长度为 $G(t-\tau)$，而切向长度需要在法向长度的基础上考虑取向系数 g：$g=G_1G_3/G_2^2$，即 $G_1=G_3=\sqrt{g}\cdot G(t-\tau)$。考虑距离成核面 y 处，用一个平面截取该椭球，得到圆面。此时所截取圆面的半径可以根据椭球公式得到。进而可以计算得到该圆面的面积

$$S=\pi x^2=\pi g[G^2(t-\tau)^2-y^2] \tag{3-6}$$

考虑同时期的成核速率 I，τ 时刻产生的所有晶核在 t 时刻高度为 y 的位置总截面积为

$$S=\pi g[G^2(t-\tau)^2-y^2]\cdot I\mathrm{d}\tau \tag{3-7}$$

考虑不同时期产生的晶核在 t 时刻高度为 y 的位置，总截面积可以通过对式(3-7)进行时间上的积分得到：

$$\begin{aligned} S^e &= \int_{\tau=0}^{t}\pi g[G^2(t-\tau)^2-y^2]\cdot I\mathrm{d}\tau \\ &= \frac{\pi}{3}gG^2It^3(1-u)^2(1+2u),\quad u<1, u=y/Gt \end{aligned} \tag{3-8}$$

但按照式(3-8)计算的高度为 y 的截面积没有考虑相邻晶核之间的重叠，如图 3.4 所示。同样假定由于相邻晶核的重叠导致实际截面积增量减小的百分比和体系中已经实际产生的晶核截面积分数相等，类比式(3-3)可知，体系内在高度为 y 处的实际截面积为

$$\begin{aligned} S &= 1-\exp(-S^e) \\ &= 1-\exp\left[-\frac{\pi}{3}gG^2It^3(1-u)^2(1+2u)\right],\quad u<1, u=y/Gt \end{aligned} \tag{3-9}$$

对上述截面积进行空间上的积分后可得整个体系中椭球的体积分数

$$\begin{aligned} V^e &= \mathrm{SSA_V}\cdot\int_0^{\infty}S\mathrm{d}y \\ &= \mathrm{SSA_V}\cdot Gt\int_0^1\left\{1-\exp\left[-\frac{\pi}{3}gG^2It^3(1-u)^2(1+2u)\right]\right\}\mathrm{d}u \end{aligned} \tag{3-10}$$

其中，$\mathrm{SSA_V}$ 是单位体积空间内的总成核面积，在水泥浆体中应当按照水泥的比表面积与拌合水的体积比值计算。同样，按照式(3-10)计算得到的椭球总体积是偏高的，应当考虑相邻两个成核面上的椭球长大过程中的互相

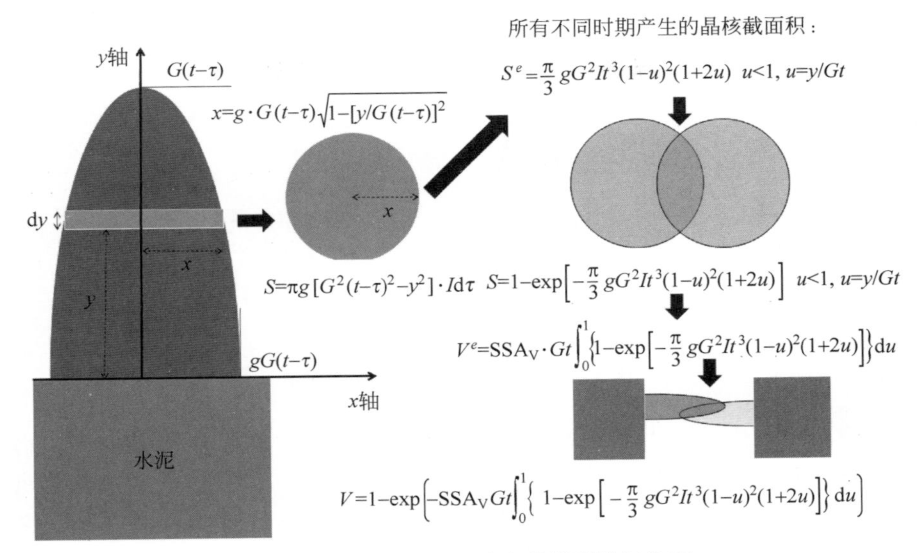

图 3.4　界面成核生长动力学模型推导流程

重叠，可以得到椭球的实际总体积分数[99]

$$
\begin{aligned}
V &= 1-\exp(-V^e) \\
&= 1-\exp\left(-\mathrm{SSA_V}Gt\int_0^1\left\{1-\exp\left[-\frac{\pi}{3}gG^2It^3(1-u)^2(1+2u)\right]\right\}\mathrm{d}u\right)
\end{aligned}
\tag{3-11}
$$

上述推导过程以及相关示意图如图 3.4 所示。

当固定晶核密度时，按照相似的推导思路可得椭球体积分数为[99]

$$
V=1-\exp\left(-\mathrm{SSA_V}Gt\int_0^1\left\{1-\exp\left[-\frac{\pi}{3}gG^2Nt^2(1-u)^2(1+2u)\right]\right\}\mathrm{d}u\right)
\tag{3-12}
$$

3.3　实例计算

在水泥水化过程中，晶体成核生长动力学阶段主要集中在早期，早期检测水泥水化动力学最有效的实验手段是等温量热法测定水化放热。本节测定了 C_3S 单矿的早期水化放热，C_3S 比表面积为 300 m^2/kg，水灰比设定为 0.4。水化热测定结果如图 3.5 所示。

下面将分别通过 JMAK 模型和 BNG 模型对上述实验结果进行模拟计

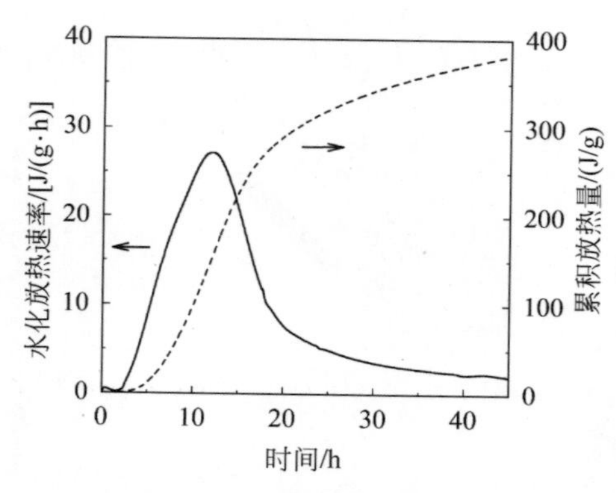

图 3.5 纯 C_3S 单矿水化放热速率

算,确定模型中的动力学参数。JMAK 模型和 BNG 模型都是以水化产物(圆球或椭球)在空间中的体积分数表征原材料的反应程度,假定水化放热量和水化产物的体积分数呈正比例关系,引入比例系数 M,$Q=M\cdot V$。多元非线性曲线拟合软件 1stopt 5.0 用于参数拟合,参数拟合结果如表 3.1 所示,模型计算水化放热速率如图 3.6 所示。从图中可以看到 BNG 模型相比于 JMAK 模型更加合理,拟合结果也更好。

表 3.1 JMAK 和 BNG 模型参数拟合结果

模型	参数			
	$M/(\mathrm{J/g})$	$\frac{1}{3}\pi g G^2 I/\mathrm{h}^{-1}$	$\frac{1}{3}\pi G^2 I/\mathrm{h}^{-1}$	$SSA_V G/\mathrm{h}^{-1}$
JMAK 模型	262		3.12×10^{-5}	
BNG 模型	384	0.0045		0.0016

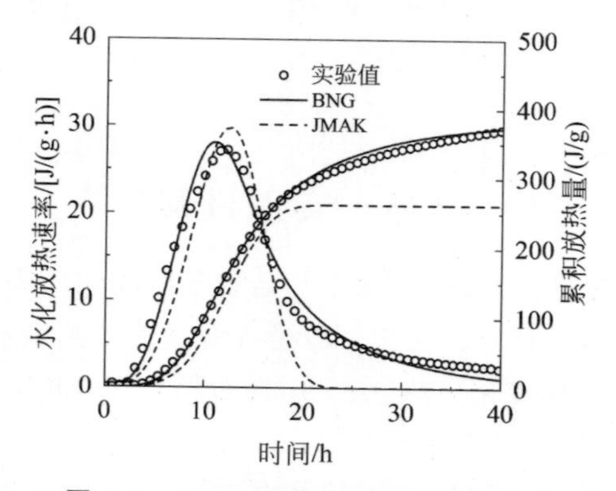

图 3.6 JMAK 和 BNG 模型计算结果

3.4　模型缺陷

JMAK 模型和 BNG 模型本质上都是通过晶核在体系中的体积分数表征反应转化率，而通过体积分数表征水泥的反应程度则存在诸多不合理的地方。具体分析如下：

(1) 产物体积分数与反应程度的关系。如果直接用水化产物(椭球)的体积分数表示反应程度，则在晶体成核与生长阶段的末期，水化产物体积分数接近 100%，表示水化程度达到 100%。不符合实际情况。

(2) 加速期向减速期转变机理。无论是 JMAK 模型还是 BNG 模型都认为水化放热由加速期向减速期的转变由不同晶核的互相重叠导致。从图 3.7 中可以看到，椭球体积分数达到 50%将导致 JMAK 模型中椭球生长速率由加速向减速转变。而对于 BNG 模型，不仅同一平面上相邻椭球会互相影响，不同平面上的椭球互相重叠也会影响体系内所有椭球的生长速率。从图 3.8 中可以看到不同线性生长速率和成核速率条件下，当椭球体积分数达到 30%～40%时，椭球的整体生长速率由加速期向减速期转变。不同水灰比水泥浆体中供水化产物生长的空间不同，则导致水化加速期向减速期转变时水化产物的含量应当随着水灰比的增大而增大。但从水化放热速率曲线中可以看到，不同水灰比条件下水泥的第二放热峰对应的总放热量几乎一致[178]。不符合实际情况。

(3) 传统 JMAK 和 BNG 模型的应用都是通过引入比例因子 A，建立体积分数与宏观水化放热的关系。如果结合水化产物的体积分数、摩尔体积、反应焓变和空间体积，计算得到水化产物的实际含量和放热量，会发现计算结果明显高于水化热实测结果。表明传统成核生长模型在水泥水化领域的应用并不合理。分析出现以上问题的原因在于：传统 JMAK 模型和 BNG 模型是空间填充控制机制，即空间不足导致反应加速期向减速期转变，对于水泥浆体(尤其是水灰比较大的水泥浆体)，为了达到空间不足的效果，计算过程高估了水化产物的成核速率和生长速率，同时高估了水化产物的体积和水泥反应程度。必须引入其他可以解释加速期向减速期转变的反应机理。

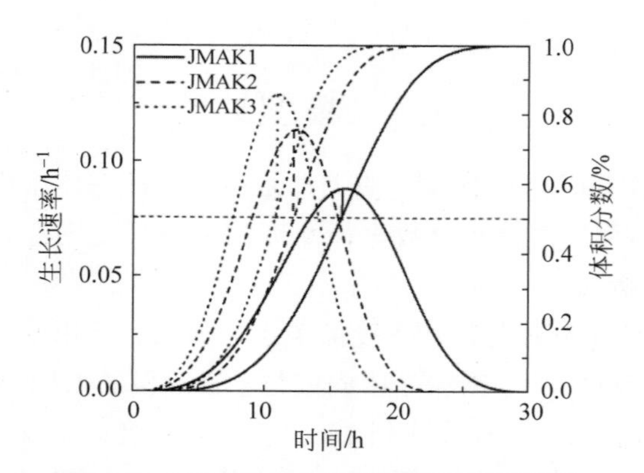

图 3.7　不同 JMAK 动力学参数计算结果

JMAK1～JMAK3 表示$\frac{1}{3}\pi G^2 I=(1.12, 3.12, 5.12)\times 10^{-5}$

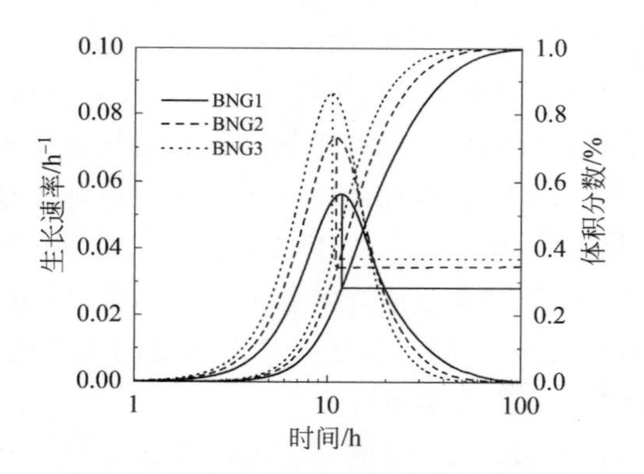

图 3.8　不同 BNG 动力学参数计算结果

基准参数$\frac{1}{3}\pi g G^2 I=0.0045$，$SSA_V G=0.0016$；

BNG1～BNG3 表示$\frac{1}{3}\pi g G^2 I=0.003, 0.0045, 0.006$

3.5　建模方向

通过水化产物体积分数直接表征水泥反应程度并不合理，但通过水化产物体积分数与可供水化产物生长的空间体积的乘积可以计算得到水化产物的实际体积，结合水化产物的摩尔体积等热力学参数即可得到水化产物的摩尔量。再结合水泥的反应方程即可得到水泥水化程度以及水化放热等数据。因此，有关水泥水化产物成核生长阶段的动力学模型可以改进的方向和着重点如下。

（1）基于水泥水化方程和水泥中矿物组分、水化产物的热力学参数（如摩尔体积、标准摩尔生成焓等），建立水化产物体积分数与实际反应程度、水化放热性能之间的关系，用以表征早期水泥水化。

（2）空间填充不再是导致水泥水化由加速期向减速期转变的主要原因，可以考虑其他导致加速期向减速期转变的机理，如局部生长假说：椭球有临界长度，当椭球长轴长度超过临界值时，其后续生长速率变慢。

3.6　本章小结

本章总结了典型晶体成核与生长的动力学模型：JMAK 模型和 BNG 模型。通过分析 JMAK 模型和 BNG 模型的推导过程和计算结果，阐述了以上模型在水泥水化表征方面存在的缺陷和不足。在此基础上提出了后续建模方向：基于 BNG 模型推导思路，考虑热力学参数，建立更加科学、直观的水泥水化产物成核生长模型。

第4章　纯C_3S水化动力学模型

C_3S单矿是硅酸盐水泥的主要组分，也是早期水泥水化反应的主要参与矿物，动力学模型的建立大多都基于C_3S单矿的早期水化。本章以C_3S单矿为研究对象建立动力学模型，表征C_3S单矿的溶解过程和水化产物的沉淀过程，为后续建立水泥的动力学模型奠定基础。

4.1　C_3S水化动力学-热力学模型

4.1.1　热力学模型基本假定

C_3S单矿的水化包括其溶解过程和水化产物的沉淀过程，分别可以通过式(4-1)、式(4-2)和式(4-3)表示：

$$C_3S + 5 \cdot H_2O \longrightarrow 3 \cdot Ca^{2+} + 6 \cdot OH^- + H_4SiO_4 \tag{4-1}$$

$$x \cdot Ca^{2+} + 2x \cdot OH^- + H_4SiO_4 \longrightarrow C_xSH_y + (2 + x - y) \cdot H_2O \tag{4-2}$$

$$z \cdot Ca^{2+} + 2z \cdot OH^- \longrightarrow z \cdot CH \tag{4-3}$$

其中，$x+z=3$，x是CSH的钙硅比。为了便于研究和表达，本书中的CSH选择固定的钙硅比和水硅比：Ca/Si=1.67和H/Si=4.2($C_{1.67}SH_{2.1}$-jen.)。然后CSH的沉淀方程可以表达为

$$1.67 \cdot Ca^{2+} + 3.34 \cdot OH^- + H_4SiO_4 \longrightarrow C_{1.67}SH_{2.1} + 1.57 \cdot H_2O \tag{4-4}$$

C_3S单矿的整体反应方程可以表达为

$$C_3S + 3.43 \cdot H_2O \longrightarrow C_{1.67}SH_{2.1} + 1.33 \cdot CH \tag{4-5}$$

本研究中用到的所有化学平衡常数K以及元素不同存在状态之间的平衡常数如表4.1所示。考虑溶液中不同硅酸根之间的平衡常数(H_4SiO_4、$H_3SiO_4^-$和$H_2SiO_4^{2-}$)，式(4-4)对应的平衡常数可以计算得到$\lg K=17.16$。本研究中溶液离子浓度和离子活度分别用[]和{}表示，物相的饱和度β定义为离子活度积IAP和平衡常数的比值：$\beta=\mathrm{IAP}/K$。根据式(4-1)和式(4-4)可以计算得到C_3S和CSH的活度积表达式如下：

$$IAP_{C_3S}=\{Ca^{2+}\}^3\cdot\{OH^-\}^6\cdot\{H_4SiO_4\}^1 \tag{4-6}$$

$$IAP_{CSH}=\{Ca^{2+}\}^{1.67}\cdot\{OH^-\}^{3.34}\cdot\{H_4SiO_4\}^1 \tag{4-7}$$

表 4.1　矿物化学平衡常数

矿物	化学反应	lg$K$	参考文献
C_3S	$C_3S+5\cdot H_2O\longrightarrow 3\cdot Ca^{2+}(aq)+6\cdot OH^-(aq)+H_4SiO_4(aq)$	−21.71	[179]
CSH-jen.	$C_{1.67}SH_{2.1}+0.57\cdot H_2O\longrightarrow 1.67\cdot Ca^{2+}(aq)+2.34\cdot OH^-(aq)+H_3SiO_4^-(aq)$	−13.17	[180]
CH	$CH\longrightarrow Ca^{2+}(aq)+2\cdot OH^-(aq)$	−5.12	[180]
溶液中离子转变平衡常数			
	$H_4SiO_4(aq)\longrightarrow H_2SiO_4^{2-}(aq)+2\cdot H^+(aq)$	−23.14	[180]
	$H_3SiO_4^-(aq)\longrightarrow H_2SiO_4^{2-}(aq)+H^+(aq)$	−14.13	[180]
	$Ca^{2+}(aq)+H_2O\longrightarrow CaOH^+(aq)+H^+(aq)$	−12.78	[180]
	$H_2O\longrightarrow OH^-(aq)+H^+(aq)$	−14.00	—

溶液中离子的活度系数根据 Pitzer 模型计算[181]。Pitzer 模型是在 Debye-Hücke 活度计算公式的基础上发展而来的半经验热力学模型，与传统模型相比，Pitzer 模型的适用范围更广，高离子浓度环境下仍然可以准确计算活度系数。在水泥基材料液相属性中，Pitzer 模型已经得到应用[182-183]。Pitzer 模型的计算公式和经验参数详见文献[184]。

本研究中用到的热力学基本数据如表 4.2 所示。根据式(4-1)、式(4-3)和式(4-4)可以计算得到标准状态下 C_3S 的溶解焓变和 CSH、CH 的沉淀反应焓变：$H_{C_3S}=-110.81$ kJ/mol，$H_{CSH}=-35.65$ kJ/mol，$H_{CH}=17.8$ kJ/mol。

表 4.2　热力学数据统计表

物相	$\Delta_f H^\ominus$ /(kJ/mol)	$\Delta_f G^\ominus$ /(kJ/mol)	V_m /(10^{-6} m^3/mol)	M/(kg/mol)	参考文献
C_3S	−2931	−2784.33	72.4	0.228 33	[180]
CSH-jen. *	−2723	−2480.81	106	0.191 32	[180]
portlandite	−985	−897.01	33.1	0.074 09	[180]
$H_2O(l)$	−286	−237.18	18.1	0.018 02	[179]
H_4SiO_4(eq)	−1460.91	−1309.23		0.096 10	[179]
Ca^{2+}(eq)	−542.8	−553.6		0.040 08	[179]
OH^-(eq)	−230	−157.2		0.017 00	[179]

* 在高相对湿度条件下，CSH 中的 H 含量会提高，本研究中 CSH 的实际分子式采用 $C_{1.67}SH_4$。

4.1.2 C_3S溶解动力学

根据第1章总结的C_3S早期溶解机理(蚀坑理论)可知,C_3S的溶解速率与其在液相中的饱和度呈非线性关系[179]。如图1.2所示：当熟料与水刚拌合时,液相中离子浓度较低,熟料表面倾向形成大量的蚀坑,从而快速溶解；随着溶解的进行,液相离子浓度提高,C_3S的欠饱和程度不足以导致新蚀坑的形成,蚀坑倾向沿深度和宽度方向同时扩展,且扩展速度随饱和度的增大而降低；当液相中C_3S接近饱和时,蚀坑倾向沿宽度方向扩张,溶解速率较慢。在本研究中借鉴文献[185]中经验方程来表征C_3S溶解速率与其饱和程度之间的非线性关系。

$$d_{C_3S}=k_{C_3S}A_{eff}SSA\left(1-\exp\left[-\left(\frac{\ln(1/\beta_{C_3S})}{p1}\right)^{p2}\right]\right) \tag{4-8}$$

其中,d_{C_3S}是C_3S的溶解速率,k_{C_3S}是溶解速率常数,A_{eff}是熟料与自由水的有效接触面积分数(未被CSH覆盖的C_3S表面积分数),SSA是C_3S的比表面积,β_{C_3S}是液相中C_3S的饱和度,$p2$为常系数。基于式(4-8)的C_3S溶解速率与其饱和程度之间的非线性关系如图4.1所示。

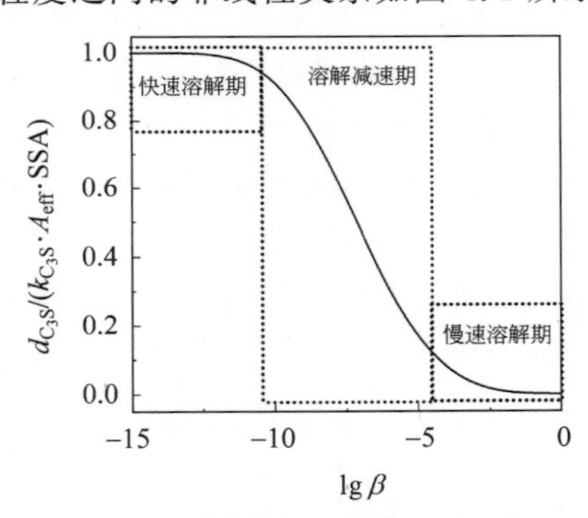

图4.1 C_3S溶解速率与饱和度之间的关系

4.1.3 CSH成核速率

根据边界成核生长理论(BNG),早期CSH的沉淀动力学主要由CSH晶核的形成速率和晶核长大的速率决定。在相边界上异相成核的速率可以表达为[186]

$$I=I_0\exp\left(-\frac{\Delta G^*}{k_BT}\right) \tag{4-9}$$

其中，I_0是指前因子，成核速率常数；k_B是玻尔兹曼常数(Boltzmann constant)；ΔG^*是临界成核自由能。假定晶核为球形，则临界成核自由能可以表达为过饱和度的函数。异相成核的完整速率方程为

$$I_{CSH}=A_{eff}I_0\exp\left[-\frac{16\pi\gamma_{SL}^3\Omega_s^2 f(\theta)}{3k_B T(k_B T\ln\beta_{CSH})^2}\right] \tag{4-10}$$

其中，$f(\theta)=(2+\cos\theta)\sin^4(\theta/2)$表示CSH和$C_3S$之间的接触角$\theta$对成核速率的影响，$\gamma_{SL}$是晶核与液相之间的表面能，$\Omega_s$是CSH分子体积。很少有研究报道CSH和$C_3S$之间的接触角，但是Garrault和Nonat[44]与Nicoleau[187]分别报道了CSH和方解石之间的接触角为60°，本研究中采用该研究结果，选定$\theta_{CSH-C_3S}=60°$。CSH的分子体积可以通过表4.2中的摩尔体积与阿伏伽德罗常数的比值计算得到：$\Omega_s=1.76\times10^{-28}\ m^3$。CSH的晶核与液相之间的表面能借鉴了传统经验方程，认为其表面能与其在溶液中的溶解度之间的函数关系为$\gamma=a\lg c_{eq}+b$，溶解度可以根据沉淀溶解平衡常数换算获得，而经验方程中的参数采用Bullard等[185]报道的数值：$a=-16$，$b=42.2$。通过计算可以得到CSH与液相之间的表面能约为86 mJ/m^2。

4.1.4 CSH沉淀速率

稳定晶核形成后会以一定的速率长大，由于CSH生长的取向性，晶核长大过程中法向和切向的生长速率并不一致，且均和CSH在溶液中的过饱和度呈正相关关系。在本研究中，假定CSH晶核的法向生长速率与其在液相中的饱和度指数(SI)呈线性关系，则CSH的生长速率可以通过式(4-11)和式(4-12)表示：

$$G_{CSH}=G_0\,SI \tag{4-11}$$

$$SI=\lg\beta_{CSH}=\lg(IAP_{CSH}/K_{CSH}) \tag{4-12}$$

传统边界成核生长模型是按照固定成核速率(或固定晶核密度)和生长速率推导的，在时间和空间的积分数学处理过程中较为简化。但实际上由于液相离子浓度和CSH饱和程度的变化，成核速率和生长速率并不是常数。传统的边界成核生长模型并不能科学地反映C_3S早期水化动力学过程。本节将按照传统边界成核与生长模型的推导思路，建立考虑CSH饱和度的早期水化动力学模型。

首先考虑单个椭球在C_3S表面的生长，如图3.3所示，考虑x时刻产

生的晶核生长到 t 时刻的法向长度为

$$l = \int_x^t G_{\mathrm{CSH}}(\tau)\mathrm{d}\tau \tag{4-13}$$

考虑距 C_3S 表面高度为 y 的平面与该晶核相交圆，该圆面积可以结合式(3-6)和式(4-13)得到：

$$A_{\mathrm{circle}}(x,t,y) = \pi g\left[\left(\int_x^t G_{\mathrm{CSH}}(\tau)\mathrm{d}\tau\right)^2 - y^2\right],\quad \int_x^t G_{\mathrm{CSH}}(\tau)\mathrm{d}\tau \geqslant y \tag{4-14}$$

需要注意的是，式(4-14)计算相交圆面积需要考虑 CSH 长度与截面高度 y 的关系，当截面高度超过 CSH 法向长度时，CSH 椭球与该截面不相交，截面积为 0。x 时刻的成核速率可以按照式(4-10)计算，$I_{\mathrm{CSH}}(x)$。则 x 时刻产生的所有晶核在 t 时刻与 y 截面相交圆的截面积可以根据式(3-7)和式(4-14)得到：

$$A_{\mathrm{circle}}(x,t,y) = \pi g\left[\left(\int_x^t G_{\mathrm{CSH}}(\tau)\mathrm{d}\tau\right)^2 - y^2\right] I_{\mathrm{CSH}}(x)\mathrm{d}x \tag{4-15}$$

实际上，从 0 时刻到 t 时刻，C_3S 表面始终有新晶核形成，考虑所有时刻产生的晶核在长大到 t 时刻时与 y 高度界面相交圆的总面积可以根据式(3-8)和式(4-15)得到：

$$\begin{aligned} A_{\mathrm{extended}}(t,y) &= \int_0^t I_{\mathrm{CSH}}(x) A_{\mathrm{circle}}(x,t,y)\mathrm{d}x \\ &= \int_0^t \pi g\left[\left(\int_x^t G_{\mathrm{CSH}}(\tau)\mathrm{d}\tau\right)^2 - y^2\right] I_{\mathrm{CSH}}(x)\mathrm{d}x \end{aligned} \tag{4-16}$$

如图 3.3 所示，同一成核面上的相邻晶核之间会互相重叠，按照与式(3-9)相似的处理方法，通过式(4-16)换算可以得到去除相邻晶核重叠影响的相交圆面积：

$$\begin{aligned} A_{\mathrm{true}}(t,y) &= 1 - \exp\left(-\int_0^t I_{\mathrm{CSH}}(x) A_{\mathrm{circle}}(x,t,y)\mathrm{d}x\right) \\ &= 1 - \exp\left\{-\int_0^t \pi g\left[\left(\int_x^t G_{\mathrm{CSH}}(\tau)\mathrm{d}\tau\right)^2 - y^2\right] I_{\mathrm{CSH}}(x)\mathrm{d}x\right\} \end{aligned} \tag{4-17}$$

无论是溶解速率方程还是成核速率方程都和 C_3S 的自由面面积分数有关系，C_3S 表面被水化产物覆盖的部分因为不能够和自由水接触而无法溶解，同时水化产物会在此处原有产物的基础上继续生长，不会形成新的晶核，因此需要计算 C_3S 的实时有效表面积 A_{eff}。式(4-17)中，当截面高度 $y=0$ 时，计算得到的是 C_3S 表面被 CSH 覆盖的面积分数：

$$\begin{aligned} A_{\mathrm{cov}}(t) &= A_{\mathrm{true}}(t,0) \\ &= 1 - \exp\left[-\int_0^t \pi g\left(\int_x^t G_{\mathrm{CSH}}(\tau)\mathrm{d}\tau\right)^2 I_{\mathrm{CSH}}(x)\mathrm{d}x\right] \end{aligned} \tag{4-18}$$

C_3S 表面溶解和成核的有效面积分数为

$$A_{eff}(t)=1-A_{cov}(t)$$
$$=\exp\left[-\int_0^t \pi g\left(\int_x^t G_{CSH}(\tau)d\tau\right)^2 I_{CSH}(x)dx\right] \tag{4-19}$$

把式(4-17)对应的截面积对 y 进行积分，可以得到 CSH 的体积分数

$$V_{extended}(t)=\int_0^{\infty} SSA_V \cdot A_{true}(t,y)dy \tag{4-20}$$

其中，SSA_V 是单位体积空间内的总成核面积，在水泥浆体中应当按照水泥的比表面积与拌合水的体积比值计算(SSA/V_{water})，V_{water} 是对应单位质量胶凝材料的拌合水初始体积。

第 3 章中分析了传统 BNG 模型的不足之处，传统 BNG 模型的计算结果表明，水化产物的生长空间不足是导致水化由加速期向减速期转变的主要诱因，而结合表 4.2 中的 CSH 摩尔体积、C_3S 水化反应焓以及实测的水化放热曲线可知，当水化放热由加速期向减速期转变时，体系内仍然有足够可供水化产物生长的空间(假定水化产物生长占据原自由水所在空间)。因此，在第 3 章中提议引入新的机理来解释加速期向减速期的转变过程，即局部生长假说[51,55-56]。基于局部生长假说，引入临界长度 l_{max}，当 CSH 法向长度超过临界值时，其生长速率降低，甚至停止生长。临界长度内 CSH 的体积分数可以通过修正式(4-20)得到：

$$V_{extended}(t)=\int_0^{l_{max}} SSA_V A_{true}(t,y)dy \tag{4-21}$$

尽管限定了 CSH 的最长长度，但由于水泥颗粒在空间中并非均匀分布，随机分散的水泥颗粒之间的间距差异较大，距离较近的相邻水泥颗粒之间的 CSH 仍然可能互相重叠，需要考虑重叠部分对 CSH 体积分数的影响，修正后的 CSH 在其生长空间内的体积分数为

$$V_{true}(t)=1-\exp(-V_{extended}(t))$$
$$=1-\exp\left(-\int_0^{l_{max}} SSA_V A_{true}(t,y)dy\right) \tag{4-22}$$

在 C_3S 水化早期，水化产物主要在 C_3S 表面向外生长，逐渐填充最初被拌合水占据的空间。在 C_3S 表面被水化产物完全覆盖之前，体系内可供水化产物生长的空间可以假定为初始拌合水所在的空间，其体积为 V_{water}。由此可以把式(4-22)计算的 CSH 体积分数换算得到 CSH 的实际体积

$$V_{CSH}(t)=V_{water}\left[1-\exp\left(-\int_0^{l_{max}} SSA_V A_{true}(t,y)dy\right)\right] \tag{4-23}$$

表 4.2 中给出了 CSH 的摩尔体积 V_{MCSH}，结合 CSH 的体积和摩尔体积可以计算得到 CSH 在浆体中的摩尔含量，对时间微分之后即可得到 CSH 的沉淀速率

$$d_{CSH}(t)=\frac{1}{V_{MCSH}}\frac{dV_{CSH}(t)}{dt} \tag{4-24}$$

4.1.5　CH 沉淀速率

在 C_3S 与水拌合后，CSH 很快就达到过饱和状态，而 CH 则要到相对较晚时期才能够达到饱和状态。而且为了克服 CH 的成核势垒，CH 的饱和度指数要达到 0.4 才会出现 CH 的首次成核[180,188]，然后 CH 的饱和度指数会逐渐减小到 0。通过 PHREEQC 热力学计算软件计算可以得到，当 CH 的饱和度指数 $SI_{portlandite}=0.4$ 时的钙离子浓度 $C_{Ca}^{max}\approx 0.0355$ mol/L，而当 CH 处于饱和状态($SI_{portlandite}=0$)时的钙离子浓度 $C_{Ca}^{eq}\approx 0.023$ mol/L。PHREEQC 热力学计算软件是一种水文地球化学计算软件，已经被广泛地应用于水泥基材料体系的热力学计算[22]。从最大钙离子浓度降低到平衡态钙离子浓度的过程可以通过简单的经验方程来表征：

$$C_{Ca}^{total}(t)=C_{Ca}^{eq}+(C_{Ca}^{max}-C_{Ca}^{eq})\exp\left(\frac{r_{Ca}(t-t_{precipitation})}{C_{Ca}^{max}-C_{Ca}^{eq}}\right) \tag{4-25}$$

其中，$C_{Ca}^{total}(t)$是$[Ca^{2+}]$和$[CaOH^{-}]$的总和，$t_{precipitation}$ 是液相中 CH 的饱和度指数第一次达到 0.4 的时间，r_{Ca} 是形状参数。C_3S 溶解向液相中释放钙离子，CSH 沉淀消耗液相中的钙离子，二者之间的差值将会以 CH 的形式沉淀。可以计算得到 CH 的沉淀速率：

$$\begin{aligned} d_{CH}(t)=&\,3d_{C_3S}(t)-1.67d_{CSH}(t)-\\ &\frac{\partial(C_{Ca}^{total}(t)V_w(t))}{\partial t},\quad t>t_{precipitation} \end{aligned} \tag{4-26}$$

其中，$V_w(t)$是体系中自由水的实时体积(L)。

$$V_w(t)=\left\{V_{water}/V_{Mwater}+\int_0^t[-5d_{C_3S}(\tau)+1.53d_{CSH}(\tau)]d\tau\right\}V_{Mwater}\times 10^3 \tag{4-27}$$

其中，V_{water} 是初始时刻自由水的体积，V_{Mwater} 是表 4.2 中给出的水的摩尔体积。

4.1.6　孔溶液液相属性

C_3S 的溶解、CSH 的成核和生长都与液相中各自的饱和度息息相关，而饱和度指数由液相离子浓度决定，孔溶液的液相属性是沟通 C_3S 水化过程中溶解和沉淀的桥梁。本节主要关注液相中离子浓度、离子活度及物相饱和度随时间的变化。综合考虑 C_3S 溶解释放 Si 元素和 CSH 沉淀消耗 Si 元素，液相中总体 Si 元素的浓度可以按照式(4-28)计算：

$$C_{\mathrm{Si}}^{\mathrm{total}}(t)=\frac{\int_0^t (d_{\mathrm{C_3S}}(\tau)-d_{\mathrm{CSH}}(\tau))\mathrm{d}\tau}{V_{\mathrm{w}}(t)} \tag{4-28}$$

其中，$C_{\mathrm{Si}}^{\mathrm{total}}$ 是溶液中 Si 元素不同存在状态的浓度总和：$[H_4SiO_4]+[H_3SiO_4^-]+[H_2SiO_4^{2-}]$。CH 开始沉淀之后的 Ca 元素浓度可以通过式(4-25)计算，而 CH 开始沉淀之前的 Ca 元素浓度可以综合考虑 C_3S 溶解释放和 CSH 沉淀消耗来计算：

$$C_{\mathrm{Ca}}^{\mathrm{total}}(t)=\frac{\int_0^t (3d_{\mathrm{C_3S}}(\tau)-1.67d_{\mathrm{CSH}}(\tau))\mathrm{d}\tau}{V_{\mathrm{w}}(t)},\quad t<t_{\mathrm{precipitation}} \tag{4-29}$$

综上，Ca 元素的总浓度应当结合式(4-25)和式(4-29)计算得到。而无论是 Si 元素还是 Ca 元素的种类分布应当根据表 4.1 中不同存在状态的离子之间平衡常数计算得到。

必须使用 Pitzer 模型才能够准确计算液相中离子的活度系数，进而得到物相的饱和度。但 Pitzer 模型过于复杂，尽管通过 Matlab 实现了 Pitzer 模型的计算，但在编写溶解和沉淀计算程序的过程中需要不断调用 Pitzer 模型的计算程序，计算量较大。为了提高运算效率，通过 PHREEQC 热力学计算软件调用含 Pitzer 参数的数据库计算了超过 10 000 组不同 Ca 元素和 Si 元素浓度的液相离子活度和物相饱和度，采用 BP 神经网络模型对上述计算结果进行学习，以 BP 模型的结果可以快速给出指定 Ca 元素和 Si 元素浓度条件下的物相饱和度。基于 BP 模型的物相计算过程如图 4.2 所示，只设置一个隐含层，采用 Sigmoid 方程作为激励函数。BP 模型的权值和阈值如表 4.3 所示。

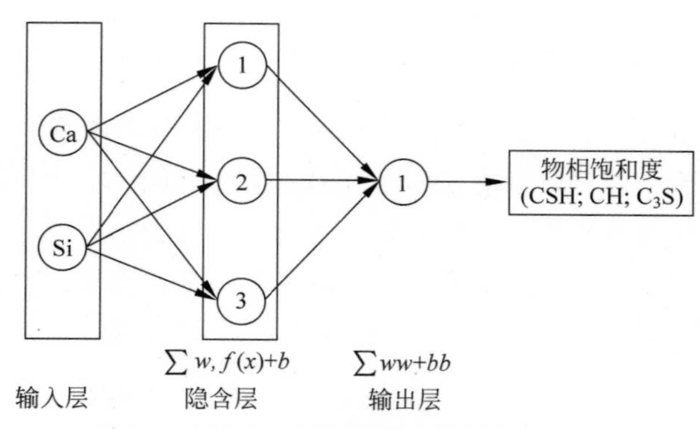

图 4.2 基于 BP 模型计算物相饱和度的过程

表 4.3 BP 模型计算物相饱和度的权值和阈值

	C_3S	CSH	CH
w11	−827.779 30	392.947 50	433.746 88
w12	445.833 46	124.621 93	−140.095 32
w21	−84.733 09	107.946 80	69.849 22
w22	−116.230 00	1100.679 51	−32.399 94
w31	−17.640 45	−6.305 29	2247.997 38
w32	8874.606 69	17101.905 50	−769.684 85
b1	−7.551 71	6.146 10	3.288 49
b2	−4.255 90	−1.881 13	1.981 61
b3	5.961 67	6.914 00	4.588 07
ww1	−13 354.508 28	2115.402 18	55.024 22
ww2	−577.896 44	3.017 69	21.306 52
ww3	484.790 61	1482.623 79	226.415 62
bb	−483.665 80	−3597.794 30	−302.176 49

4.1.7 动力学参数敏感性分析

通过 4.1.2～4.1.6 节的计算方程可以对水化热测试结果进行拟合，图 4.3 是拟合结果。从图 4.3 中可以看到，主放热峰区间的水化热计算结果与实测结果吻合良好，但在主放热峰末端计算结果与实测结果出现明显差异，表现为计算结果偏低，且差值逐渐增大。C_3S 的水化过程早期，水化产物主要向外生长，当 C_3S 表面被水化产物逐渐覆盖之后，向内生长的高密度凝胶对水化放热的贡献便不可忽略，这是在减速期向稳定期转变过程中拟合结果出现偏差的主要原因。为了更准确地反映 C_3S 的水化过程，本书引入临界面积分数的概念，认为当 C_3S 表面被 CSH 覆盖的面积分数超过该临界值时，高密度凝胶的生长必须要被考虑在内，且高密度凝胶的生长速率与 C_3S 表面被 CSH 覆盖的面积分数相关。通过对文献中数据的拟合对比，本节引入的临界面积分数为 92%。修正后高密度凝胶的生长速率为

$$\mathrm{d}V_{\mathrm{CSH}}^{\mathrm{inner}}(t)/\mathrm{d}t = G_{\mathrm{CSH}}^{\mathrm{inner}}\mathrm{SSA}\left(\frac{A_{\mathrm{cov}}(t)-0.92}{1-0.92}\right) \tag{4-30}$$

修正后的 CSH 沉淀速率方程为

$$d_{\mathrm{CSH}}(t) = \frac{1}{V_{\mathrm{MCSH}}}\frac{\mathrm{d}V_{\mathrm{CSH}}(t)}{\mathrm{d}t} + \frac{1}{V_{\mathrm{MCSH}}^{\mathrm{inner}}}\frac{\mathrm{d}V_{\mathrm{CSH}}^{\mathrm{inner}}(t)}{\mathrm{d}t} \tag{4-31}$$

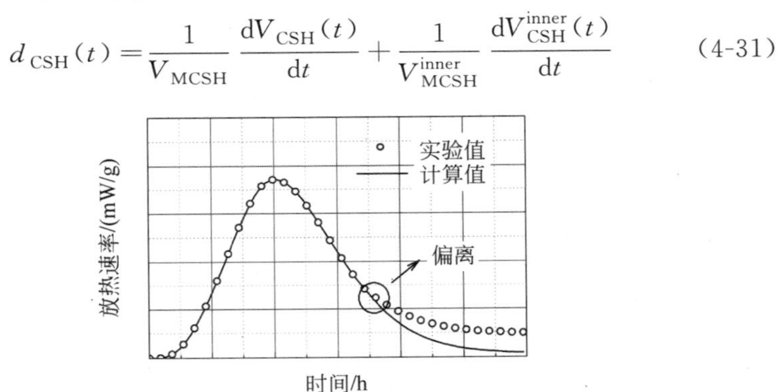

图 4.3　不考虑高密度凝胶生长的动力学模型拟合结果

图 4.4 给出了完整的动力学模型，溶解过程和沉淀过程通过液相属性联系在一起，沉淀过程同时计算了 C_3S 表面被 CSH 覆盖的面积分数，该面积分数影响了溶解和沉淀速率。综合完整的动力学模型来看，模型中需要考虑的参数包括溶解速率常数、成核速率常数、生长速率常数、高密度凝胶生长速率常数、CSH 临界长度以及 CSH 切向和法向生长速率比值。下面将分析以上动力学参数对水化放热速率计算结果的影响。

首先固定了一组动力学参数，如表 4.4 所示。改变其中一项动力学参数，分析计算结果对该动力学参数的敏感性，分析结果如图 4.5 所示。从图 4.5 中可以明显看到各个动力学参数对水化放热计算结果的影响趋势。

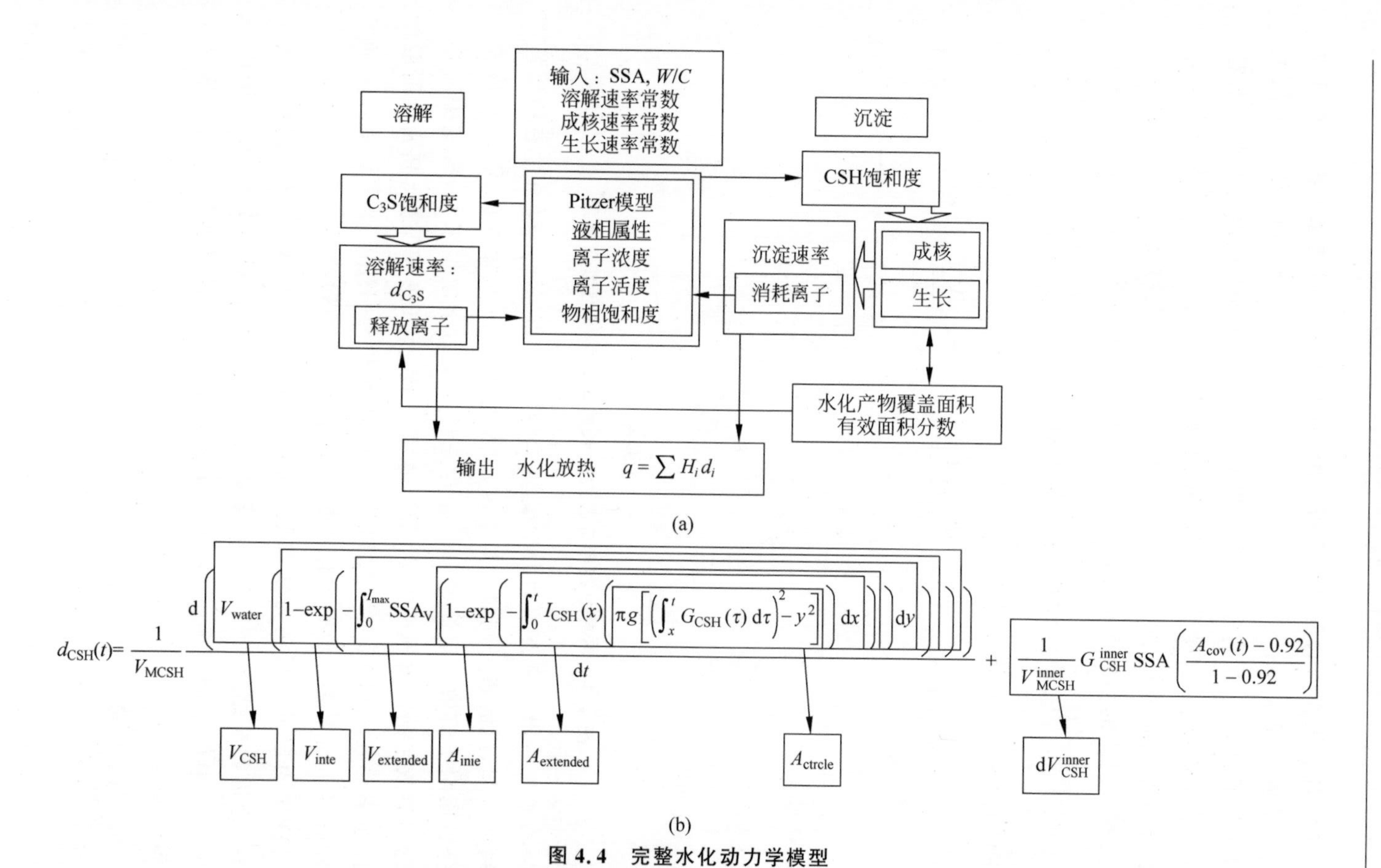

图 4.4　完整水化动力学模型

（a）模型模拟主要步骤流程；（b）模型 CSH 沉淀速率方程及方程各部分对应的物理意义

表 4.4 动力学参数敏感性分析中参数基准值、单位及其物理意义

动力学参数	单位	基准值	物理意义描述
k_{C_3S}	$mol/(m^2 \cdot h)$	0.45	溶解速率常数
I_0	$\mu m^{-2} \cdot h^{-1}$	3.9×10^6	成核速率常数
G_0	$\mu m/h$	0.0108	生长速率常数
G_{CSH}^{inner}	$\mu m/h$	0.0026	高密度凝胶生长速率常数
g	—	0.23	CSH 切向和法向生长速率比值
SSA	m^2/kg	610	比表面积
W/C	—	0.5	水灰比
l_{max}	nm	270	CSH 临界长度

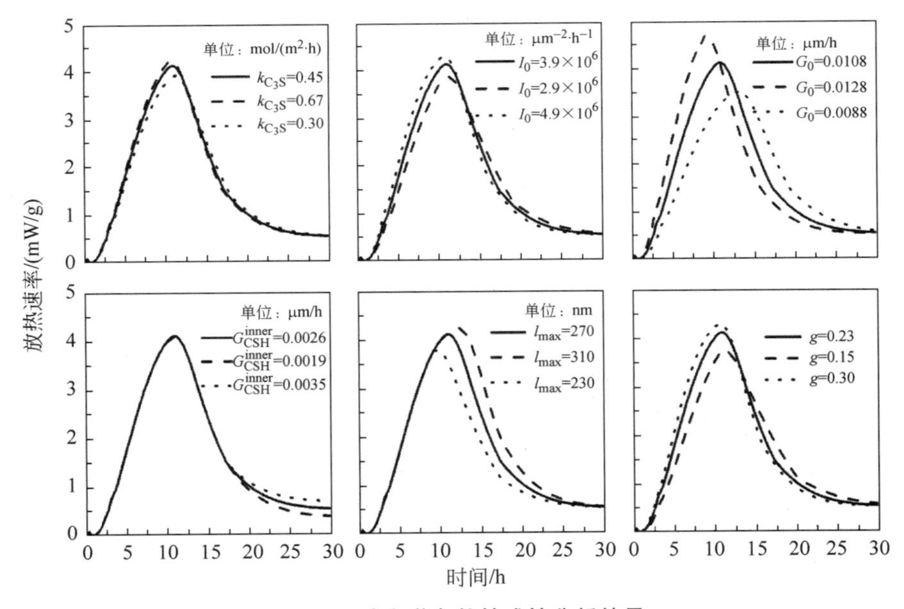

图 4.5 动力学参数敏感性分析结果

4.2 纯 C_3S 动力学拟合过程及结果

4.2.1 动力学模型拟合方法和过程

4.1 节表明，在考虑液相离子浓度的基础上进行溶解和沉淀过程的计算模拟非常复杂，涉及较多的积分和指数运算，且不同动力学方程之间互相

耦合，难以简单求解。本研究中通过离散化的方式对上述动力学方程进行预处理，然后编程求解，详细的离散化过程以及求解代码框架在附录 A 中给出。为了能够自动拟合得出最佳动力学参数，本书采用遗传算法进行拟合计算。通过英国谢菲尔德大学开发的遗传算法工具箱调用附录 A 中给出的函数进行计算，从函数计算结果与实测结果之间差值的均方根作为目标函数，求解目标函数的极小值，目标函数如式(4-32)所示，$X_{\mathrm{obs},i}$ 和 $X_{\mathrm{cal},i}$ 分别为第 i 时刻实测放热速率和计算放热速率。当变量的取值范围合理时，遗传算法可以得到全局范围内的目标函数最小值。在遗传算法计算过程中，种群密度取为 160，最大迭代数为 40，个体染色体长度为 80，比例选择因子 0.5，交叉概率为 0.7，变异概率为 0.01。以上遗传算法参数的取值能够在保证拟合结果的准确性的前提下使算法快速收敛。详细的遗传算法框架在附录 A 中给出。

$$\mathrm{RMSE}=\sqrt{\frac{\sum_{i=1}^{n}(X_{\mathrm{obs},i}-X_{\mathrm{cal},i})^2}{n}} \tag{4-32}$$

4.2.2　纯 C_3S 动力学拟合结果

按照 4.2.1 节的拟合方法，对 3.3 节的 C_3S 水化放热实测结果进行了拟合分析，拟合结果如图 4.6 所示。从图 4.6 中可以看到拟合结果与实测结果吻合良好，图 4.3 中出现的减速后期计算结果与实测结果之间的误差已经被有效地消除。需要注意的是，本研究中为了避免待测样品与测试环境之间的温差对测试结果的影响，待测 C_3S 粉末和对比石英都提前放入 TAM Air 等温量热仪内，拌合水通过注射器放入仪器内。经过 10 h 的平衡和增益校准之后开始检测并记录数据，注射器内的拌合水被注入到盛有 C_3S 粉末的样品瓶中，在测试设备内部原位搅拌 2 min。通过这种原位搅拌的方式可以有效地记录第一放热峰。从 3.3 节的测试结果(见图 3.5)可以看到，纯 C_3S 水化的第一放热峰并不明显。实际上，基于表 4.1 中的 C_3S 沉淀溶解平衡常数，通过 PHREEQC 软件计算，可以得到在 0.4 水灰比条件下达到 C_3S 饱和状态时溶解掉的 C_3S 总量约 2.35 μmol，如果假定 C_3S 在 0.5 h 内均匀溶解，则其放热速率约 0.14 mW/g。从图 4.6 中看到，计算得到的第一放热峰为 0.1 mW/g，这是因为 C_3S 的溶解速率在远未达到饱和状态时就已经开始降低了。

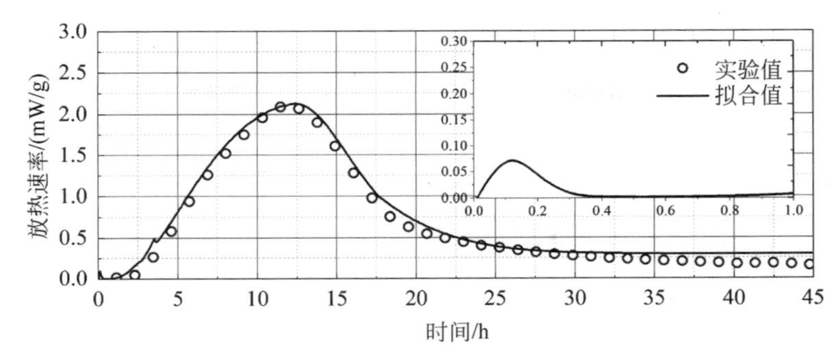

图 4.6　纯 C_3S 水化放热的模型模拟结果

纯 C_3S 水化动力学拟合参数如表 4.5 所示。图 4.7 给出了 CSH 成核速率以及体系内 CSH 和 CH 的含量随时间的变化曲线。从图 4.7 中可以看到水化诱导期的结束主要归因于足够稳定的 CSH 晶核快速生长，当 CSH 开始快速生长之后，液相中的 CSH 饱和度快速下降，体系内不足以形成新的晶核，成核速率逐渐减小到接近 0。当诱导期结束之后，由于 CSH 沉淀中钙元素和硅元素比例与 C_3S 中钙、硅元素比例有明显区别，CSH 沉淀导致液相硅元素浓度降低而钙元素浓度提高，使 CH 饱和度逐渐达到 0.4，CH 开始沉淀。因此，CH 沉淀是诱导期结束之后的结果，而不是诱导期结束的原因。图 4.8 给出了钙元素和硅元素浓度以及 CSH 饱和度随时间的变化曲线，从图 4.8 中也可以看出诱导期结束后硅元素浓度快速下降，钙元素浓度提高，CSH 饱和度迅速降低。这与图 4.7 的分析结果一致。

表 4.5　纯 C_3S 水化动力学拟合参数

k_{C_3S}/[mol/(m^2 · h)]	I_0/(μm^{-2} · h^{-1})	G_0/(μm/h)	G_{CSH}^{inner}/(μm/h)
0.5	3.56×10^6	0.0102	0.0022

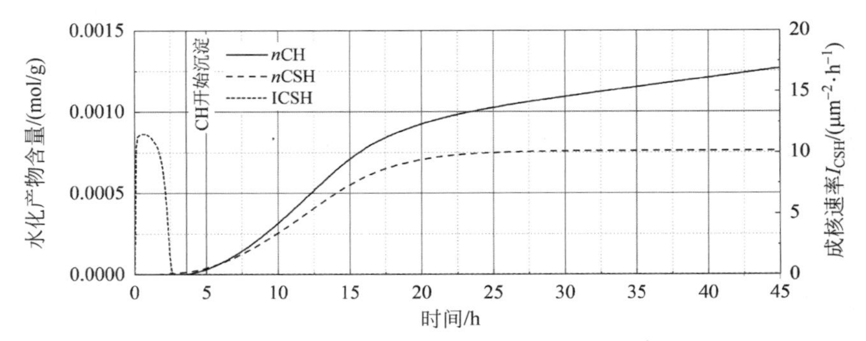

图 4.7　CSH 成核速率和水化产物含量随时间的变化情况

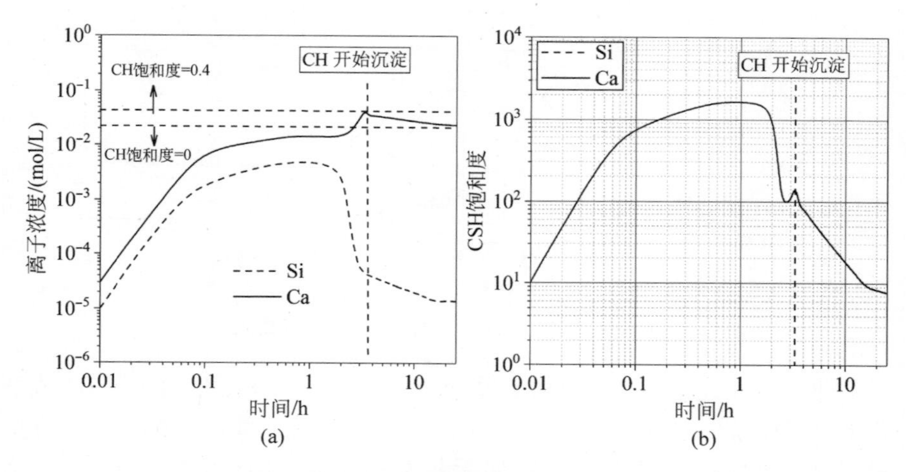

图 4.8　溶液属性的计算结果

(a) 溶液中钙元素和硅元素的浓度；(b) CSH 饱和度

4.3　温度对纯 C_3S 水化动力学的影响

Thomas 报道了不同温度条件下纯 C_3S 的水化放热速率[97]，本节将通过建立的纯 C_3S 水化动力学模型对该文献中的数据进行拟合，获得不同温度条件下的动力学参数。该文献中采用的 C_3S 单矿比表面积为 610 m^2/kg，水灰比为 0.5。不同温度下 C_3S 的水化放热速率模型拟合结果如图 4.9 所示。从图 4.9 中可以看到计算结果与文献中的数据吻合良好。

不同温度条件下 C_3S 的水化动力学模型参数如表 4.6 所示，为了能够更清晰地反映温度对 C_3S 的水化动力学参数的影响，拟合的动力学参数也在图 4.10 中给出。从表 4.6 和图 4.10 中可以看出，随着温度的升高，动力学参数（溶解速率常数、成核速率常数、生长速率常数）变大。根据 Arrhenius 公式可知，反应速率常数与温度呈现正相关的指数函数关系。

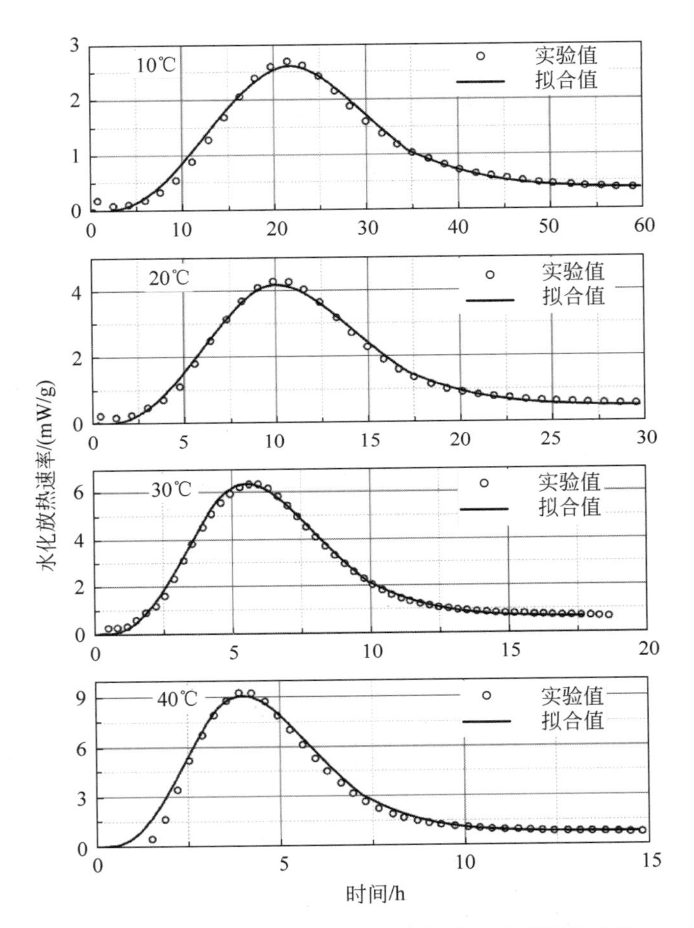

图 4.9　不同温度下 C_3S 的水化放热速率模型拟合结果

表 4.6　不同温度条件下 C_3S 水化动力学参数

参数	单位	温度/℃			
		10	20	30	40
k_{C_3S}	$mol/(m^2 \cdot h)$	0.31	0.45	0.70	1.05
I_0	$\mu m^{-2} \cdot h^{-1}$	2.56×10^6	4.06×10^6	5.96×10^6	8.16×10^6
G_0	$\mu m/h$	0.0073	0.0118	0.0179	0.026
G_{CSH}^{inner}	$\mu m/h$	0.0016	0.0019	0.0022	0.0025

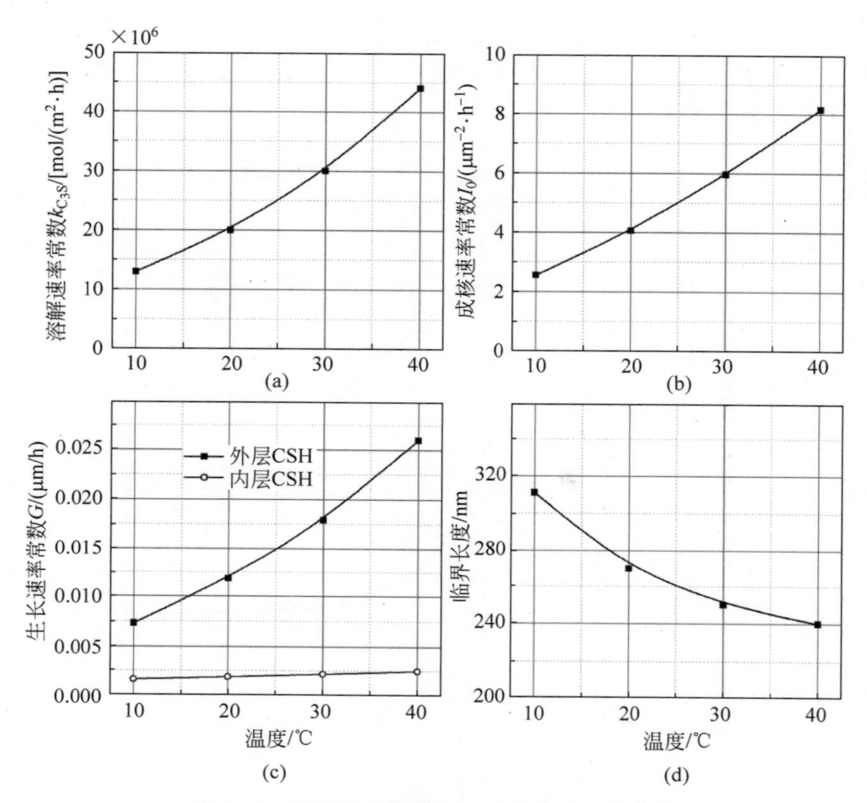

图 4.10　不同温度条件下 C_3S 水化动力学参数

不同温度下 CSH 的实时成核速率随时间的变化曲线如图 4.11 所示。从图 4.11 中可以看到，无论水化环境温度高或低，CSH 成核主要集中发生于诱导期期间，当体系内产生了足够多稳定存在的晶核时，诱导期结束，大量 CSH 的快速生成使得液相 CSH 饱和度降低，成核速率急速下降，这与 4.2 节的分析结果一致。同时可以从图 4.11 中看到，最大成核速率随温度的增加而增大。基于 Arrhenius 公式可以计算不同物理化学过程的活化能，Arrhenius 公式如下：

$$k_{T_2}=k_{T_1}\exp\left[-\frac{E}{R}\left(\frac{1}{273+T_2}-\frac{1}{273+T_1}\right)\right] \tag{4-33}$$

其中，k_{T_2} 和 k_{T_1} 分别为温度 T_2 和 T_1 时的反应速率常数，E 为活化能。不同动力学参数的活化能如图 4.12 所示，从图中可以看到 C_3S 的溶解速率、CSH 的成核速率和生长速率活化能约为 30 kJ/mol。活化能的计算有助于确定其他温度条件下动力学参数的取值。

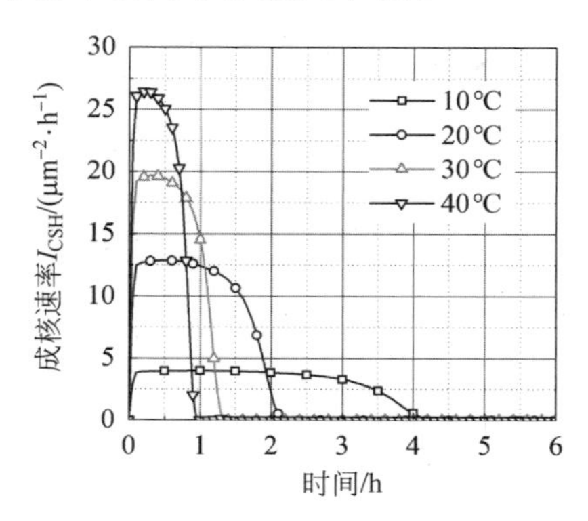

图 4.11　不同温度下 C_3S 水化过程中 CSH 成核速率随时间的变化情况

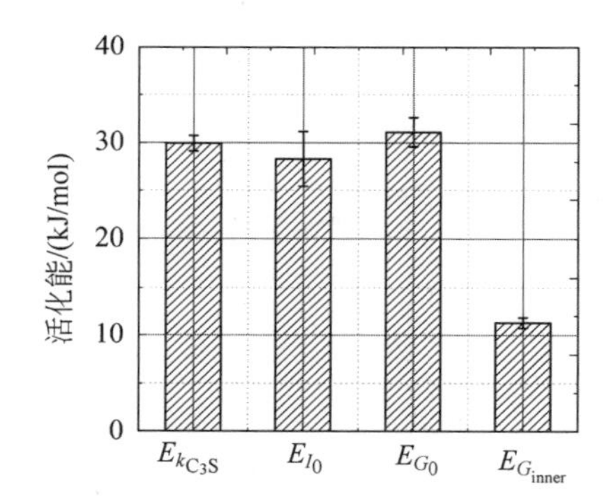

图 4.12　10～40℃ C_3S 反应过程中不同动力学参数的活化能

不同温度下高密度凝胶和低密度凝胶的沉淀速率如图 4.13 所示(CSH 沉淀速率，mol/(h·g))。从图 4.13 中可以看到，随着 C_3S 表面被 CSH 覆盖的面积分数逐渐增加，向内生长的高密度凝胶对水泥水化放热的贡献逐渐增大。在本研究中临界面积分数设为 92%，当 C_3S 表面被 CSH 覆盖的面积分数超过此临界值时，高密度凝胶开始生长。同时可以从图 4.13 中看到，当水化加速期向减速期转变时，C_3S 表面被 CSH 覆盖的面积分数仅为 50%左右，表明水化机理由成核生长阶段向扩散控制阶段的转变并不是水化从加速期向减速期转变的原因。

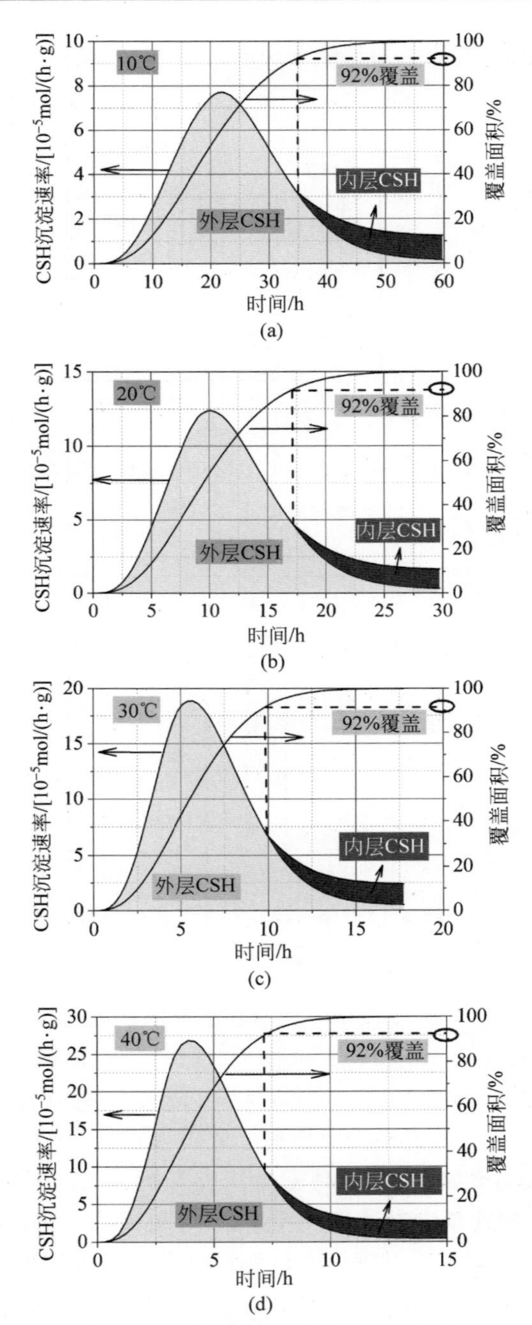

图 4.13　不同温度下 CSH 的沉淀速率

4.4　粒径对纯 C_3S 水化动力学的影响

粉体细度是 C_3S 最重要的物理参数之一，直接影响 C_3S 的早期水化。粉体细度与其比表面积息息相关，在动力学模型的推导过程中，C_3S 的溶解速率和 CSH 的成核速率都和 C_3S 的比表面积有关。Costoya[189]、Kumar 和 Scrivener[190] 报道了不同细度 C_3S 的早期水化放热，各个 C_3S 的比表面积和密度如表 4.7 所示。水灰比固定为 0.4。

表 4.7　所有 C_3S 的比表面积和密度[189-190]

C_3S 种类	比表面积/(cm^2/g)	密度/(g/cm^3)
PSD2	1212	3.15
AliteC2	2000	3.15
Alite-Batch	2100	3.14
PSD3	2393	3.17
PSD5	3059	3.15
C_3S-1	3952	3.15

图 4.14 给出了文献中的实验结果与动力学模型计算结果的对比。从图 4.14 中可以看到拟合结果吻合良好。随着比表面积的增大，C_3S 水化诱导期缩短，第二放热峰左移，且加速期斜率和第二放热峰的最大放热速率均增大。

不同比表面积 C_3S 的水化动力学参数如图 4.15 所示。从图中可以看到，通常情况下不同比表面积的 C_3S 的动力学参数差异较小，除了 PSD2 的成核速率常数和 C_3S-1 的生长速率常数之外，其他 C_3S 样品的溶解速率常数、成核速率常数、低密度凝胶生长速率常数和高密度凝胶生长速率常数分别为 0.47 mol/(m^2 · h)、85 000 $\mu m^{-2} \cdot h^{-1}$、0.0065 μm/h 和 0.0025 μm/h。从 4.1 节动力学模型的推导过程中可以看到，与 C_3S 的比表面积直接相关的溶解过程和 CSH 沉淀过程均考虑了比表面积的影响，C_3S 溶解速率和 CSH 成核速率方程中都含有比表面积。因此，本模型能够准确地反映不同比表面积的 C_3S 的水化动力学过程。此外，上述动力学参数与 4.3 节拟合计算的 C_3S 在 20℃条件下的动力学参数相近，说明本章提出的 C_3S 水化动力学模型具有良好的普适性。

假定 C_3S 的反应程度为溶解的 C_3S 占原有 C_3S 的质量分数，则本研究

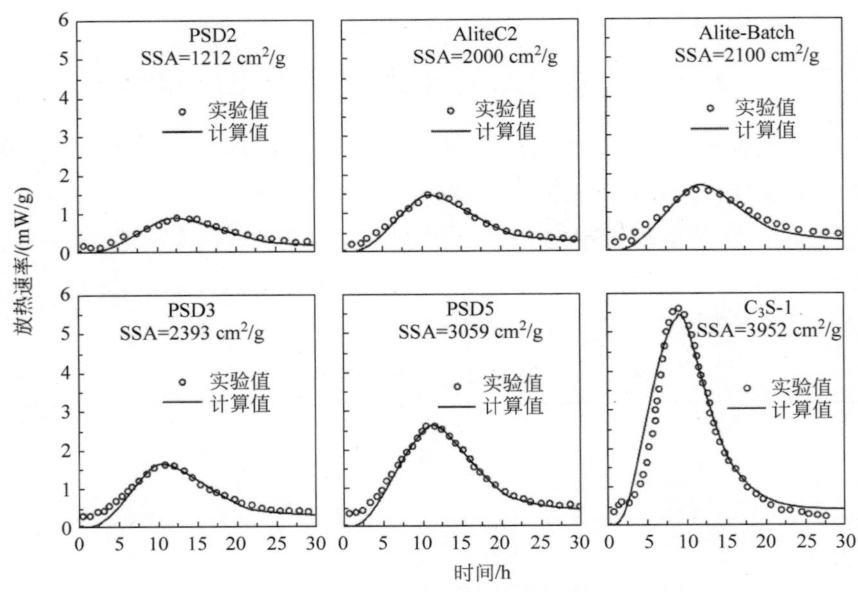

图 4.14　不同细度 C_3S 水化动力学模型模拟结果

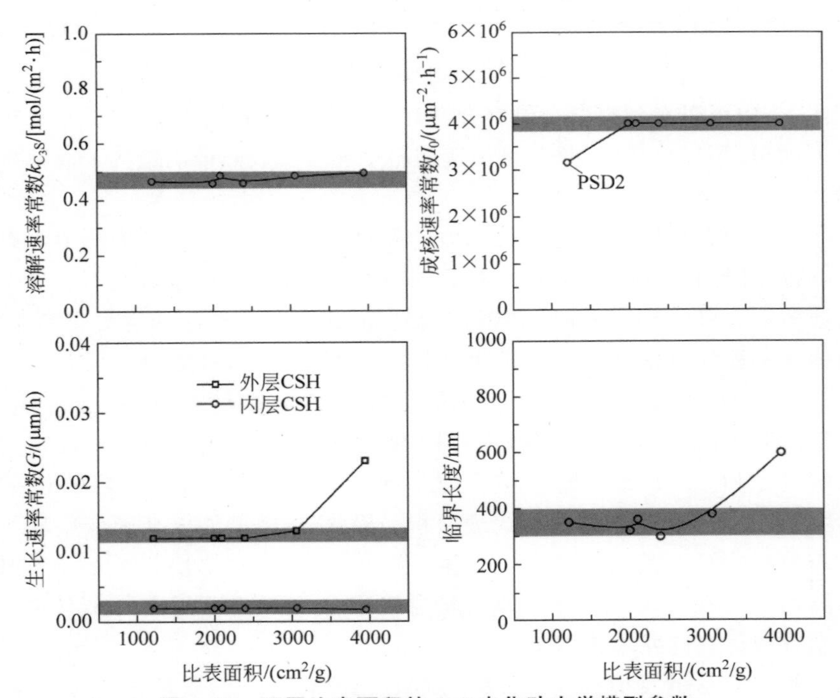

图 4.15　不同比表面积的 C_3S 水化动力学模型参数

中不同比表面积的 C_3S 的反应程度可以通过计算得到，如图 4.16 所示。从图 4.16 中可以看到，随着比表面积的增大，C_3S 的反应程度逐渐增加。然后本书分析指定龄期 C_3S 的反应程度与其比表面积的函数关系，通过拟合发现，C_3S 的反应程度与比表面积之间呈现指数函数关系，拟合结果如图 4.17 和表 4.8 所示。

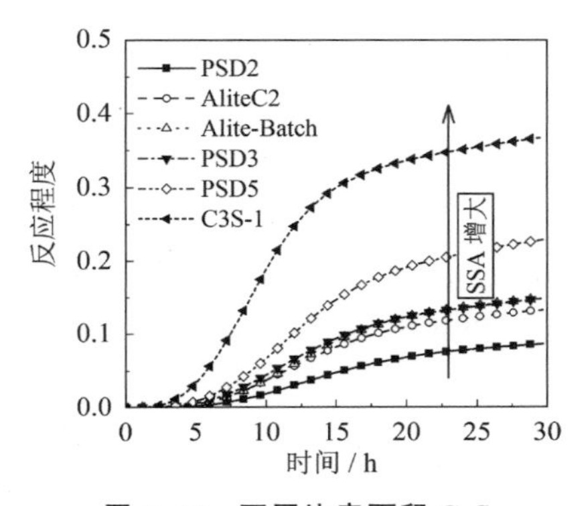

图 4.16　不同比表面积 C_3S 反应程度发展

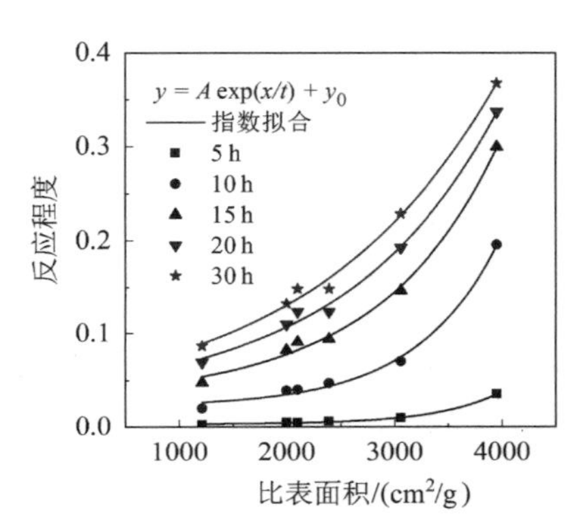

图 4.17　同一时间 C_3S 反应程度与比表面积的关系

表 4.8　C_3S 反应程度与比表面积之间的指数函数关系参数

龄期/h	A	y_0	t	R^2
5	3.87×10^{-5}	0.0032	588.2	0.9967
10	9.14×10^{-4}	0.0220	753.7	0.9952
15	7.82×10^{-3}	0.0309	1118.7	0.9958
20	2.05×10^{-2}	0.0261	1453.6	0.9952
30	3.73×10^{-2}	0.0146	1759.0	0.9947

4.5　本章小结

本章主要在传统边界成核生长模型(BNG)的基础上建立了纯 C_3S 早期水化动力学方程。与前人的研究相比，本章研究的创新点如下：

(1) 本研究选定了 CSH 的化学组成和热力学参数，并基于此给出了 C_3S 的反应方程式，根据反应方程式和反应物、反应产物的标准摩尔生成焓计算可得 C_3S 的反应放热量为 122.79 kJ/mol。

(2) 本研究引入局部生长假说来解释 C_3S 水化加速期向减速期的转变机理。局部生长假说认为水化产物只在距离 C_3S 表面一定宽度的范围内快速生长,超出该范围之后水化产物的生长速率降低。

(3) 通过与实验数据拟合发现,当 C_3S 表面约 92%的面积分数被水化产物覆盖之后,向内生长的高密度凝胶对水化放热的贡献便不可忽略。

(4) 本书建立的 C_3S 水化动力学模型中需要确定的动力学参数包括溶解速率常数、成核速率常数、低密度凝胶生长速率常数和高密度凝胶生长速率常数。常温条件下溶解速率常数、成核速率常数、低密度凝胶生长速率常数和高密度凝胶生长速率常数分别为 0.47 mol/(m^2 · h)、85 000 $\mu m^{-2} \cdot h^{-1}$、0.0065 μm/h 和 0.0025 μm/h。

(5) 通过不同温度条件下的 C_3S 水化放热数据拟合获得了不同动力学过程的活化能,C_3S 溶解过程、CSH 成核过程和生长过程的活化能都约为 30 kJ/mol。

(6) C_3S 颗粒越细,水化速率越快,各龄期的反应程度也越高。本研究建立的水化动力学模型中含有 C_3S 的比表面积,因此 C_3S 的细度对本研究动力学模型参数的影响较小,不同细度 C_3S 水化动力学参数几乎为常数。

第 5 章　纯硅酸盐水泥水化动力学模型

水泥熟料主要由硅酸三钙(C_3S)、硅酸二钙(C_2S)、铝酸三钙(C_3A)、铁铝酸四钙(C_4AF)以及少量石膏组成。C_2S 和 C_4AF 早期水化速率较慢,对水泥早期水化放热以及性能发展贡献较小。C_3A 在与水拌合后会快速溶解,然后以较慢的反应速率持续反应,尽管 C_3A 活性较高,但其在水泥熟料中的含量低,对水泥水化放热的贡献较小。因此,在水泥水化建模研究中普遍以 C_3S 的水化为研究对象。虽然其他三个矿物相对水泥总体的水化放热的影响较小,但它们对水泥浆中离子的种类和浓度的影响不可忽略。因此,在硅酸盐水泥的水化建模研究中,仍然可以把 C_3S 作为建模对象,但液相离子浓度和物相饱和度对 C_3S 水化过程中的溶解速率、CSH 成核速率和生长速率的影响过于复杂,不适宜再作为建模因素。本章的主要任务是在第 4 章纯 C_3S 水化动力学模型的基础上,提出纯硅酸盐水泥的水化动力学模型。

5.1　纯硅酸盐水泥水化动力学模型

5.1.1　硅酸盐水泥早期水化动力学模型

本章有关硅酸盐水泥早期水化建模研究仍然以 C_3S 水化过程为主要建模对象,其反应方程如式(4-5)所示,不同矿相的热力学数据与纯 C_3S 的水化动力学模型一致,如表 4.2 所示。硅酸盐水泥早期水化过程中加速期向减速期的转变机理仍然采用纯 C_3S 水化机理中的局部生长假说,即引入 CSH 的临界长度,当 CSH 法向长度超过临界值时,其法向生长速率减小。但与纯 C_3S 水化动力学模型不同,纯硅酸盐水泥水化采用恒定的成核速率和晶核生长速率,基于式(4-13)～式(4-24)的 C_3S 水化动力学模型可以进一步简化。首先 x 时刻产生的晶核生长到 t 时刻的法向长度可以通过式(4-13)简化为 $G(t-x)$。然后根据式(4-14),考虑距 C_3S 表面高度为 y 的平面与该晶核相交圆,该圆面积为

$$A_{\text{circle}}(x,t,y)=\pi g[G^2(t-x)^2-y^2] \tag{5-1}$$

则 x 时刻产生的所有晶核在 t 时刻与 y 截面相交圆的截面积可以根据式(4-15)简化得到

$$A_{\text{circle}}(x,t,y)=\pi g[G^2(t-x)^2-y^2]I\mathrm{d}x \tag{5-2}$$

所有时刻产生的晶核在长大到 t 时刻时与 y 高度界面相交圆的实际总面积可以根据式(4-16)简化得到

$$\begin{aligned}A_{\text{trul}}(t,y)&=1-\exp\left(-\int_0^t I\cdot A_{\text{circle}}(x,t,y)\mathrm{d}x\right)\\&=1-\exp\left\{-\int_0^t \pi g[G^2(t-x)^2-y^2]I\mathrm{d}x\right\}\end{aligned} \tag{5-3}$$

结合式(4-20)和式(4-21)可知，CSH 在其生长空间内的体积分数为

$$V_{\text{extended}}(t)=\int_0^{l_{\max}}\text{SSA}_{\text{V}}A_{\text{true}}(t,y)\mathrm{d}y \tag{5-4}$$

假定超过临界长度后，CSH 法向生长速率的减小比例为 r，则超出局部生长区间的 CSH 沉淀速率为

$$dV_{\text{out}}(t)=\text{SSA}_{\text{V}}S_{\max}(t)G/r \tag{5-5}$$

其中，$S_{\max}(t)$是 CSH 在临界长度处的面积分数，可以通过式(4-17)计算：

$$\begin{aligned}S_{\max}(t)&=A_{\text{true}}(t,l_{\max})\\&=1-\exp\left\{-\int_0^t \pi g[G^2(t-x)^2-l_{\max}^2]\cdot I\mathrm{d}x\right\}\end{aligned} \tag{5-6}$$

结合式(4-22)，考虑重叠部分对 CSH 体积分数的影响，修正后的 CSH 在其生长空间内的体积分数为

$$V_{\text{trul}}(t)=1-\exp\left(-V_{\text{extended}}(t)-\int_0^t dV_{\text{out}}(\tau)\mathrm{d}\tau\right) \tag{5-7}$$

体系内可供水化产物生长的空间可以假定为初始拌合水所在的空间，其体积为 V_{water}。由此可以把式(5-7)计算的 CSH 体积分数换算得到 CSH 的实际体积：

$$V_{\text{CSH}}(t)=V_{\text{water}}V_{\text{trul}}(t) \tag{5-8}$$

表 4.2 中给出了 CSH 的摩尔体积 V_{MCSH}，结合 CSH 的体积和摩尔体积可以计算得到 CSH 在浆体中的摩尔含量，对时间微分之后即可得到 CSH 的沉淀速率，如式(4-24)所示。假定水泥的反应程度为反应掉的水泥质量分数，根据反应方程式(4-5)，可以通过 CSH 的沉淀速率推断硅酸盐水泥中 C_3S 的反应速率：

$$\frac{\mathrm{d}\alpha(t)}{\mathrm{d}t}=\frac{V_{\text{water}}M_{C_3S}}{V_{\text{MCSH}}}\frac{\mathrm{d}\{1-\exp[\text{SSA}_{\text{V}}(-A-B)]\}}{\mathrm{d}t} \tag{5-9}$$

$$A = \int_0^{l_{\max}} \{1 - \mathrm{e}^{\left(-\int_0^t \pi g[G^2(t-x)^2 - y^2] I \mathrm{d}x\right)}\} \mathrm{d}y \tag{5-9a}$$

$$B = \int_0^t \{1 - \mathrm{e}^{\left(-\int_0^\tau \pi g[G^2(\tau-x)^2 - l_{\max}^2] I \mathrm{d}x\right)}\} \frac{G}{r} \mathrm{d}\tau \tag{5-9b}$$

其中，M_{C_3S} 是 C_3S 的摩尔质量，如表 4.2 所示。

5.1.2 硅酸盐水泥后期水化动力学模型

当水泥颗粒表面被水化产物完全覆盖之后，水泥的水化将进入水分扩散控制阶段，此时水泥的反应速率主要受水分在水化产物层的扩散速率控制。Jander 方程是表征扩散控制固相反应的经典模型，其推导过程如下。扩散控制反应机理的示意图如图 5.1 所示，图 5.1(a)是反应 30 年的水泥颗粒截面图，可以看到各个方向的水化深度几乎一致。假定反应的固相为球体颗粒，初始半径为 R_0，到 t 时刻半径为 R_t，反应物颗粒外层被反应掉的厚度为 x。反应物的转化率可以定义为

$$G = \frac{R_0^3 - R_t^3}{R_0^3} = 1 - \left(1 - \frac{x}{R_0}\right)^3 \tag{5-10}$$

那么反应掉的产物厚度可以表征为：$x = R_0[1-(1-G)^{1/3}]$。

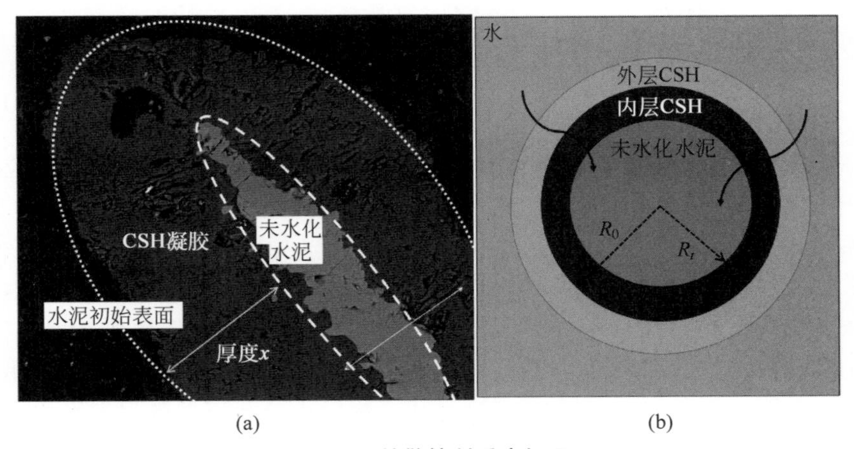

图 5.1　扩散控制反应机理

(a) 反应 30 年的水泥颗粒截面；(b) 考虑反应物 A 扩散通过反应物 C 的过程

图 5.1(b)为考虑反应物 A 扩散通过反应产物 C 的过程。假设 AC 界面上反应物 A 的浓度为 C_0，而任意时刻 CB 界面上反应物 A 的浓度为 0。

基于扩散第一定律可知，单位时间内透过单位截面积的水化产物进入 CB 界面的反应物 A 的含量为

$$\frac{\mathrm{d}A}{\mathrm{d}t}=D\left(\frac{\mathrm{d}C}{\mathrm{d}x}\right)_{\zeta=x}=D\,\frac{C_0}{x} \tag{5-11}$$

考虑反应方程 A+B=C，当反应速率被反应物 A 的扩散速率控制时，可认为所有扩散到 CB 界面的 A 均快速反应生成了 C，那么透过单位截面积的水化产物进入 CB 界面的反应物 A 含量同样可以被 C 的生长速率表征，即厚度 x 的增长速率：

$$dA=\frac{\rho_{\mathrm{C}}dx}{M_{\mathrm{C}}} \tag{5-12}$$

结合式(5-11)和式(5-12)，考虑初始时刻 $x=0$，可得反应产物 C 的厚度为

$$x^2=\frac{2M_{\mathrm{C}}DC_0}{\rho_{\mathrm{C}}}t=Kt \tag{5-13}$$

综合式(5-10)和式(5-13)可得

$$[1-(1-G)^{1/3}]^2=\frac{K}{R_0^2}t=K_{\mathrm{J}}t \tag{5-14}$$

其中，$K_{\mathrm{J}}=\dfrac{2M_{\mathrm{C}}DC_0}{R_0^2\rho_{\mathrm{C}}}$，是与扩散系数相关的速率常数。对式(5-14)微分后可得

$$\frac{\mathrm{d}G}{\mathrm{d}t}=K_{\mathrm{J}}\,\frac{(1-G)^{2/3}}{1-(1-G)^{1/3}} \tag{5-15}$$

式(5-15)是传统 Jander 方程的微分形式，Jander 方程已经被广泛应用于水泥水化扩散阶段的动力学表征[22,191]。式(5-15)中的 K_{J} 是广义扩散系数，根据其计算公式可知，该广义扩散系数与实际扩散系数 D、反应产物 C 的摩尔质量、密度、反应产物 B 的原始半径以及反应产物两侧的反应物 A 浓度有关。在传统 Jander 方程中，上述影响参数都被认作常数，因此广义扩散系数也被认作常数。但事实上，水泥水化产物的实际扩散系数并非常数。如图 1.2 所示，水分主要通过水化产物层中的孔道扩散到未水化水泥颗粒表面，除了水分的向内迁移以外，部分 CSH 也会随孔道向外迁移，且在迁移过程中逐渐沉淀，堵塞孔道。因此，水泥水化产物的实际扩散系数与水化程度之间是单调递减函数关系，进而分析广义扩散系数也是水泥水化程度的单调递减函数。在 Park 模型中，水化扩散系数被看作是与反应程度相关的对数函数：$k=k_{\mathrm{D}}\ln(1/\alpha)$，其中 k_{D} 是扩散速率常数。在本研究中，

认为水化的扩散系数与反应程度之间呈线性负相关关系：$k=k_D(1-\alpha)/\alpha$。从该相关关系中可以看到，当水泥的反应程度接近 1 时，扩散系数趋近 0，水泥水化逐渐终止。

在硬化水泥浆体中，即便有充足的水分，水泥颗粒仍然很难完全水化，水泥的反应程度不可能达到 100%。因此，上述对水泥水化扩散系数的定义和计算仍然是存在缺陷的。为此，本书引入极限反应程度的概念，修正水泥水化的扩散系数：$k=k_D(\alpha_u-\alpha)/\alpha$，其中 α_u 是水泥的极限反应程度。可见当水泥的反应程度接近极限反应程度时，广义扩散系数趋近 0，水化终止。Mills[192] 提出了广为人知的水泥极限反应程度的计算公式

$$\alpha_u=\frac{1.031\times W/C}{0.194+W/C}\leqslant 1.0 \tag{5-16}$$

式(5-16)是在 20 世纪 60 年代提出的水泥极限反应程度计算公式，仅仅考虑水灰比对水泥极限反应程度的影响，而事实上水泥的细度对极限反应程度的影响很大。随着水泥行业的发展，现代水泥产品比 20 世纪的水泥颗粒更细，比表面积更大。用式(5-16)计算的水泥极限反应程度偏低。2009 年，Lin 和 Meyer[193] 借鉴了 Mills 方程的形式，在分析了水泥颗粒细度和水灰比对极限反应程度的影响之后，提出了更为科学的水泥极限反应程度计算公式

$$\alpha_{u,C}=\frac{\beta_1(\text{Blaine})W/C}{\beta_2(\text{Blaine})+W/C}\leqslant 1.0 \tag{5-17}$$

其中，β_1 和 β_2 是与水泥比表面积相关的参数，其计算公式如下：

$$\beta_1(\text{Blaine})=\frac{1.0}{9.33(\text{Blaine}/100)^{-2.82}+0.38} \tag{5-18}$$

$$\beta_2(\text{Blaine})=\frac{\text{Blaine}-220}{147.8+1.656(\text{Blaine}-220)} \tag{5-19}$$

其中，Blaine 是水泥的比表面积。综上，水泥扩散阶段的整体反应速率方程为

$$\frac{d\alpha}{dt}=k_D\left(\frac{\alpha_{u,C}}{\alpha}-1\right)\frac{(1-\alpha)^{2/3}}{1-(1-\alpha)^{1/3}} \tag{5-20}$$

5.2　纯硅酸盐水泥水化动力学模型计算过程

尽管本章纯硅酸盐水泥水化动力学模型的建立是在第 4 章纯 C_3S 水化动力学模型的基础上简化而来的，但本章动力学模型的建立过程仍然考

虑 CSH 临界长度的概念，且认为当水泥表面被 CSH 覆盖的面积分数超过99%时水泥水化速率会转由水分的扩散速率控制。因此，本章建立的动力学模型仍然较为复杂，无法通过简单、单一的动力学方程表征，其动力学拟合过程也较为复杂。本章动力学模型的求解过程同样需要对模型方程进行离散化处理，详细的离散过程以及求解框架在附录 B 中给出。与纯 C_3S 的水化动力学模型拟合过程一致，采用遗传算法自动获取最佳拟合参数，目标函数如式(4-32)所示，遗传算法参数设置：种群密度为 160，最大迭代数为40，个体染色体长度为 80，比例选择因子 0.5，交叉概率为 0.7，变异概率为0.01。详细的遗传算法框架已经在附录 A 中给出。

5.3 水灰比对硅酸盐水泥水化动力学的影响

5.3.1 水化动力学模型拟合

不同水灰比的硅酸盐水泥等温量热实验结果如图 5.2 所示。从图 5.2 中可以看到，随着水灰比增大，硅酸盐水泥主放热峰向右偏移，诱导期稍微延长，但主放热峰期间的总放热量几乎没有变化，这与前人的研究结果一致[178,194]。根据 5.1 节的动力学模型和附录 B 的动力学模型详细拟合方法，本书对不同水灰比的硅酸盐水泥的等温量热实验数据进行了拟合计算，确定了动力学模型参数。从图 5.3 中可以看到，水泥水化的动力学模型计算结果与其等温量热实测结果吻合良好。图 5.4 给出了模型计算的水泥表面被 CSH 覆盖的面积分数和 CSH 的含量，从图中看到，水泥表面在 20 h

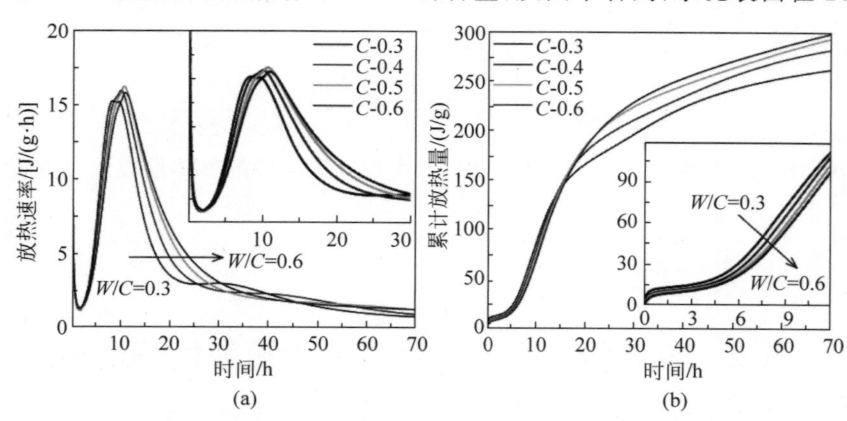

图 5.2 不同水灰比的硅酸盐水泥等温量热的水化放热曲线

左右就几乎完全被 CSH 覆盖，可以认为此后水泥水化主要由水分扩散控制。在晶体成核生长阶段向扩散控制阶段的转换节点上，可以通过假定二者的反应速率一致，从而反算得到扩散控制阶段的扩散速率常数 k_D。本研究通过 BSE-IA 方法测定了水泥长龄期的反应程度，后期水泥水化程度的实测结果与动力学模型计算结果如图 5.5 所示，实测结果与计算结果相差不大，说明上述通过反算得到扩散速率常数的方法是科学合理的。

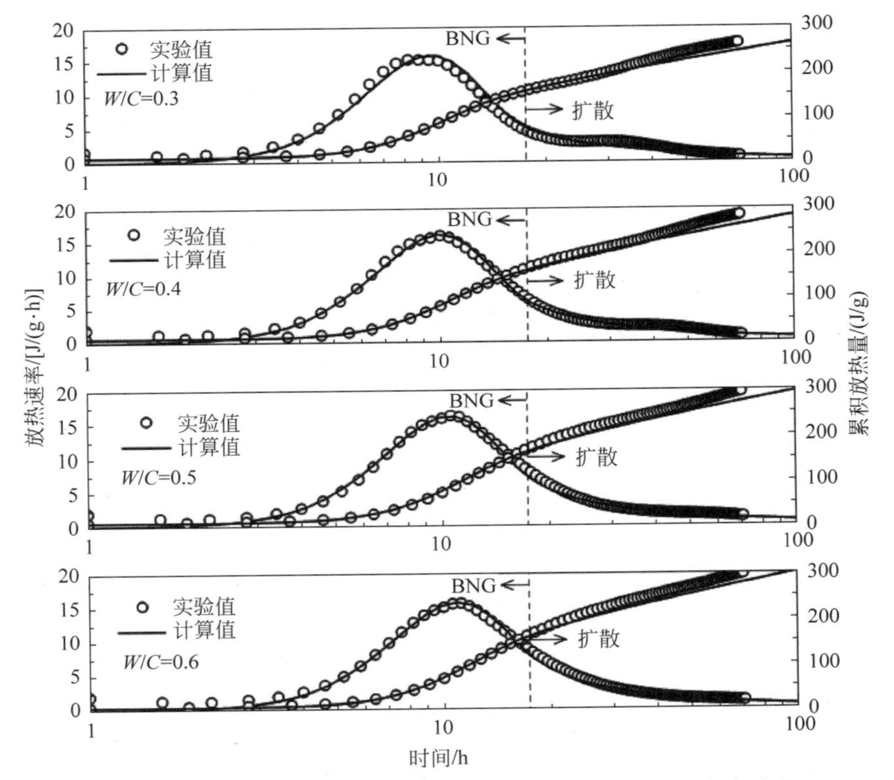

图 5.3　不同水灰比的硅酸盐水泥的水化放热动力学模型拟合结果

不同水灰比的硅酸盐水泥的动力学模型的拟合参数结果如表 5.1 所示。参数拟合结果表明，超出临界长度的 CSH 生长速率降低比例约 5.86，不同水灰比对该比例的影响很小，在后续的建模计算中统一取值 $r=5.86$。为了便于分析水灰比对硅酸盐水泥的水化动力学模型参数的影响，动力学参数拟合结果也在图 5.6 中给出。从图 5.6 中可以清晰地看到，25℃条件下硅酸盐水泥水化产物 CSH 的临界长度几乎为定值：336 nm。这与局部

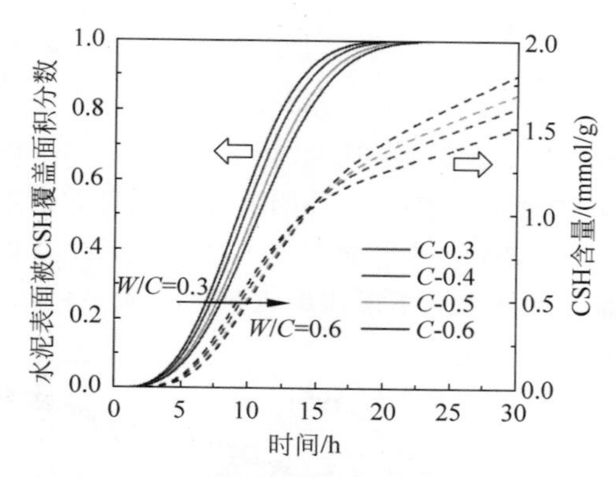

图 5.4 水泥被覆盖面积分数与 CSH 含量

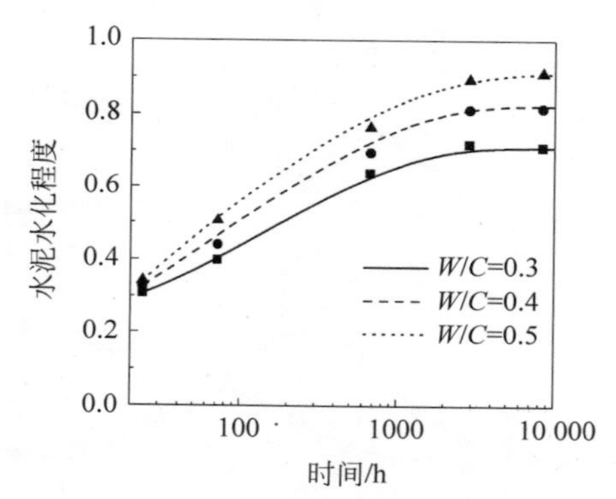

图 5.5 硅酸盐水泥后期反应程度的拟合结果

曲线为计算值,符号为实测值

生长假说理论一致:CSH 局部生长空间范围大小与水灰比无关[55]。CSH 的临界长度与晶体成核生长阶段的累计放热总量呈相关关系,不同水灰比条件下 CSH 临界长度几乎不变,说明不同水灰比的硅酸盐水泥水化的主放热峰对应的累积放热总量相差不大,这与前人的研究结果一致[178]。

表 5.1 不同水灰比的硅酸盐水泥的动力学模型参数

模型参数	单位	$W/C=0.3$	$W/C=0.4$	$W/C=0.5$	$W/C=0.6$
成核速率常数 I	$\mu m^{-2} \cdot h^{-1}$	0.599	0.554	0.509	0.464
生长速率常数 G	$\mu m/h$	0.0815	0.0805	0.0795	0.0785
扩散速率常数 k_D	$10^{-4} h^{-1}$	7.336	7.9372	8.1701	8.2424
生长速率降低比例 r	—	5.86	5.82	5.82	5.88
临界长度 l_{max}	nm	336	339	335	338

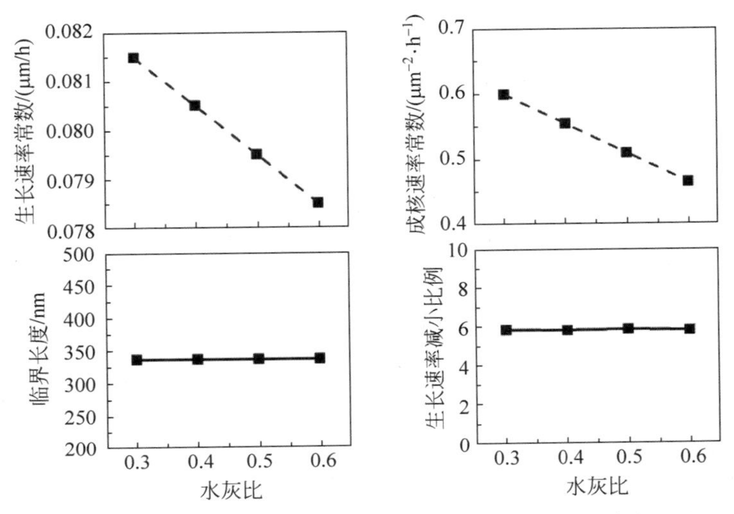

图 5.6　不同水灰比的硅酸盐水泥早期水化动力学参数

从图 5.6 中同时可以看到，随着水灰比增大，CSH 成核速率常数和生长速率常数均线性减小，成核速率常数和生长速率常数之间的线性函数关系在图中给出，该函数关系有助于推算其他水灰比条件下动力学参数的取值：

$$I = 0.74 - 0.45W/C \tag{5-21}$$

$$G = 0.0845 - 0.0101W/C \tag{5-22}$$

其中，W/C 是新拌浆体中的实际水灰比(水与水泥质量比)。从上述函数关系来看，随着水灰比增大，CSH 成核速率和生长速率减小，从而导致水化诱导期的延长和主放热峰的右移。Pang[178] 认为增大水灰比会降低硅酸盐水泥浆体中 Ca^{2+} 浓度，进而导致硅酸盐水泥早期水化延缓。本研究通过 ICP 方法测定了硅酸盐水泥浆体孔溶液中的离子浓度(Ca、Si、S、Al、Na、K、Fe、Mg)，并通过 PHREEQC 软件调用 Pitzer 数据库计算了孔溶液中的 CSH 过饱和度，如图 5.7 所示。从图中可以看到，随着水灰比增大，CSH 的过饱和度降低。从式(4-10)和式(4-11)可知，CSH 的成核速率和生长速率与 CSH 的过饱和度呈正相关关系。因此，较高水灰比条件下相对较小的 CSH 饱和度是导致硅酸盐的水泥水化速率较慢的本质原因。

从图 5.6 中看到，硅酸盐水泥水化后期的扩散速率常数随着水灰比的增大而增大，但与成核速率和生长速率不同，它与水灰比之间并不呈现线性关系。从 Jander 方程的推导过程中可以看到，扩散速率常数与水化产物层两侧的自由水浓度差呈正线性相关关系，但在修正后的扩散速率中考虑了

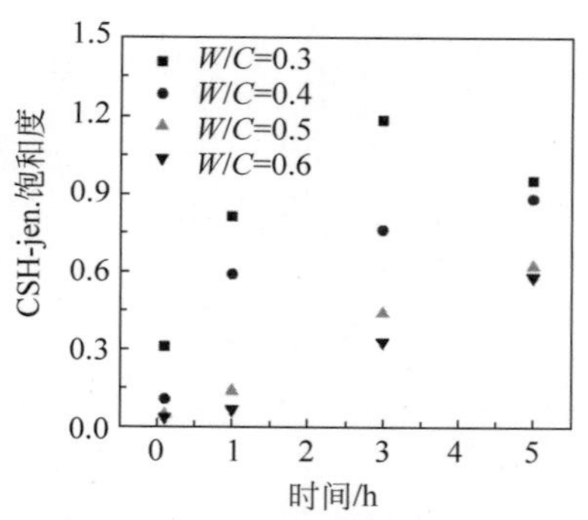

图 5.7　不同水灰比的硅酸盐水泥浆体孔溶液中的 CSH 饱和度

水灰比对极限反应程度的影响，因此扩散速率常数与水灰比之间的关系不再呈现线性关系。由于本研究中采用反算的方式确定扩散速率常数，即便不能够给出精确的扩散速率常数取值函数，采用整体的动力学模型计算仍然能够得到很好的结果。

5.3.2　不同水灰比的硅酸盐水泥的动力学模型参数验证

5.3.1 节中给出了 CSH 成核速率常数和生长速率常数与水灰比之间的线性函数关系，而不同水灰比的硅酸盐水泥的水化动力学数据在很多文献中均有报道，本节主要通过文献中的数据对上述函数关系进行验证。Pang 等[133]报道了不同种类硅酸盐水泥（不同化学组成与比表面积）在不同水灰比条件下的水化放热实验数据。各种硅酸盐水泥的矿物组成与比表面积如表 5.2 所示。

表 5.2　不同种类硅酸盐水泥矿物组成与比表面积[133]

水泥编号	矿物含量/%					比表面积/(m^2/kg)
	C_3S	C_2S	C_3A	C_4AF	石膏	
水泥 A	61.7	12.0	8.4	9.4	4.7	356
水泥 C	72.2	5.2	2.2	11.8	4.7	565
水泥 G	62.6	15.9	4.8	10.9	3.8	327
水泥 H-I	66.5	11.7	0.3	13.4	4.5	394
水泥 H-P	47.9	27.5	0	16.2	4.2	323

Keienburg[195]、Danielson[196]和 Escalante-Garcia[197]报道了不同种类水泥在不同水灰比条件下后期反应程度的实验数据。以上实验数据的动力

学模型拟合结果如图 5.8 和图 5.9 所示。需要指出的是，以上实验数据的动力学模型拟合参数取值均按照 5.3.1 节的动力学模型参数与水灰比的关系方程确定，扩散速率常数按照反算法取定。从图 5.8 和图 5.9 中可以看到，即便采用动力学模型参数与水灰比的关系方程确定参数取值，仍然能够得到准确的动力学拟合结果。这说明 5.3.1 节给出的动力学模型参数与水灰比的关系方程具有普适性，可以用于粗略确定其他水灰比条件下的动力学参数。

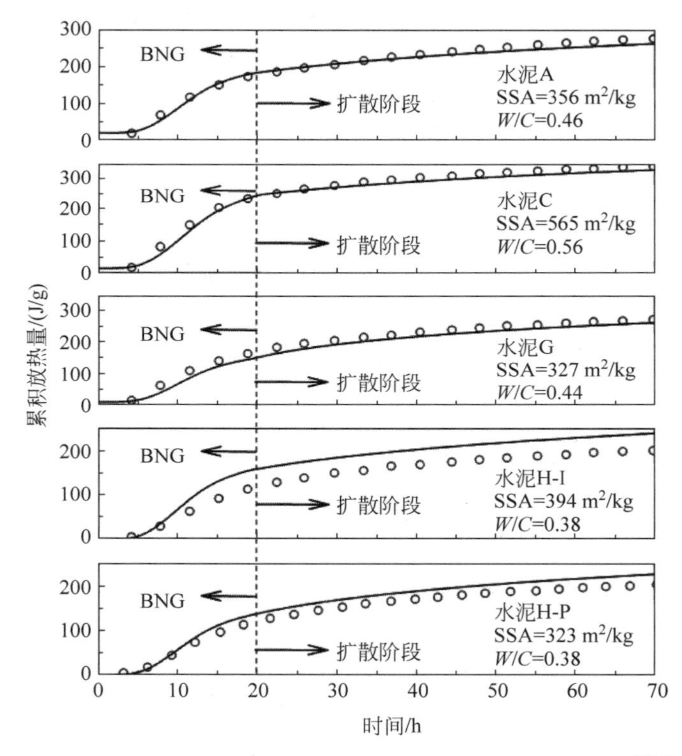

图 5.8　不同水灰比的硅酸盐水泥早期水化动力学模型模拟[133]

从图 5.8 中可以看到，在约 20 h 处硅酸盐水泥水化由 CSH 成核生长阶段转为水分扩散阶段。硅酸盐水泥 A、C、G 的拟合结果较为准确，但水泥 H-I 和 H-P 的计算结果均略微偏高，这主要和水泥 H-I 和 H-P 的矿物组成有关。从表 5.2 中可知，这两种水泥都属于 C_3A 含量较低的水泥。第 1 章的水泥水化机理综述中提到，水泥与水拌合后，短时间内有较多的 C_3A 和石膏溶解，早期水泥浆溶液中的 Ca 主要源于上述两种矿物的溶解。在低 C_3A 含量水泥中，液相 Ca 浓度偏低，理论上动力学模型参数也应该偏低，因

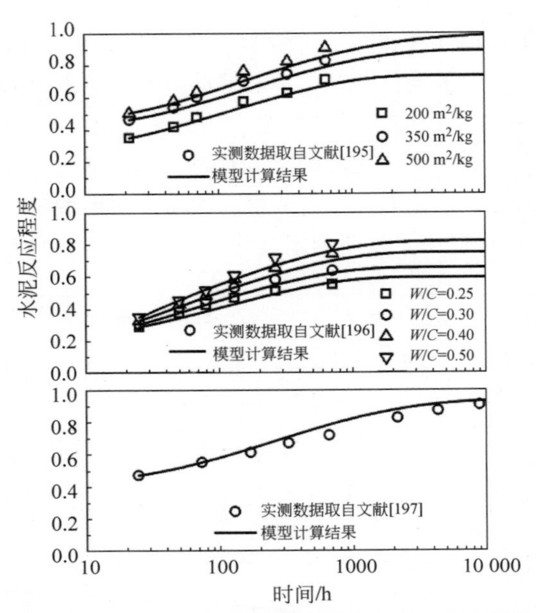

图 5.9　不同水灰比的硅酸盐水泥后期动力学模型模拟

此，仍按照原始模型参数取值方程确立的动力学参数计算结果相对偏高。

表 5.3 和图 5.10 总结了 5.3 节所有配合比的动力学数据拟合的扩散速率常数，从中看到，随着水灰比的增大和比表面积的增大，水泥水化扩散速率常数增加。水灰比对扩散速率常数的影响已经在 5.3.1 节进行了理论分析。从 Jander 方程推导过程中看到，扩散速率常数与水泥颗粒的等效球体半径的平方呈反比。而比表面积越大，等效半径越小，因此扩散速率常数与比表面积呈正相关关系。同时，由于修正后的 Jander 方程考虑了比表面积对极限反应程度的影响，扩散速率常数与比表面积之间并没有明确的函数关系。但由于本研究中采用反算法确定扩散速率常数取值，因此并不影响本研究中扩散阶段的动力学计算。

表 5.3　不同水泥种类和水灰比条件下扩散速率常数

水泥种类	比表面积/(m^2/kg)	水灰比	扩散速率常数/h^{-1}	动力学数据来源
S	360	0.30	0.000 734	本研究
S	360	0.40	0.000 794	本研究
S	360	0.50	0.000 817	本研究
S	360	0.60	0.000 824	本研究

续表

水泥种类	比表面积/(m^2/kg)	水灰比	扩散速率常数/h^{-1}	动力学数据来源
A	356	0.46	0.001 008	文献[133]
C	565	0.56	0.002 034	文献[133]
G	327	0.44	0.000 967	文献[133]
H-I	394	0.38	0.000 944	文献[133]
H-P	323	0.38	0.000 638	文献[133]
E	200	0.50	0.000 732	文献[195]
E	350	0.50	0.001 173	文献[195]
E	500	0.50	0.001 513	文献[195]
F	312	0.25	0.000 529	文献[196]
F	312	0.30	0.000 656	文献[196]
F	312	0.40	0.000 900	文献[196]
F	312	0.50	0.000 116	文献[196]
G1	376	0.50	0.000 998	文献[197]

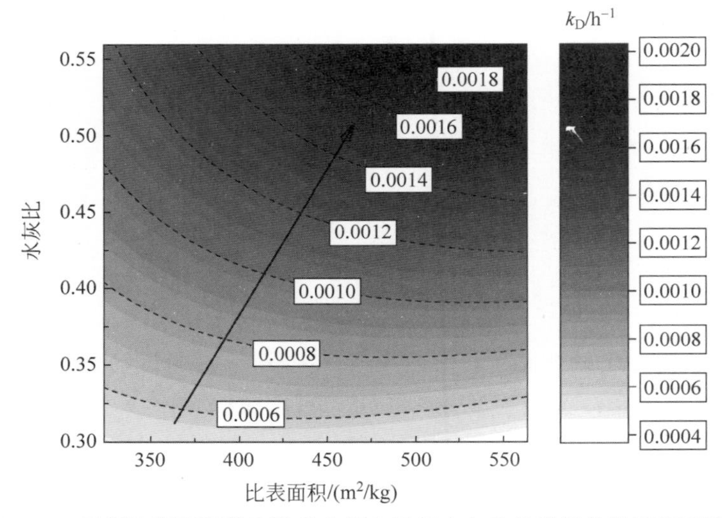

图 5.10　不同比表面积的硅酸盐水泥在不同水灰比条件下的扩散速率常数

5.3.3　硬化浆体物相组成计算分析

5.3.3.1　物相定量计算

第 1 章有关水泥水化机理的综述中已经明确了水泥水化产物种类，包括 CSH、CH、AFt、AFm 和 $C_6AFS_2H_8$。根据动力学模型计算可以得到 CSH 成核与生长阶段的 C_3S 反应程度和扩散控制阶段的水泥整体反应程度。从水泥水化机理来看，初始时刻有部分 C_3A 溶解，而 C_2S 和 C_4AF 活性较低，早期反应较少。因此，可以认为 CSH 成核与生长阶段结束时，只有 C_3A 有一定程度的反应，C_3S 的反应程度可以通过模型计算得到，而 C_2S 和 C_4AF 反应程度暂定为 0。按照图 1.11 所示的水化机理，石膏以恒定的溶解速率溶解，在 10 h 左右溶解完全。本研究中假定初始时刻 C_3A 快速溶解掉的含量为 10%。水泥水化的扩散控制阶段可以看作稳定状态，水分的扩散速率是整个水泥水化反应的瓶颈，当水分扩散通过水化产物层之后，自由水很快与所在位置的熟料发生反应，生成内部水化产物。因此，扩散控制阶段不同熟料矿物的反应速率与其剩余含量呈正相关关系。为了表征不同熟料矿物的反应活性，本书引入活性指数的概念。扩散控制阶段四个熟料矿物的反应速率如下：

$$d\alpha_{C_3S} = d\alpha_C \frac{\eta_{C_3S} m_{C_3S}}{\sum \eta_i m_i} \tag{5-23}$$

$$d\alpha_{C_2S} = d\alpha_C \frac{\eta_{C_2S} m_{C_2S}}{\sum \eta_i m_i} \tag{5-24}$$

$$d\alpha_{C_3A} = d\alpha_C \frac{\eta_{C_3A} m_{C_3A}}{\sum \eta_i m_i} \tag{5-25}$$

$$d\alpha_{C_4AF} = d\alpha_C \frac{\eta_{C_4AF} m_{C_4AF}}{\sum \eta_i m_i} \tag{5-26}$$

其中，$d\alpha_i$ 是四个熟料矿物各自的反应速率，$d\alpha_C$ 是通过动力学模型计算的硅酸盐水泥的整体反应程度，η_i 和 m_i 分别为四个熟料矿物活性指数和剩余质量。在本研究中设定 $\eta_{C_3S}=100\%$，其他熟料矿物的活性指数按照其与 C_3S 的活性指数比值计算。

Matsushita 等[198]通过 XRD 全谱拟合定量分析了水泥熟料中不同矿物相的反应程度。该文献中硅酸盐水泥的比表面积为 330 m^2/kg，四个熟料矿物 C_3S、C_2S、C_3A 和 C_4AF 的质量分数分别为 58.8%、17.2%、7.0%和 9.9%。实验选定三种水灰比：0.25、0.35 和 0.5。首先根据 5.3.1 节的动力学参数取值方法确定该文献中水泥水化的动力学参数，对硅酸盐水泥的水化速率和反应程度进行整体计算。考虑 CSH 成核生长阶段和扩散控制阶段不同矿物相的反应，对四个矿物的反应程度按照式(5-23)～式(5-26)进行拟合。经过拟合确定，四个熟料矿物 C_3S、C_2S、C_3A 和 C_4AF 的活性指数可以取为 100%、85%、100%和 60%。具体的拟合结果如图 5.11～图 5.13 所示。从图中可以看到 C_3S、C_3A 和 C_4AF 的计算结果与实测结果相差不大。

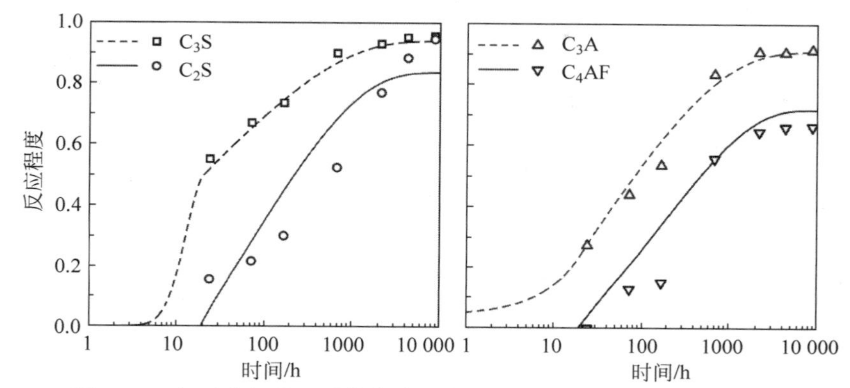

图 5.11　经过分相处理后的单矿物的反应程度计算结果($W/C=0.5$)

符号为计算结果，曲线为拟合结果

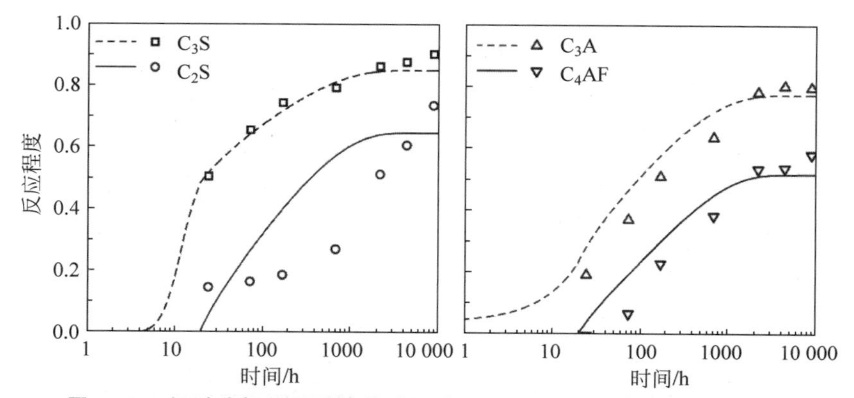

图 5.12　经过分相处理后的单矿物的反应程度计算结果($W/C=0.35$)

符号为计算结果，曲线为拟合结果

5.3.1 节已经拟合计算了常温条件下不同水灰比的硅酸盐水泥的反应速率和反应程度，根据式(5-23)～式(5-26)可以计算四个熟料矿物的反应程度，结合四个熟料矿物的反应方程式可以计算得到硅酸盐水泥浆体中各水化产物的含量变化。常温下不同水灰比的硅酸盐水泥物相组成随龄期的变化如图 5.14 所示。熟料矿物和 AFt 含量逐渐减小，其他水化产物含量逐渐增多，固相的总含量逐渐增多。

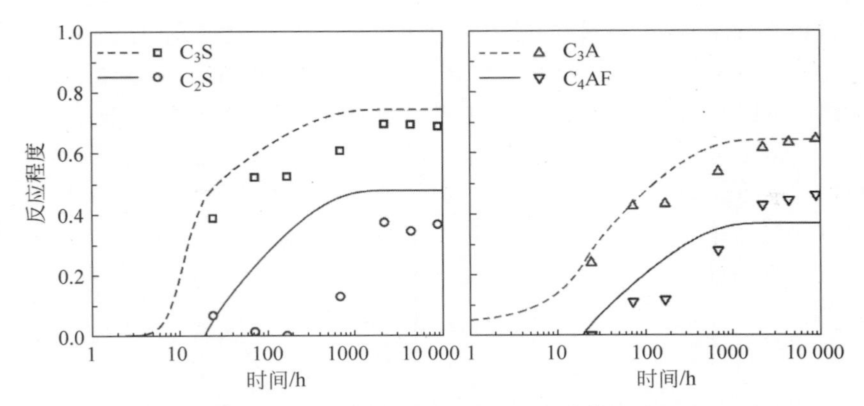

图 5.13 经过分相处理后的单矿物的反应程度计算结果($W/C=0.25$)

符号为计算结果，曲线为拟合结果

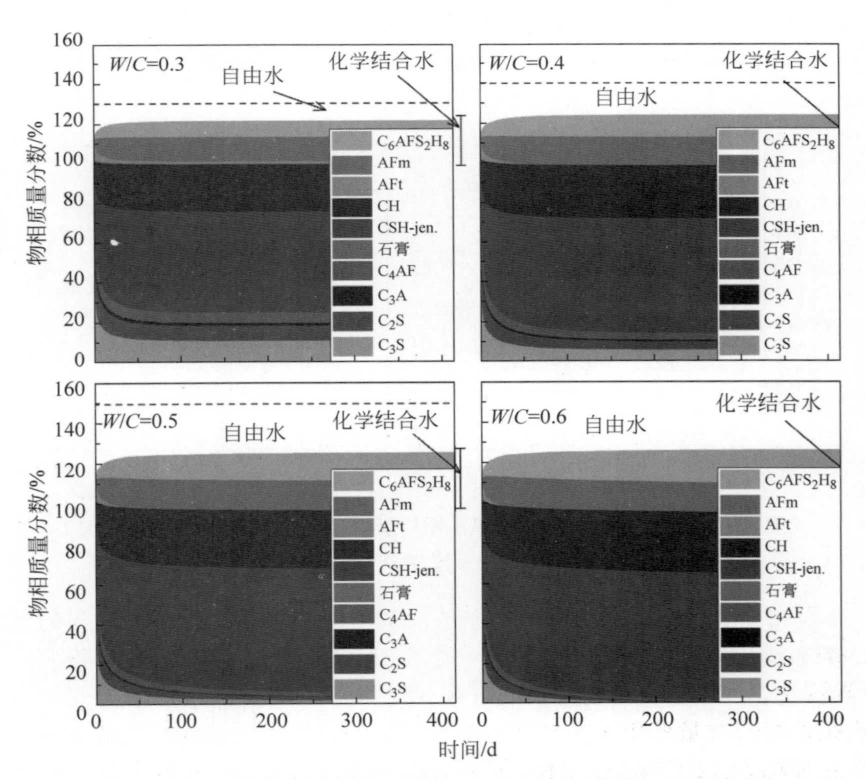

图 5.14 不同水灰比的硅酸盐水泥浆体物相含量随时间的变化

5.3.3.2　化学结合水量

表 5.4 给出了硅酸盐水泥浆体中不同矿物的元素组成，根据其中的 H 含量，结合图 5.14 中给出的各矿物相的含量可以计算得到硬化浆体的化学结合水量。化学结合水量可以定性表征硅酸盐水泥水化产物的含量，第 2 章中根据初始干燥温度的不同定义了 w_{ne}^{60} 和 w_{ne}^{105} 两种化学结合水量，区别在于是否统计 AFt 和 AFm 的受热分解失水量。计算和测量的不同水灰比的纯硅酸盐水泥浆体的化学结合水量如图 5.15 所示。需要注意的是，水灰比为 0.6 的水泥浆体极易离析，不易均匀成型，因此，本研究中的硅酸盐水泥浆体的实际样品不包含水灰比 0.6 的配合比。

表 5.4　胶凝材料硬化浆体各矿物相元素组成

物相	摩尔质量	元素组成						
		S	A	C	M	$\bar{S}$	F	H
C_3S	228	1	0	3	0	0	0	0
C_2S	172	1	0	2	0	0	0	0
C_3A	270	0	1	3	0	0	0	0
C_4AF	486	0	1	4	0	0	1	0
石膏	172	0	0	1	0	1	0	2
CSH-jen.	191.32	1	0	1.67	0	0	0	2.1
CSH-Tob.	130.42	1	0	0.83	0	0	0	1.33
CH	74	0	0	1	0	0	0	1
C_4AH_{13}	560	0	1	4	0	0	0	13
M_4AH_{10}	442	0	1	0	4	0	0	10
AFt	1254	0	1	6	0	3	0	32
AFm	622	0	1	4	0	1	0	12
$C_6AFS_2H_8$	862	2	1	6	0	0	1	8

图 5.15 给出了硅酸盐水泥浆体化学结合水量实测结果与计算结果的对比，依据对比结果发现二者之间差异较小。后期的计算结果与实测结果之间差异更小，这可能是因为后期体系处于平衡状态，更符合本研究模型假设。后续的 XRD 定量和热重定量分析样品均事先经过 60℃ 干燥处理，结合本节计算和实测的 w_{ne}^{60} 与式(2-4)、式(2-7)，可以把实际测量结果换算成单位胶凝材料各物相的质量分数。

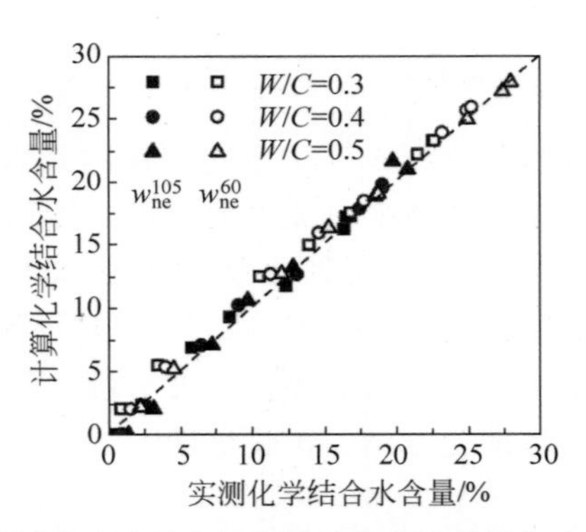

图 5.15　常温下硅酸盐水泥化学结合水计算值与实测值的对比

虚线为计算值，符号为实测值

5.3.3.3　XRD 定量分析

本节按照 2.2.9 节的实验方法获得了硅酸盐水泥的 XRD 图谱。硅酸盐水泥水化早期(前 2 d)的 XRD 图谱如图 5.16 所示。水泥水化早期主要指 C_3S、C_3A 和石膏的溶解以及 AFt、CSH 和 CH 的生成。其中 C_3A、石膏、AFt 和 CH 的主要衍射峰都集中在低角度区域，为了更清晰地表征早期水泥水化的发展，图 5.16 把 5°～25°的衍射图谱放大。根据 XRD 衍射图谱定性分析可知，随着水化进行，石膏逐渐溶解，在 10～12.5 h 完全溶解；也可以看出 AFt 含量随水泥水化程度逐渐增加；CH 在 2.5～5 h 生成并逐渐增多。图 5.17 给出了纯硅酸盐水泥浆体长龄期的 XRD 图谱，可以从图中看到，随着龄期的增长，水泥熟料的衍射峰明显降低。

基于不同龄期 XRD 衍射图谱，采用第 2 章描述的 XRD 全谱拟合分析方法可以测定熟料矿物的含量，并根据式(2-7)计算得到了单位质量胶凝材料在水化至指定龄期时剩余熟料矿物含量。四个熟料矿物的计算结果与实测结果对比如图 5.18 所示。从图 5.18 中可以看到，长龄期熟料矿物含量的计算结果与实测结果吻合良好。

5.3.3.4　热重分析

水灰比为 0.4 的纯硅酸盐水泥浆体的热重(TG)曲线如图 5.19 所示，从图中可以看到石膏含量随水泥水化进行逐渐降低，而 CH 在 2.5～5 h 产生并逐渐增加。不同水灰比的硅酸盐水泥浆体热重曲线如图 5.20 所示。图 5.19 和图 5.20 中在 400～500℃的质量损失主要归因于 CH 的受热分

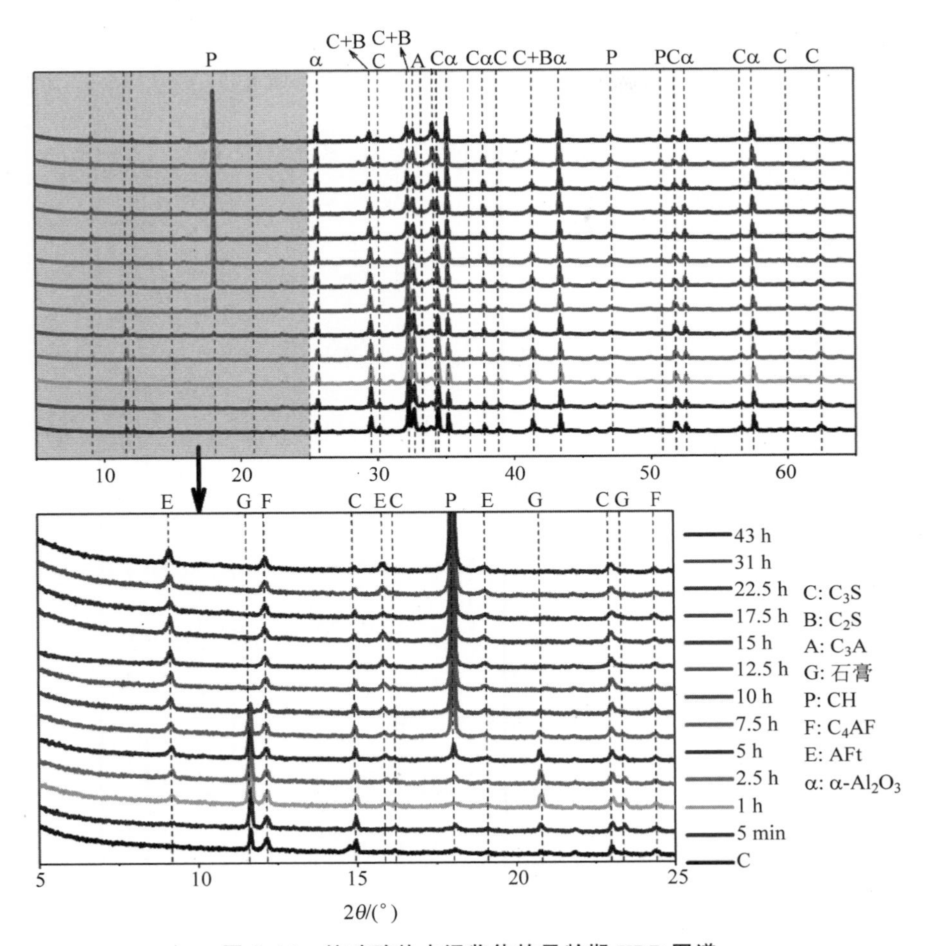

图 5.16 纯硅酸盐水泥浆体的早龄期 XRD 图谱

解,可以根据式(2-4)计算得到体系内 CH 的含量。图 5.21 给出了硅酸盐水泥浆体 CH 含量实测结果与计算结果的对比,可以发现硅酸盐水泥浆体长龄期的 CH 含量实测结果与计算结果相差很小,证明了模型计算的准确性,但早龄期实测结果明显低于计算结果,这主要是因为模型计算假定 CH 处于平衡状态,而早龄期 CH 有可能仍然处于过饱和状态。

5.3.3.5 早龄期扫描电镜分析

本研究通过扫描电子显微镜观察了新拌水泥浆体中水泥颗粒及其表面的水化产物在不同阶段的微观形貌,如图 5.22 所示。图 5.22(a)中显示诱

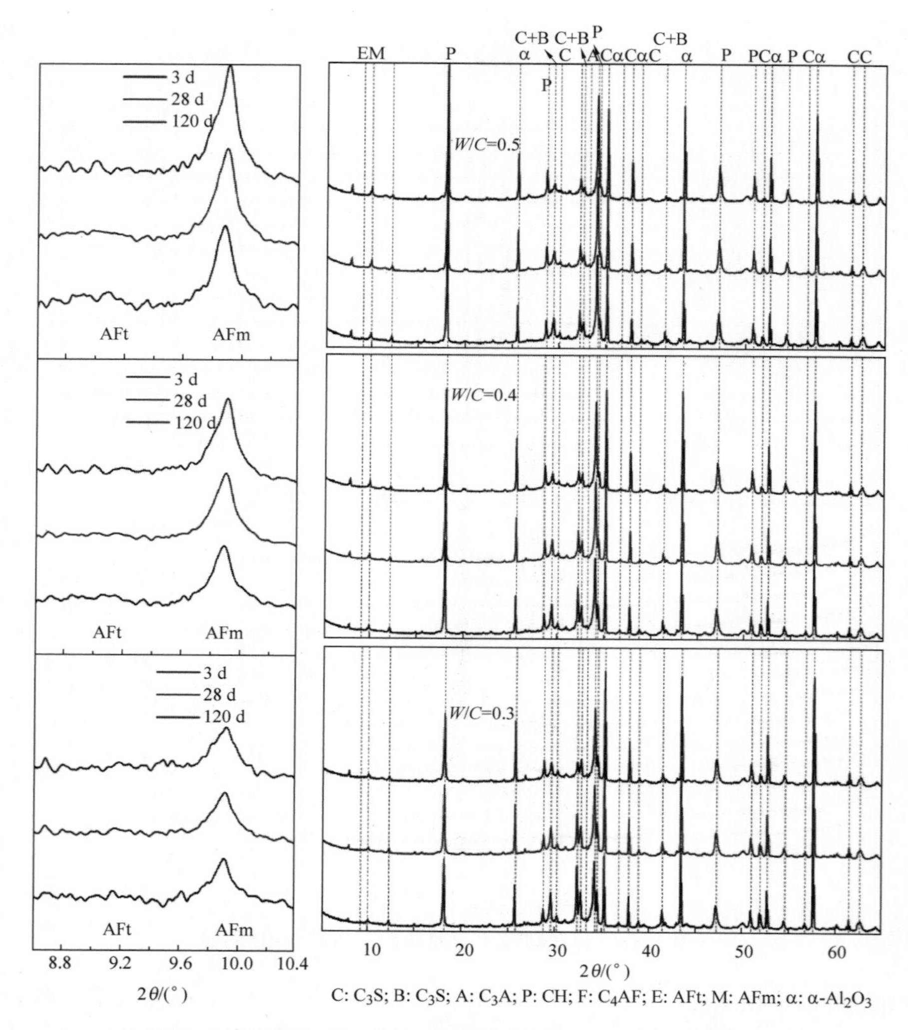

图 5.17 常温条件下纯硅酸盐水泥的长龄期 XRD 衍射图谱

导期开始时刻，硅酸盐水泥颗粒表面已经有少量产物晶核出现，而诱导期结束时(见图 5.22(b))则能够非常清晰地看到成簇的水化产物，加速期水化产物快速生长，第二放热峰处(见图 5.22(c))水泥颗粒表面并未完全被水化产物覆盖，之后水化产物快速生长至减速期末端(见图 5.22(d))，硅酸盐水泥颗粒表面几乎被水化产物完全覆盖，水泥水化进入扩散阶段。

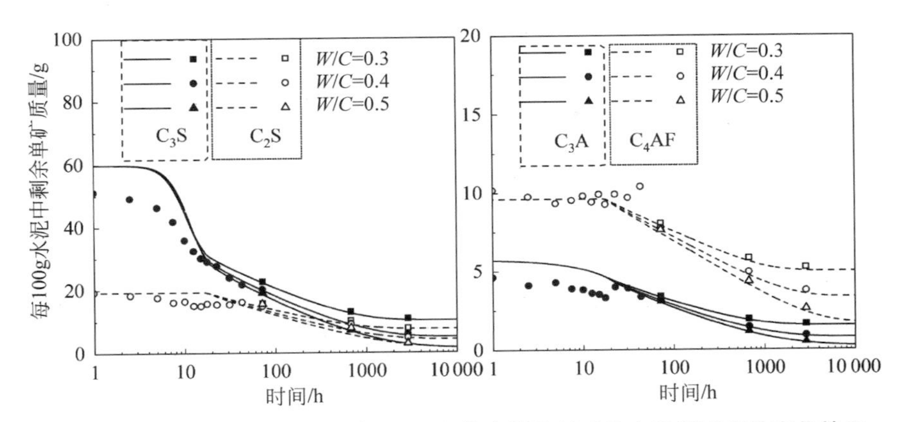

图 5.18　不同水灰比的纯硅酸盐水泥浆体中的熟料矿物含量随时间的变化情况

曲线为计算值，符号为实测值

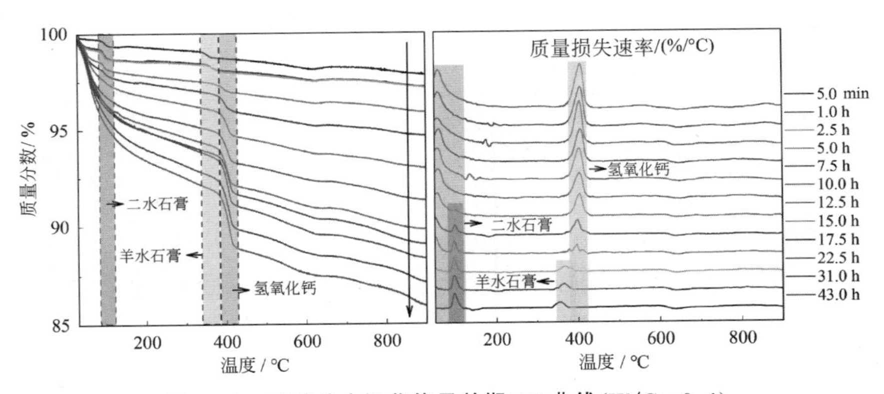

图 5.19　硅酸盐水泥浆体早龄期 TG 曲线（$W/C=0.4$）

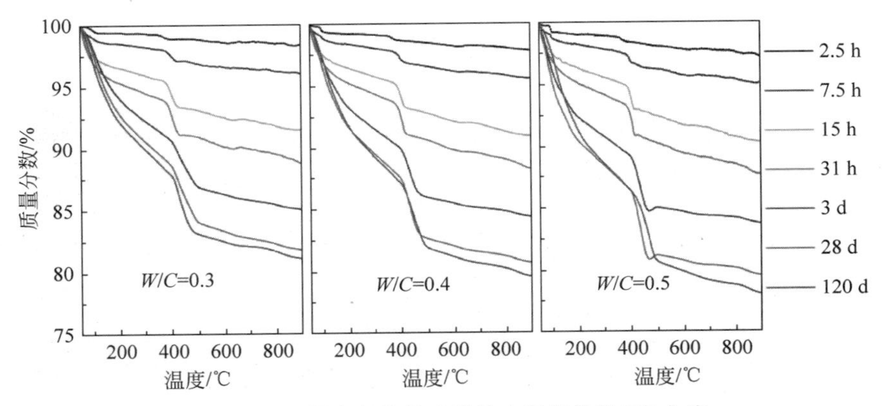

图 5.20　不同水灰比的硅酸盐水泥浆体的 TG 曲线

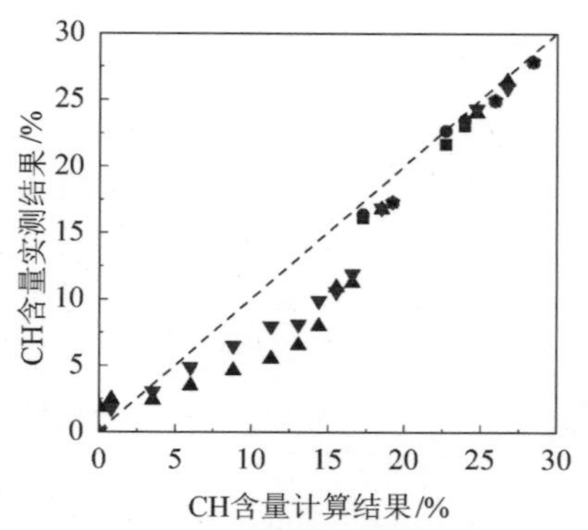

图 5.21　不同水灰比的硅酸盐水泥浆体中的 CH 含量实测值与计算值对比分析

虚线为计算值，符号为实测值

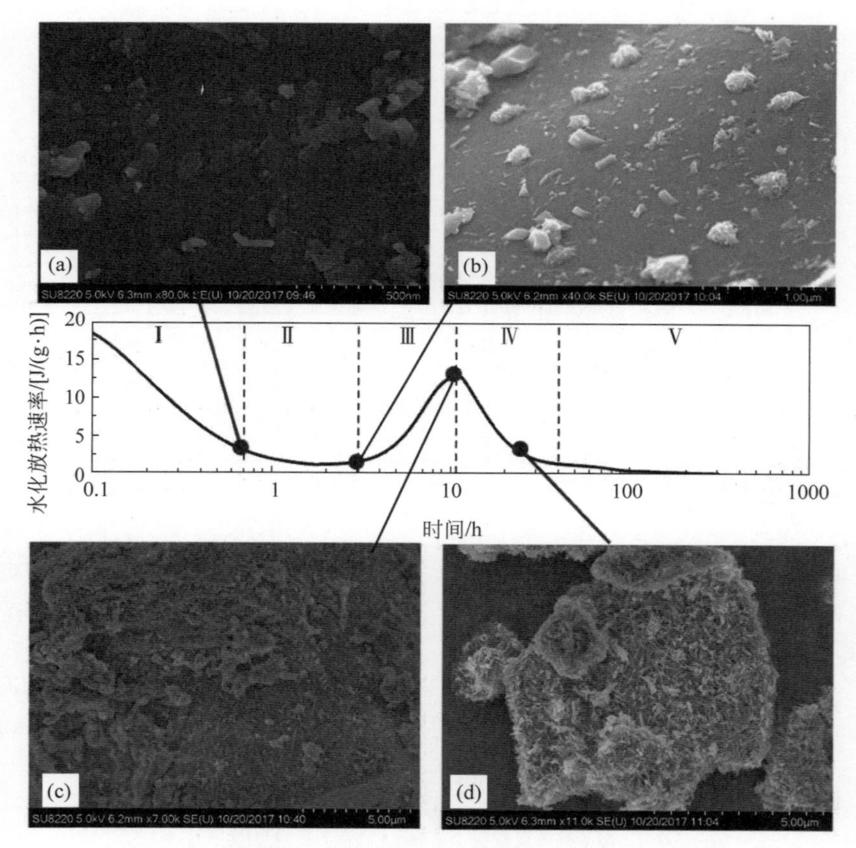

图 5.22　早龄期硅酸盐水泥颗粒及其水化产物的微观形貌

(a) 进入诱导期；(b) 进入加速期；(c) 加速期向减速期转变；(d) 稳定期

5.4　温度对硅酸盐水泥水化动力学的影响

实际工程中硅酸盐水泥常在不同的环境温度下水化，如不同季节的水泥混凝土工程施工以及大体积混凝土结构的不同部位。因此，环境温度对硅酸盐水泥水化的影响和动力学模型表征对实际工程有重要意义。

5.4.1　水化动力学模型拟合

图 5.23 给出了不同温度下硅酸盐水泥的水化放热曲线，和常温条件下的水化放热曲线相似（见图 5.2），随着水灰比增大，硅酸盐水泥水化产生的主放热峰向右偏移，但主放热峰期间的累积总放热量几乎是定值。这与前人的研究结果一致：增大水灰比导致液相离子浓度偏低，早期水化速率降低[178]。局部生长假说表明，硅酸盐水泥颗粒表面供水化产物生长的区间范围与水灰比大小无关[55]，则主放热峰区间（主要对应水化产物成核生长阶段）的总放热量也与水灰比大小无关。

采用 5.1 节推导的动力学方程和 5.2 节的动力学模型拟合方法，本书对图 5.23 所示的高温条件下硅酸盐水泥的水化放热曲线进行了拟合分析，放热速率曲线和累积总放热量的拟合结果分别如图 5.24 和图 5.25 所示，拟合结果与实测结果吻合良好。

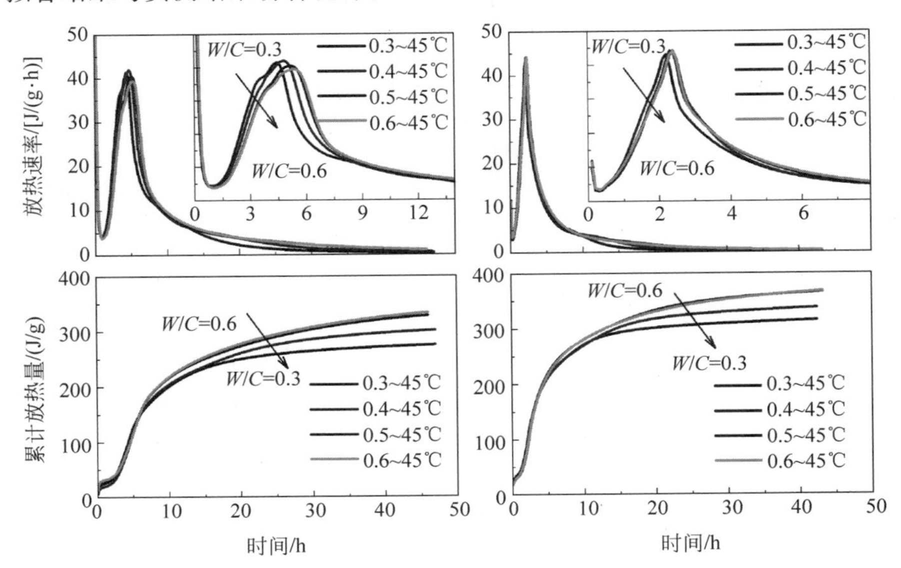

图 5.23　高温环境下硅酸盐水泥的水化放热曲线

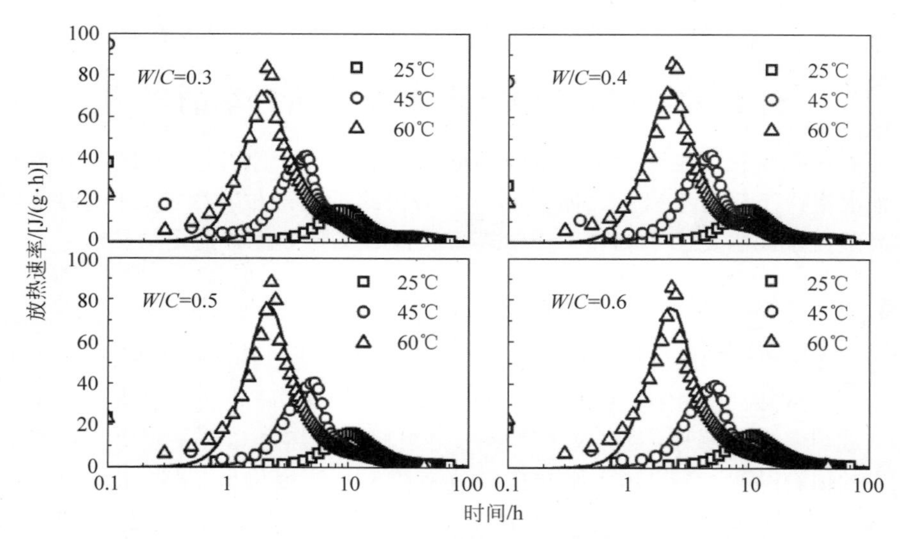

图 5.24　高温环境下硅酸盐水泥的水化放热速率模型计算结果

曲线为计算值，符号为实测值

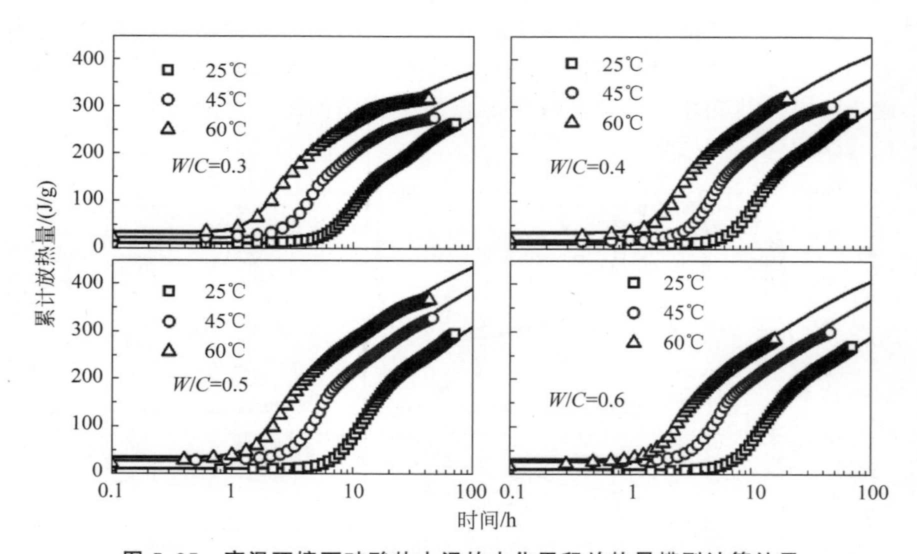

图 5.25　高温环境下硅酸盐水泥的水化累积放热量模型计算结果

曲线为计算值，符号为实测值

图 5.26 给出的是 BSE 方法测定的高温环境下长龄期硅酸盐水泥的反应程度，实测结果与计算结果相差不大。25℃、45℃和 60℃条件下硅酸盐水泥水化动力学参数的拟合结果如表 5.5 和图 5.27 所示。从表 5.5 和

图 5.27 中可以看到水化产物的成核速率常数、生长速率常数、扩散速率常数和水化产物的临界长度(水化产物快速生长范围厚度)均随环境温度的提高而增大,但正如常温条件硅酸盐水泥水化动力学计算结果一样,在同一温度条件下不同水灰比硅酸盐水泥水化产物的临界长度相同,水化产物局部快速生长范围与水灰比无关。

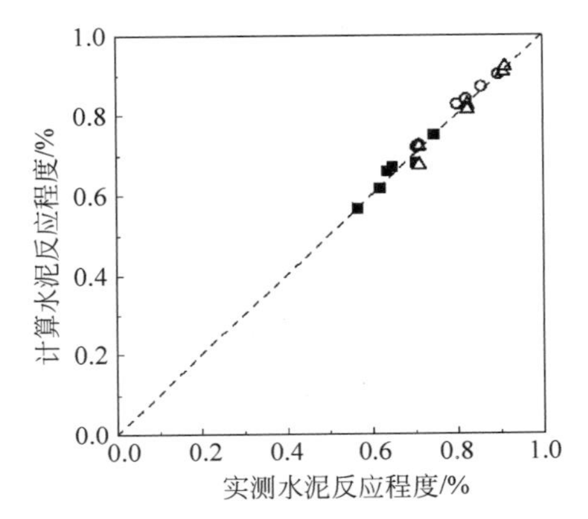

图 5.26　不同温度条件下硅酸盐水泥的长龄期反应程度实测结果和计算结果

虚线为计算值,符号为实测值

表 5.5　不同温度条件下硅酸盐水泥的水化动力学参数对比

水灰比	温度/℃	临界长度/nm	成核速率常数/($\mu m^{-2} \cdot h^{-1}$)	生长速率常数/($\mu m/h$)	扩散速率常数/($10^{-4} h^{-1}$)
0.3	25	336	0.599	0.0815	7.336
	45	359	1.456	0.2085	19.869
	60	386	2.644	0.3916	43.968
0.4	25	336	0.554	0.0805	7.937
	45	359	1.347	0.2059	21.722
	60	386	2.445	0.3868	49.570
0.5	25	336	0.509	0.0795	8.170
	45	359	1.222	0.1983	21.754
	60	386	2.247	0.3820	52.548
0.6	25	336	0.464	0.0785	8.242
	45	359	1.100	0.1958	23.088
	60	386	2.048	0.3772	54.839

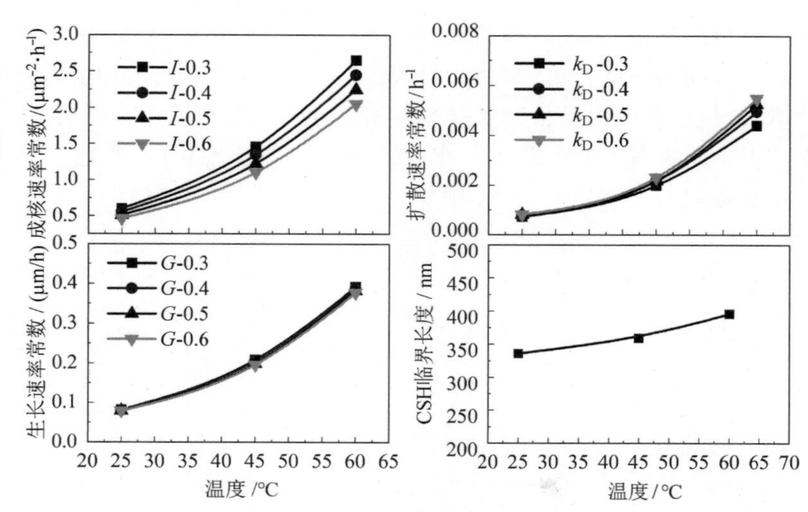

图 5.27　不同温度条件下硅酸盐水泥的水化动力学参数

曲线为计算值,符号为实测值

水泥水化动力学的活化能可以根据 Arrhenius 公式拟合计算得到,根据 Arrhenius 公式可知活化能是 $-\ln k$ 与 $1/RT$ 之间的斜率。动力学参数的活化能拟合结果如图 5.28 所示。从图中可以看到水化产物生长速率常

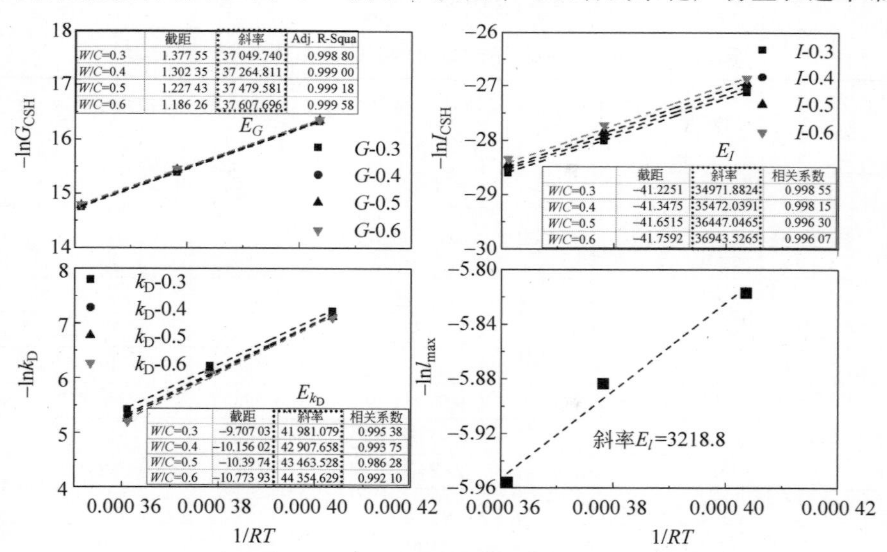

图 5.28　硅酸盐水泥水化的动力学参数活化能拟合结果

曲线为计算值,符号为实测值

数的活化能为 37～38 kJ/mol，成核速率常数的活化能为 35～37 kJ/mol，而扩散速率常数的活化能约 42 kJ/mol。成核速率常数和生长速率常数的活化能明显高于第 4 章纯 C_3S 动力学参数的活化能拟合结果（约 30 kJ/mol），这是因为本章动力学模型的推导过程中并未考虑水泥的溶解过程，高温对硅酸盐水泥溶解过程的促进作用最终体现在了水化产物的成核和生长过程中，因此增加了水化产物成核和生长速率常数的活化能。Broda 等[199]、Ravikumar 和 Neithalath[200] 研究发现纯硅酸盐水泥整体水化活化能为 37～38 kJ/mol，与本书的研究结果相近。

5.4.2　硬化浆体物相组成计算分析

5.4.2.1　物相定量计算

根据 5.3.3.1 节给出的硅酸盐水泥水化后期四个熟料矿物反应速率的分配原则式(5-23)～式(5-26)，高温条件下硅酸盐水泥各熟料矿物在任意时刻的反应程度可以通过计算得到，进而可以根据硅酸盐水泥的水化反应方程计算硬化水泥浆体中所有矿物相的含量变化，45℃和 60℃条件下的物相计算结果分别如图 5.29 和图 5.30 所示。

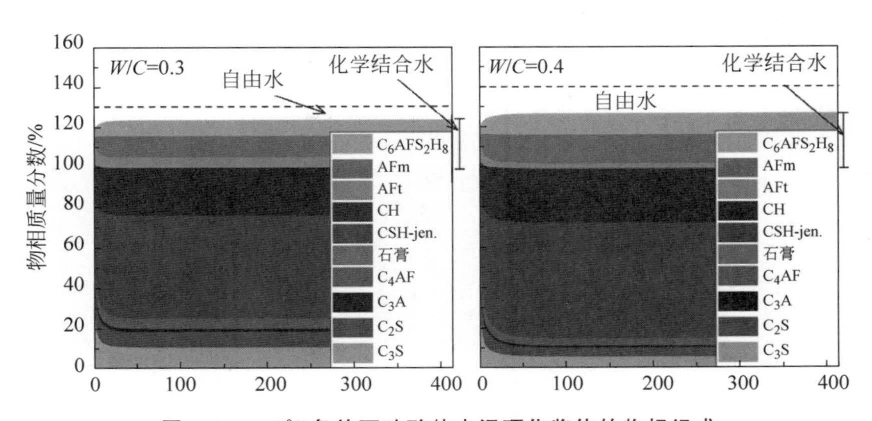

图 5.29　45℃条件下硅酸盐水泥硬化浆体的物相组成

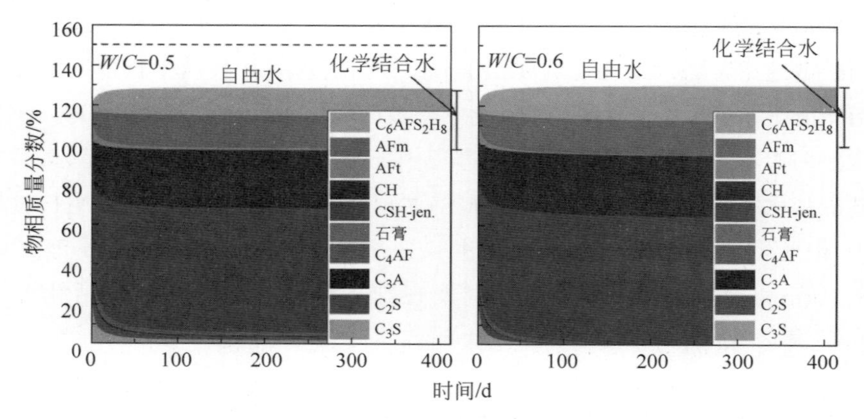

图 5.29(续)

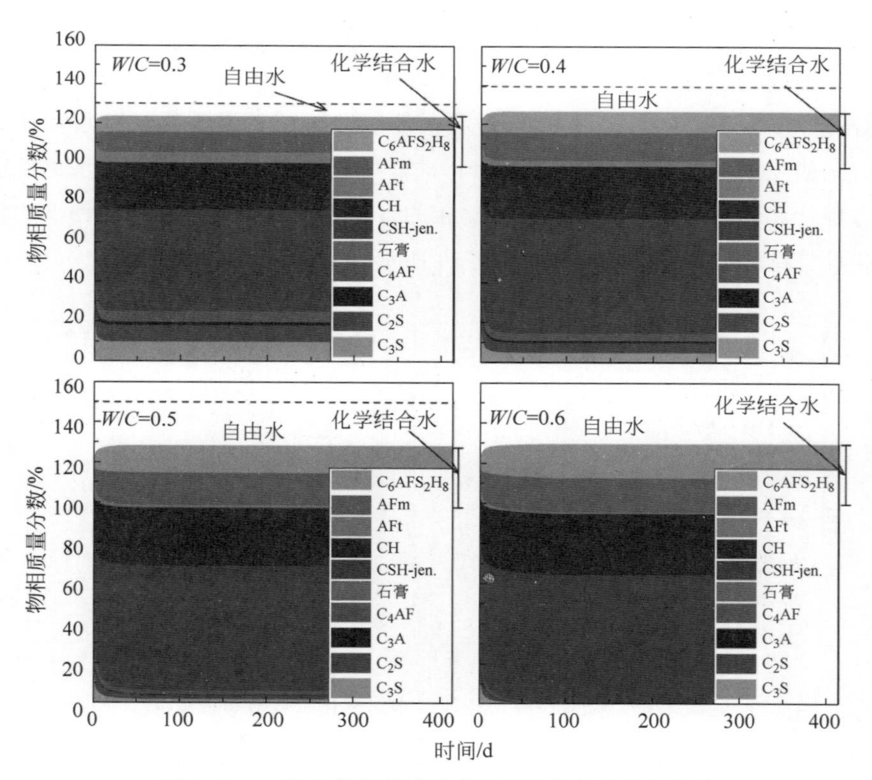

图 5.30 60℃条件下硅酸盐水泥硬化浆体的物相组成

5.4.2.2　化学结合水含量

根据表 5.4 中给出的硬化浆体中各物相中结合水的含量，结合 5.4.2.1 节硬化浆体各物相含量的计算结果，可以得到高温条件下硅酸盐水泥浆体化学结合水的含量。图 5.31 和图 5.32 分别给出了 45℃和 60℃条件下实测化学结合水和计算化学结合水含量的对比结果，二者之间相差较小。

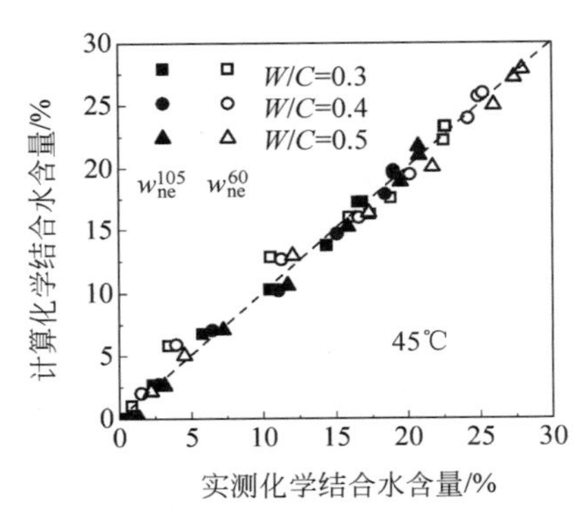

图 5.31　45℃条件下硅酸盐水泥浆体的化学结合水含量实测结果与计算结果的对比

虚线为计算值，符号为实测值

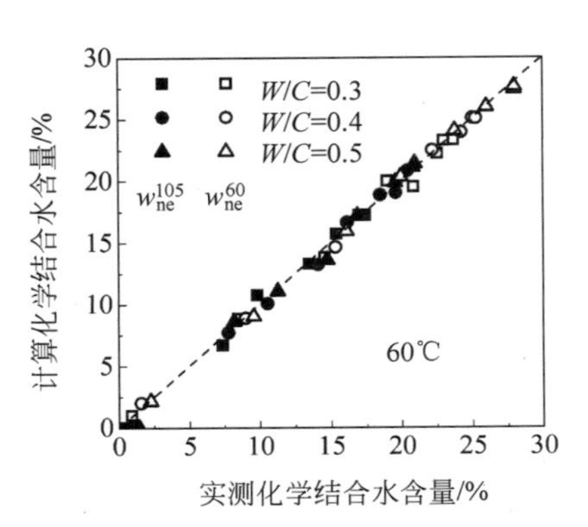

图 5.32　60℃条件下硅酸盐水泥浆体的化学结合水含量实测结果与计算结果的对比

虚线为计算值，符号为实测值

5.4.2.3 XRD 定量分析

高温条件下硅酸盐水泥浆体 1 h、3 h、5 h、20 h、3 d、28 d 和 120 d 的 XRD 衍射图谱如图 5.33 和图 5.34 所示。从 XRD 衍射图谱中可以看到水泥早期和后期的水化进程。基于 XRD 全谱拟合分析，高温条件下不同水灰比硅酸盐水泥浆体中熟料矿物的含量测定结果如图 5.35 和图 5.36 所示，图中实线为模型计算结果，从图中可以看到模型计算结果与 XRD 定量分析结果相差较小。

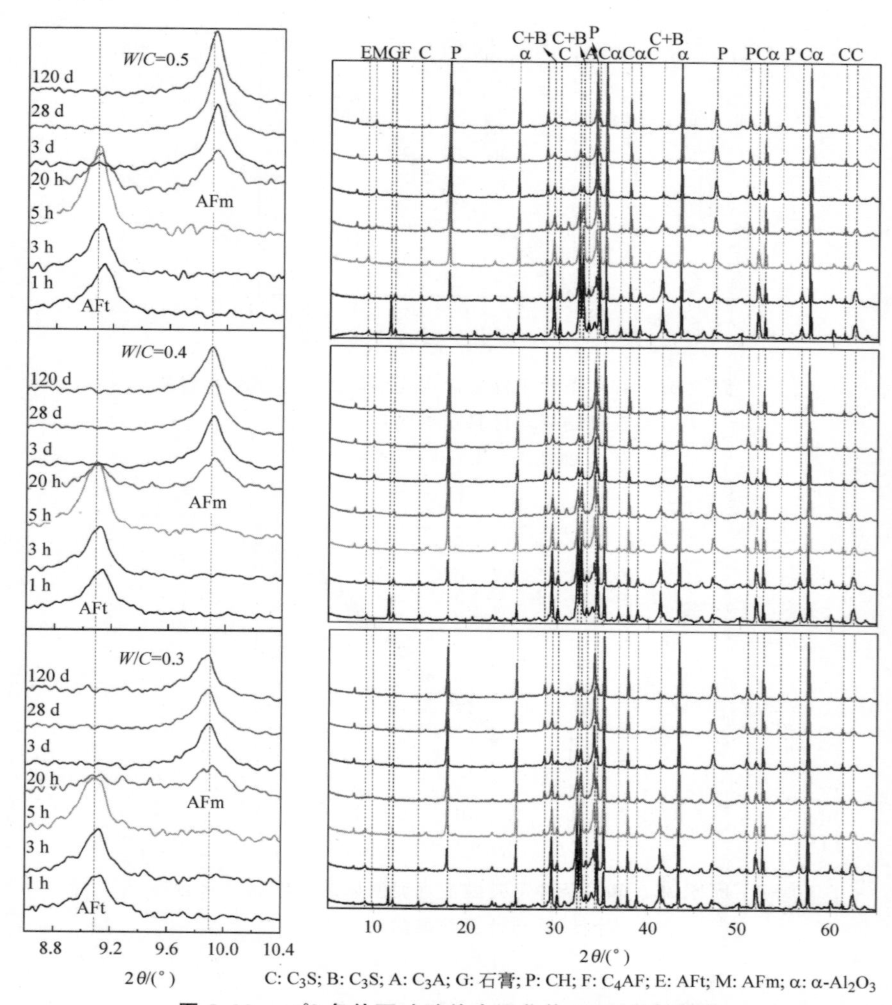

图 5.33 45℃条件下硅酸盐水泥浆体 XRD 衍射图谱

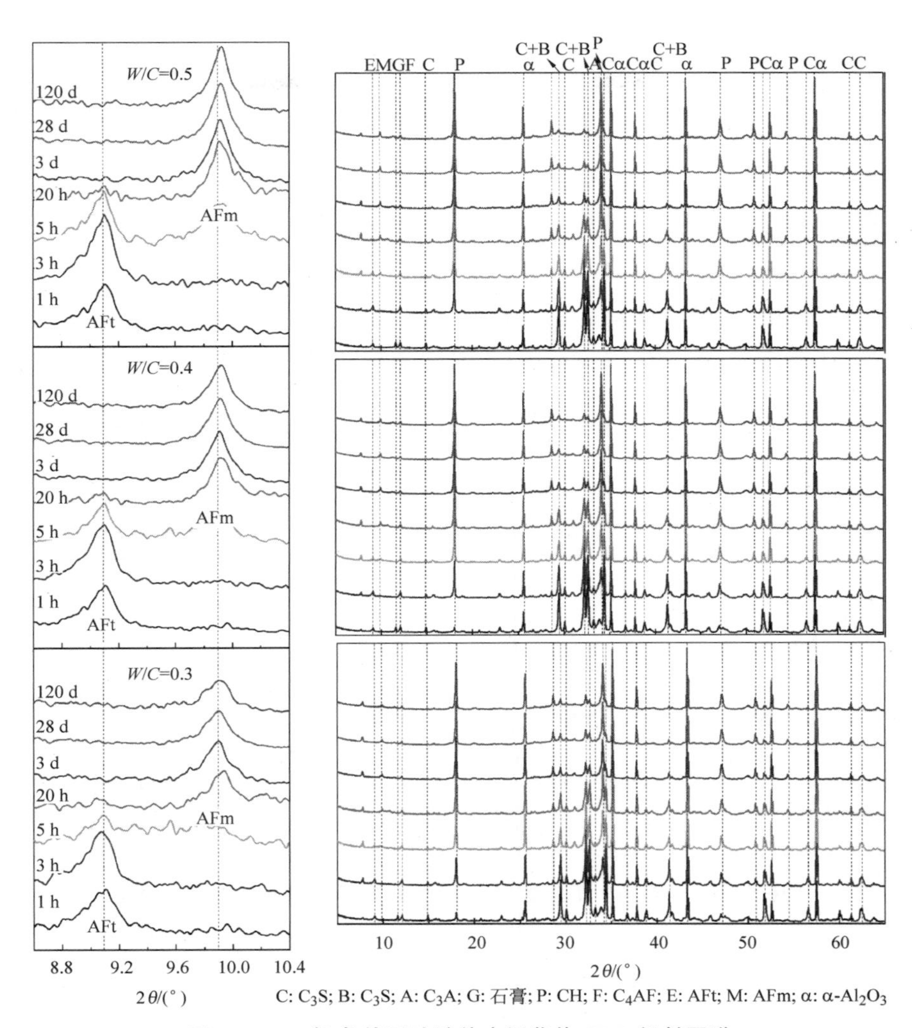

图 5.34　60℃条件下硅酸盐水泥浆体 XRD 衍射图谱

5.4.2.4　热重分析

高温条件下硅酸盐水泥浆体 1 h、3 h、5 h、20 h、3 d、28 d 和 120 d 的热重曲线如图 5.37 和图 5.38 所示。随着水化进行，受热分解的水化产物含量增加，高水灰比条件下受热分解的水化产物含量明显高于同龄期较低水灰比的硅酸盐水泥浆体中的水化产物含量。热重曲线中 400～500℃对应的受热失重峰主要归因于 CH 的受热分解，根据热重曲线可以计算得

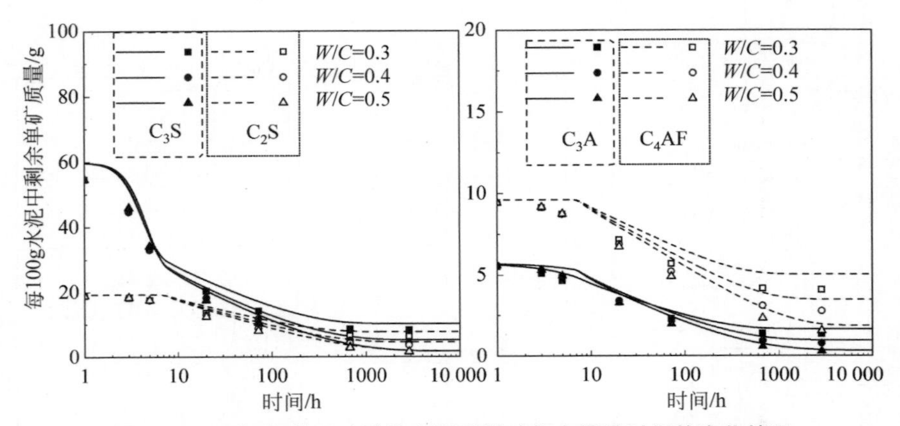

图 5.35　45℃条件下硅酸盐水泥熟料矿物含量随时间的变化情况

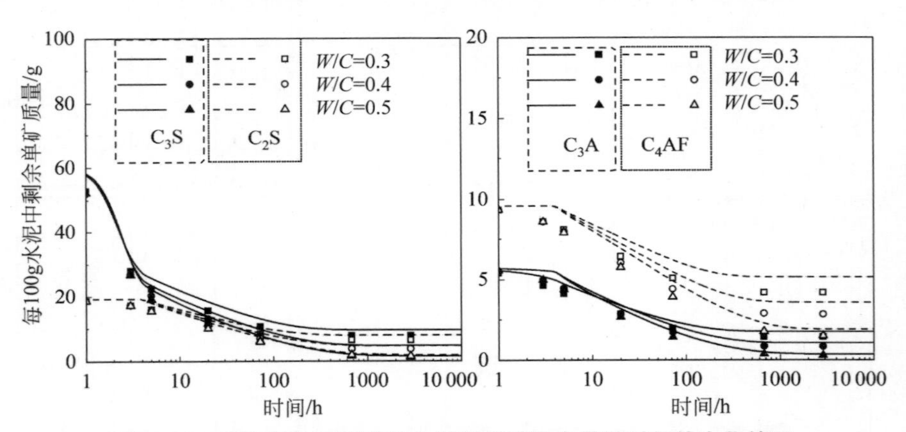

图 5.36　60℃条件下硅酸盐水泥熟料矿物含量随时间的变化情况

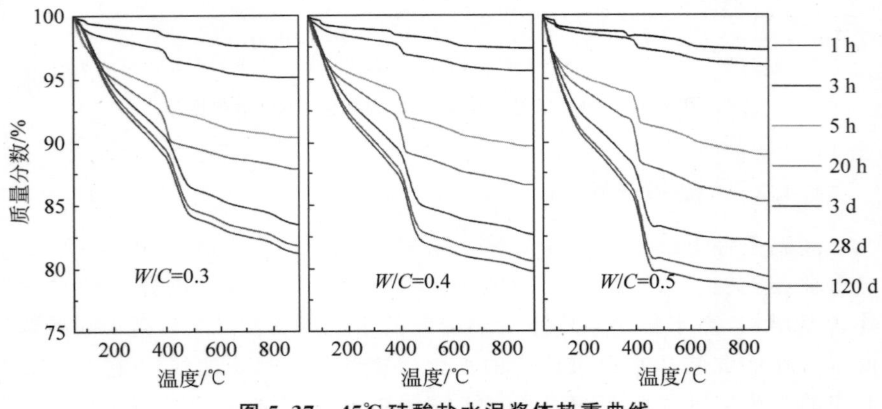

图 5.37　45℃硅酸盐水泥浆体热重曲线

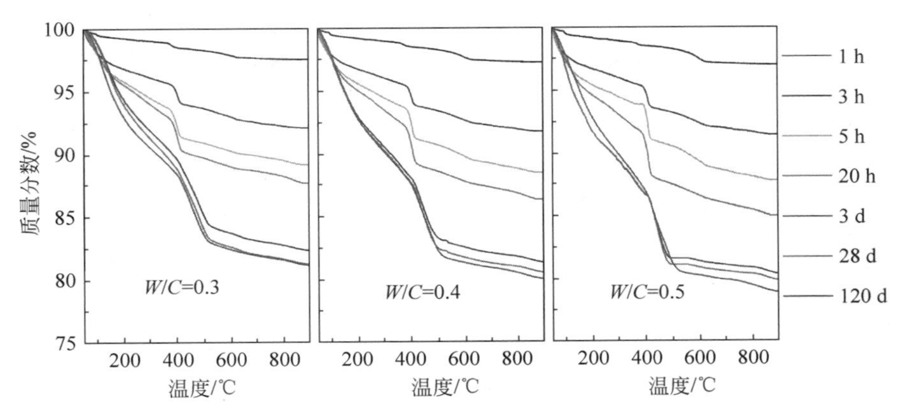

图 5.38　60℃硅酸盐水泥浆体热重曲线

到硅酸盐水泥浆体的 CH 含量。为了便于对比硅酸盐水泥浆体 CH 实测含量与模型计算含量之间的差异，绘制了图 5.39 和图 5.40，分别对比 45℃和 60℃条件下 CH 含量实测结果（XRD 定量分析和热重分析）与模型计算结果。和常温条件下的对比结果一致，早龄期 CH 含量的实测结果略低于模型计算结果，而长龄期二者之间差异很小。

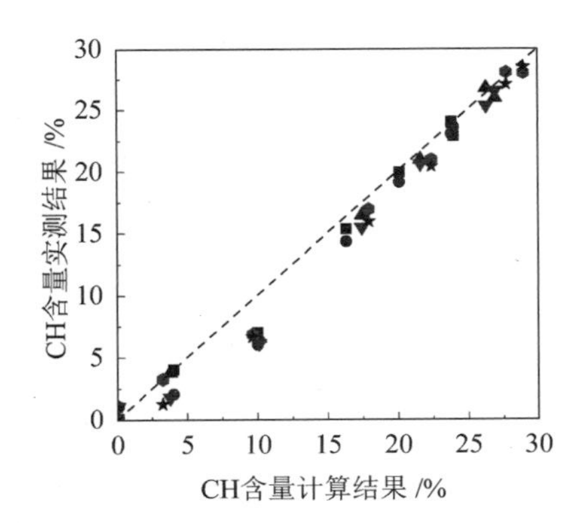

图 5.39　45℃硅酸盐水泥浆体中 CH 含量实测结果与计算结果对比

虚线为计算值，符号为实测值

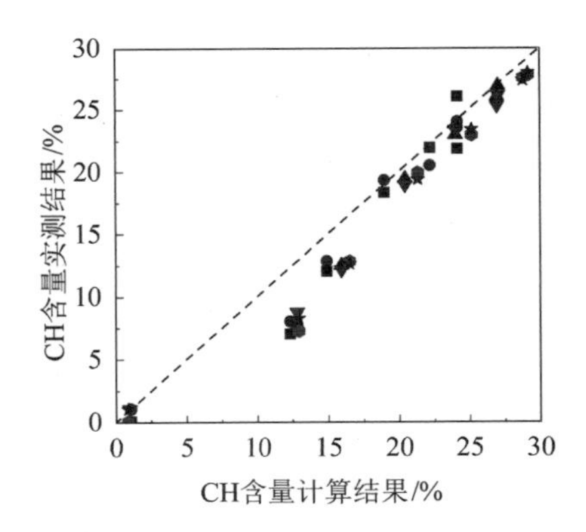

图 5.40　60℃硅酸盐水泥浆体中 CH 含量实测结果与计算结果对比

虚线为计算值，符号为实测值

5.5 本章小结

本章主要对纯 C_3S 水化动力学模型进行部分简化和延伸，建立纯硅酸盐水泥的水化动力学模型。主要工作和创新点总结如下。

(1) 对纯 C_3S 水化动力学模型进行简化，只考虑水化产物以固定成核速率和固定生长速率的方式沉淀，建立纯硅酸盐水泥早期晶体成核生长阶段的水化动力学方程。与传统 BNG 模型的区别在于：通过给定早期水泥水化反应方程式和水化产物的摩尔体积，把水化产物的体积分数转换为实际的水泥反应程度；通过局部生长假说，解释水泥水化加速期向减速期的转变机理：水化产物只在距离水泥颗粒表面一定长度的范围内快速生长，超出这一范围的水化产物生长速率迅速减小，当水泥颗粒表面一定晶核数量的水化产物长大并超过这一临界长度时，整个体系的水化产物生长速率逐渐减小。通过对水化热实验结果的拟合发现不同水灰比条件下的水化产物临界长度几乎为定值：约 336 nm。提高水化温度会增大水化产物的临界值。

(2) 通过修正的 Jander 方程表征扩散阶段的水泥水化动力学过程。与传统 Jander 扩散方程的区别在于：方程中的 Jander 广义扩散系数不再是常数，而是与反应程度呈负相关关系的变量；考虑极限反应程度对水泥后期水化的影响，认为当水泥的反应程度趋近极限反应程度时，Jander 广义扩散系数趋近 0。

(3) 分析了动力学参数的影响因素：水灰比和水化温度。增大水灰比会降低液相离子浓度和水化产物的饱和度，进而导致水化产物的成核生长速率减小。通过对不同水灰比水泥水化放热数据的拟合给出了常温条件下水化产物成核速率常数(约 $0.5\ \mu m^{-2} \cdot h^{-1}$)、生长速率常数(约 $0.08\ \mu m/h$)与水灰比之间的线性函数关系，通过分析不同温度下动力学参数的变化给出了不同物理化学过程的动力学参数活化能：水化产物成核过程的活化能为 35～37 kJ/mol，水化产物生长过程的活化能为 37～38 kJ/mol，水分扩散传输阶段的活化能约 42 kJ/mol。硅酸盐水泥不同水化阶段的活化能均明显高于纯 C_3S 水化过程，这是因为硅酸盐水泥水化模型没有考虑溶解过程，高温对水泥溶解的促进作用被分配到了晶体成核生长阶段。

（4）分析了扩散控制阶段四个熟料矿物的反应活性，认为水泥后期的水化速率实际由四个熟料矿物按照一定的比例原则分配，该原则与其各自剩余的含量和反应活性相关。基于后期不同熟料矿物对水泥水化速率的贡献以及各熟料矿物的反应方程，给出了硬化水泥浆体物相组成随时间的变化：硬化水泥浆体中熟料矿物和 AFt 含量逐渐减少，其他水化产物含量逐渐增多。

第6章 惰性掺合料对硅酸盐水泥水化动力学的影响

矿物掺合料在水泥基材料中的作用机理可以划分为两类：物理作用和化学作用。物理作用仅仅考虑固体颗粒的掺入对硅酸盐水泥水化的影响，而化学作用则要考虑掺合料在复合材料体系内的化学反应。通过掺入石英粉和石灰石粉等惰性或极低活性的掺合料，可以体现掺合料对硅酸盐水泥水化的物理作用。本章主要通过掺入不同细度和掺量的石英粉来研究掺合料对水泥水化的物理作用，并通过相应的动力学模型表征该物理作用。

6.1 含惰性掺合料硅酸盐水泥水化动力学模型

6.1.1 惰性掺合料在硅酸盐水泥水化过程中的作用机理

掺合料对硅酸盐水泥水化的物理作用可以分为三个方面：稀释作用、加速溶解作用和成核作用。

本研究中掺合料采用等质量替代水泥的方式引入到复合胶凝材料体系中，掺合料的掺入本质上是对硅酸盐水泥含量的稀释，即掺合料的稀释作用。纯硅酸盐水泥体系和掺40%不同细度石英粉的复合材料体系中固体颗粒的分布状态[201]如图6.1所示。掺合料的稀释作用表现为增大新拌浆体的实际水灰比(水和水泥的质量比)，因此只需在动力学建模过程中把实际水灰比作为变量即可表征掺合料的稀释作用。在第5章中分析了硅酸盐水泥体系的水化动力学模型参数与水灰比之间的线性函数关系(见式(5-21)和式(5-22))，硅酸盐水泥的极限反应程度也是与水灰比相关的函数(见式(5-17))。本章在含石英粉的硅酸盐水泥的水化动力学建模过程中使用实际水灰比作为自变量，按照以上函数关系确定模型参数。

从图6.1中可以看到掺合料的掺入减小了相邻固体颗粒之间的距离，且掺入的石英粉颗粒越细，相邻固体颗粒之间的距离越小。Berodier和Scrivener[201]提出了基于硅酸盐水泥和石英粉粒径分布的相邻固体颗粒平均间距的计算方程，通过数学方法证明了掺合料对粉体中颗粒间距的影响。

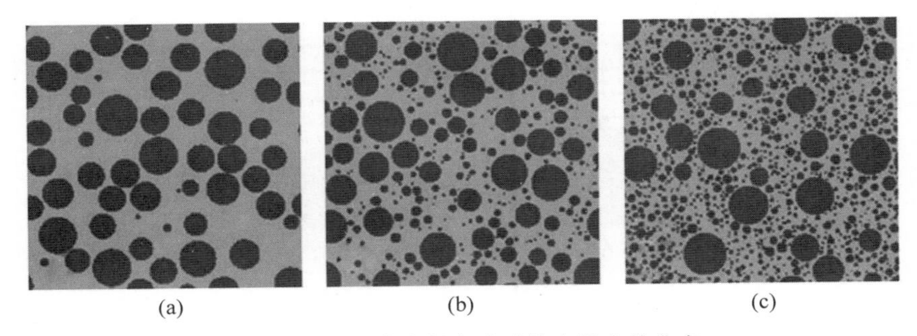

图6.1 惰性掺合料在硅酸盐水泥中的分布

(a) 纯水泥体系水泥颗粒分布；(b) 掺40%较粗石英粉的复合材料体系；(c) 掺40%较细石英粉的复合材料体系

假设新拌浆体搅拌速率固定，当相邻固体颗粒间距较小时，相邻颗粒之间的相对运动增加了水泥颗粒表面的实际剪切速率[201]，如图6.2所示。Juilland等[202]研究了不同剪切速率对水泥水化的影响，不同剪切速率条件下硅酸盐水泥表面的离子会加速向溶液中迁移，增加溶解速率[202]，如图6.3所示。加速溶解的结果是液相离子浓度和水化产物饱和度的增加，使水化产物成核速率和生长速率增大。因此，在本研究中引入成核速率增大比例和生长速率增大比例，分别表征加速溶解作用对水化产物的成核速率和生长速率的影响。结合式(5-21)和式(5-22)，最终的硅酸盐水泥水化产物的成核和生长速率(单位：$\mu m^{-2} \cdot h^{-1}$)为

$$I = I_{ratio}(0.74 - 0.45W/C) \tag{6-1}$$

$$G = G_{ratio}(0.0845 - 0.0101W/C) \tag{6-2}$$

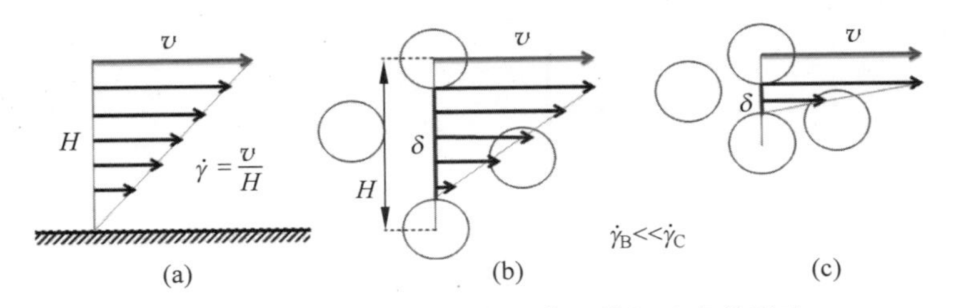

图6.2 不同颗粒间距对水泥表面剪切速率的影响

(a) 速度梯度；(b) 较大的颗粒间距；(c) 较小的颗粒间距

水化产物主要在固体颗粒表面成核并生长，而除了水泥颗粒以外，掺合料也能够为水化产物的成核生长提供位点，即成核作用。图6.4显示了石灰石粉[203]和石英粉[201]表面生长的水化产物，惰性掺合料为水化产物提

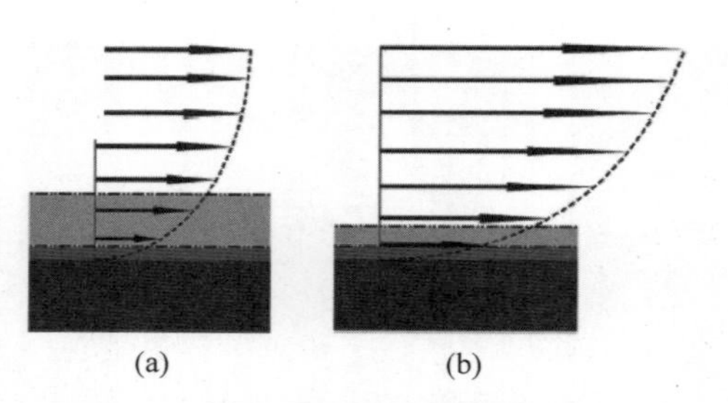

图 6.3 不同剪切速率对水泥溶解的影响

供了额外的成核面积。在第 5 章纯硅酸盐水泥的水化动力学模型的推导过程中，首先考虑的是单位面积上水化产物的成核和生长，在推广到整个体系中的水化产物成核生长时，考虑了原材料的比表面积，式(5-9)中 $SSA_V = SSA_{Cement}/V_{water}$。为了表征掺合料在硅酸盐水泥水化过程中的成核作用，式中有关单位体积内成核面积的取值按照式(6-3)取定：

$$SSA_V = (SSA_{Cement} + Eff_{ratio} SSA_{SCM} f_{SCM})/V_{water} \tag{6-3}$$

其中，SSA_{SCM} 和 f_{SCM} 分别是掺合料的比表面积和掺量，掺合料的表面性质与硅酸盐水泥颗粒的表面性质有差异，相比于硅酸盐水泥而言，掺合料单位面积上的成核效果偏低，Eff_{ratio} 是掺合料成核作用的折扣系数。

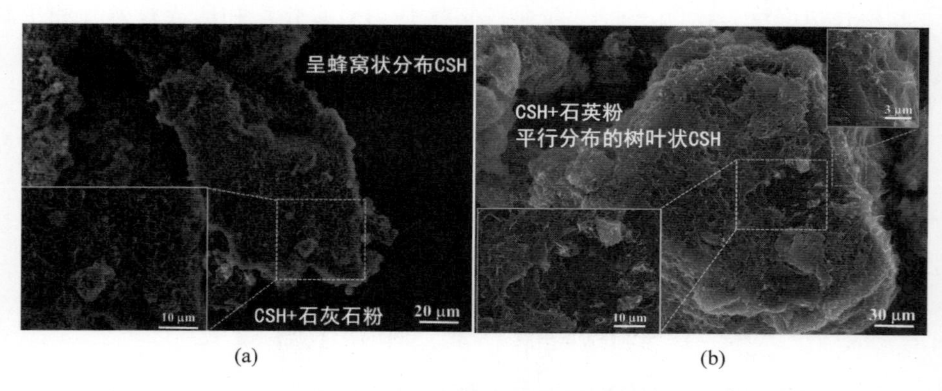

图 6.4 惰性掺合料的成核作用

(a) 石灰石粉；(b) 石英粉

6.1.2 含惰性掺合料的硅酸盐水泥水化动力学模型推导

按照 6.1.1 节分析的掺合料对硅酸盐水泥水化的作用机理和 5.1 节纯硅酸盐水泥水化动力学模型的推导过程，本节推导了含石英粉的硅酸盐水泥水化动力学模型。水化产物成核生长阶段的动力学方程如式(6-4)所示：

$$\mathrm{d}\alpha(t)/\mathrm{d}t = V_{\text{water}} M_{C_3S} / V_{\text{MCSH}} \times \mathrm{d}\left\{1 - \exp\left[\mathrm{SSA_V}\left(-\int_0^{l_{\max}}\left(1 - \mathrm{e}^{\left(-\int_0^t \pi g[G^2(t-x)^2-y^2]I\mathrm{d}x\right)}\right)\mathrm{d}y - \int_0^t\left(1 - \mathrm{e}^{\left(-\int_0^\tau \pi g[G^2(\tau-x)^2-l_{\max}^2]I\mathrm{d}x\right)}\right)\frac{G}{r}\mathrm{d}\tau\right)\right]\right\}\Big/\mathrm{d}t \tag{6-4}$$

其中，I、G 和 $\mathrm{SSA_V}$ 分别按照式(6-1)、式(6-2)和式(6-3)计算，此阶段需要拟合的参数是成核速率增长比例 I_{ratio}、生长速率增长比例 G_{ratio} 和掺合料成核作用折扣系数 $\mathrm{Eff_{ratio}}$。水分扩散控制阶段仍然按照修正的 Jander 方程计算：

$$\frac{\mathrm{d}\alpha}{\mathrm{d}t} = k_D\left(\frac{\alpha_{u,C}}{\alpha} - 1\right)\frac{(1-\alpha)^{2/3}}{1-(1-\alpha)^{1/3}} \tag{6-5}$$

其中，$\alpha_{u,C}$ 是硅酸盐水泥的极限反应程度，按照式(5-17)～式(5-19)计算，在计算过程中用到的水灰比为本章确定的实际水灰比。

6.2　含惰性掺合料的硅酸盐水泥水化动力学模型拟合

本质上含惰性材料的硅酸盐水泥水化动力学模型与纯硅酸盐水泥的水化动力学模型是一致的，只是模型中的动力学参数以及成核面积等常量取值按照 6.1 节的计算方法取定。需要通过模型与实验数据拟合得到的模型参数主要为成核速率增长比例 I_{ratio}、生长速率增长比例 G_{ratio} 和掺合料成核作用折扣系数 $\mathrm{Eff_{ratio}}$，硅酸盐水泥水化扩散阶段的扩散速率常数仍然按照第 5 章提出的反算法确定。参数拟合的过程仍然采用遗传算法，遗传算法的相关参数设定按照第 5 章规定选取。

6.3　石英粉细度和掺量对硅酸盐水泥水化动力学的影响

6.3.1　水化动力学模型拟合

含不同细度石英粉的硅酸盐水泥在常温条件下的水化放热速率曲线如图 6.5 和图 6.6 所示。从图中可以清晰地看到，随着石英粉细度的增加，硅酸盐水泥水化主放热峰向左偏移，且主放热峰的最大放热速率增大。含石英粉的硅酸盐水泥水化累积放热量实验结果如图 6.7 和图 6.8 所示。从累积放热量的实验结果中也可以看到随着石英粉细度的增加,硅酸盐水泥累计放热总量逐渐增大,表明颗粒越细的石英粉对硅酸盐水泥水化的促进作用越明显。

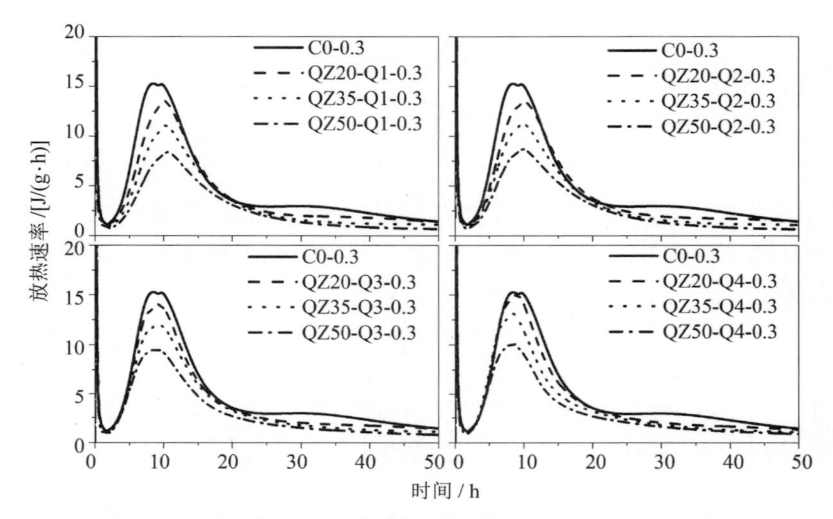

图 6.5 含石英粉的硅酸盐水泥的水化放热速率($W/C=0.3$)

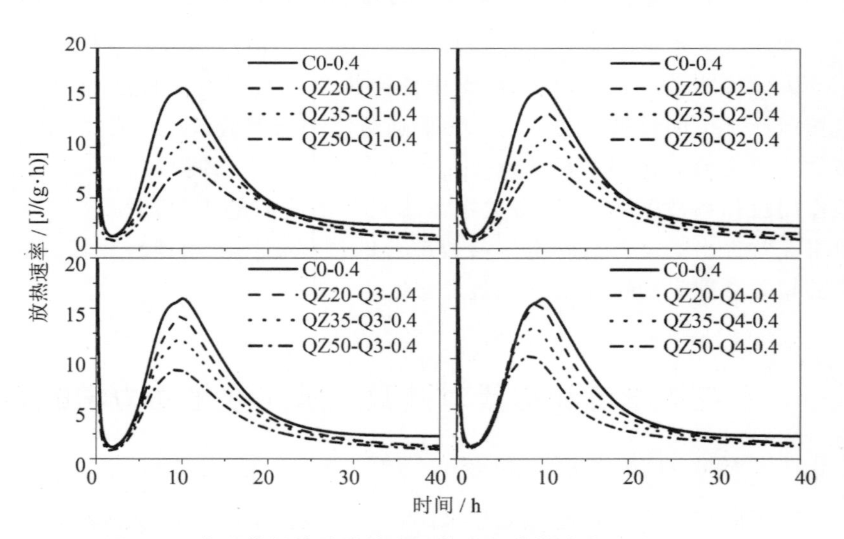

图 6.6 含石英粉的硅酸盐水泥的水化放热速率($W/C=0.4$)

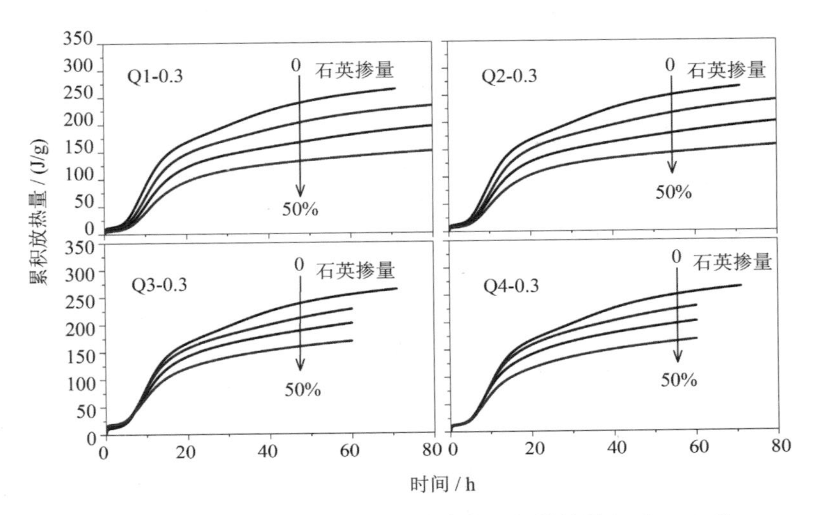

图 6.7　含石英粉的硅酸盐水泥的水化累积放热量（$W/C=0.3$）

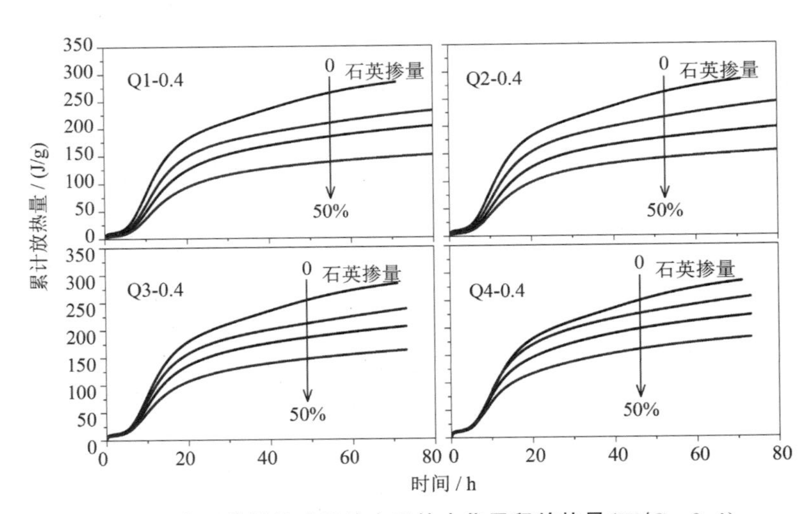

图 6.8　含石英粉的硅酸盐水泥的水化累积放热量（$W/C=0.4$）

按照 6.1 节推导的含石英粉的硅酸盐水泥水化动力学模型和 6.2 节的模型拟合方法，对常温条件下硅酸盐水泥-石英粉的水化热结果进行了模型拟合计算。水灰比分别为 0.3 和 0.4 的硅酸盐水泥-石英粉复合体系放热速率的拟合结果分别如图 6.9 和图 6.10 所示。水灰比分别为 0.3 和 0.4 的硅酸盐水泥-石英粉复合体系总放热量的拟合结果分别如图 6.11 和图 6.12 所示。无论是放热速率曲线还是累计放热总量曲线的实测结果和拟合结果均吻合良好。含石英粉硅酸盐水泥水化动力学参数拟合结果如表 6.1 和表 6.2 所示。在动力学模型参数分析过程中采用总面积增加比例作为自变量 A_{f}，实际成核面积增加比例 a_{f}、成核速率增长比例 I_{ratio}、生长速率增长比例 G_{ratio} 和水化产物临界长度 $l_{\max}$ 作为因变量。其中

$$A_{\mathrm{f}}=(\mathrm{SSA}_{\mathrm{Cement}}+\mathrm{SSA}_{\mathrm{SCM}}f_{\mathrm{SCM}})/\mathrm{SSA}_{\mathrm{Cement}} \tag{6-6}$$

$$a_{\mathrm{f}}=(\mathrm{SSA}_{\mathrm{Cement}}+\mathrm{Eff}_{\mathrm{ratio}}\mathrm{SSA}_{\mathrm{SCM}}f_{\mathrm{SCM}})/\mathrm{SSA}_{\mathrm{Cement}} \tag{6-7}$$

从式(6-6)可以看到，总面积增加比例只与石英粉的细度和掺量有关系，可以通过原材料的性质和配合比计算得到。所有需要拟合得到的动力学参数均以总面积增加比例为自变量作图，如图 6.13 所示。通过方程拟合，给出了实际成核面积增加比例、成核速率增长比例、生长速率增长比例和临界长度与总面积增加比例之间的函数关系，便于指导其他含石英粉硅酸盐水泥水化动力学模型参数取值。

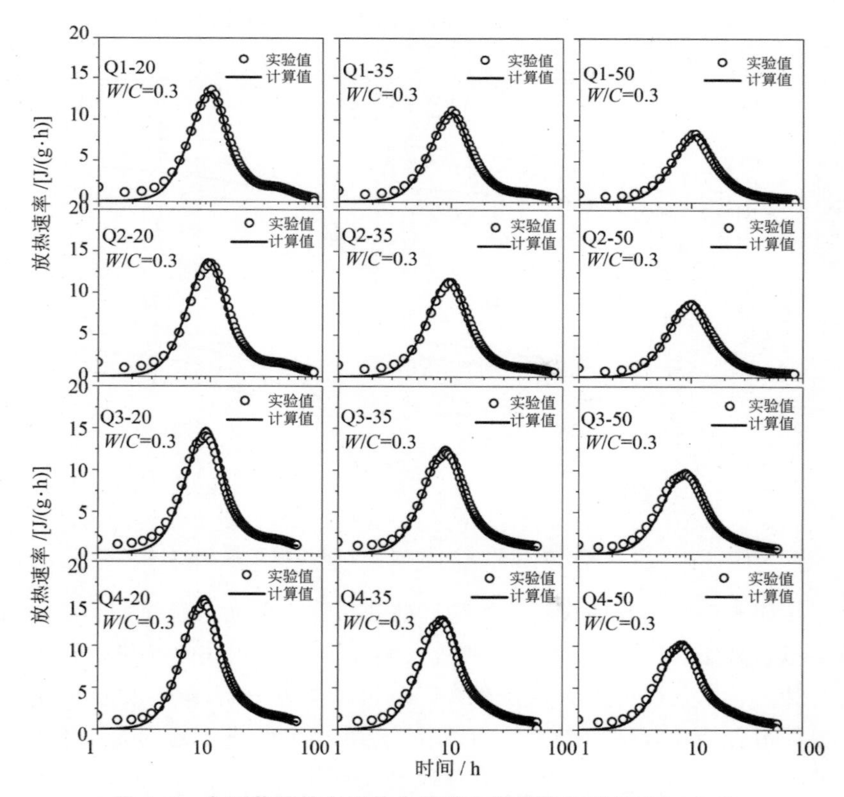

图 6.9 含石英粉的水泥的水化动力学模拟结果($W/C=0.3$)

图中 Q1-20 表示 20%掺量的石英 Q1

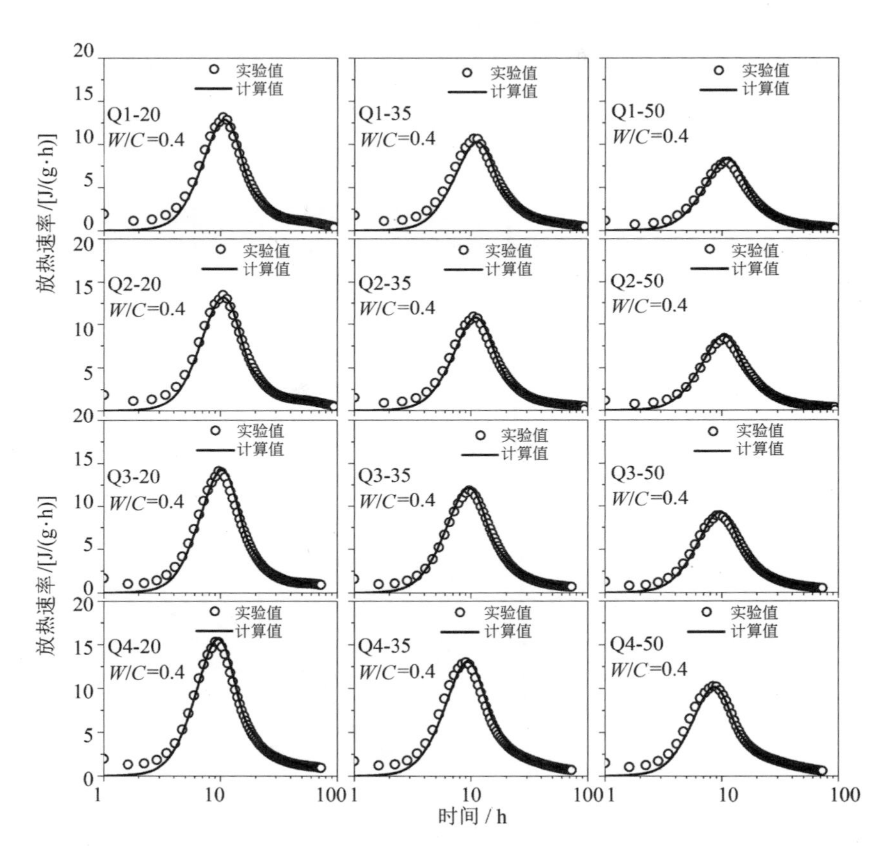

图 6.10　含石英粉的水泥的水化动力学模拟结果($W/C=0.4$)

图中 Q1-20 表示 20%掺量的石英 Q1

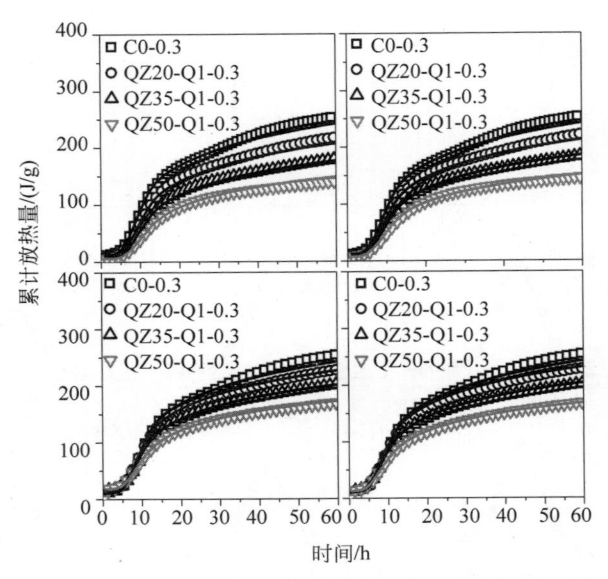

图 6.11 含石英粉的水泥的水化动力学模拟结果总放热量($W/C=0.3$)

曲线为计算值,符号为实测值

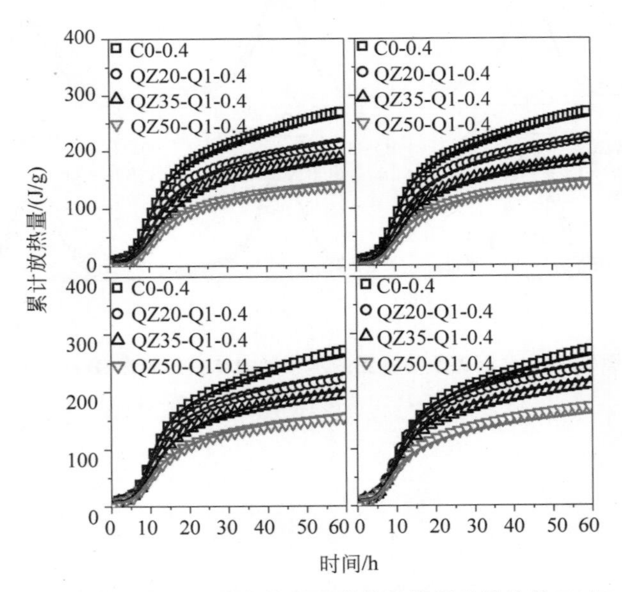

图 6.12 含石英粉的水泥的水化动力学模拟结果总放热量($W/C=0.4$)

曲线为计算值,符号为实测值

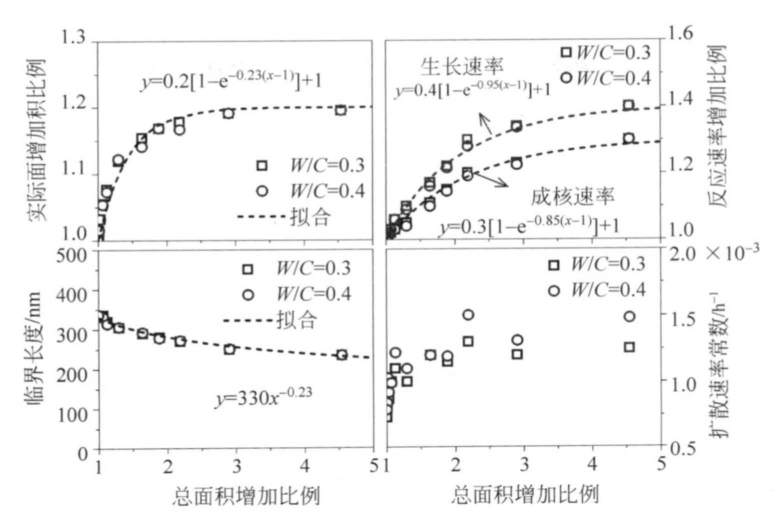

图 6.13　含石英粉的硅酸盐水泥的水化动力学参数

表 6.1　含石英粉的硅酸盐水泥的水化动力学模型参数(W/C=0.3)

编号	f_{SCM}/%	A_f	Eff_{SCM}	a_f	I_{ratio}	G_{ratio}	k_D/h^{-1}	l_{max}/nm
Q1-0.3	0	1.000	1.000	1.000	1.000	1.000	0.000 73	336
	20	1.004	1.000	1.004	1.000	1.000	0.000 79	335
	35	1.008	1.000	1.008	1.005	1.008	0.000 83	335
	50	1.015	1.000	1.015	1.010	1.010	0.000 86	335
Q2-0.3	0	1.000	1.000	1.000	1.000	1.000	0.000 73	336
	20	1.032	1.000	1.032	1.010	1.020	0.000 87	335
	35	1.069	0.800	1.055	1.020	1.030	0.001 00	335
	50	1.128	0.600	1.077	1.030	1.060	0.001 10	320
Q3-0.3	0	1.000	1.000	1.000	1.000	1.000	0.000 73	336
	20	1.297	0.400	1.119	1.050	1.100	0.001 00	305
	35	1.640	0.241	1.154	1.110	1.170	0.001 20	290
	50	2.189	0.150	1.178	1.200	1.300	0.001 30	270
Q4-0.3	0	1.000	1.000	1.000	1.000	1.000	0.000 73	336
	20	1.886	0.190	1.168	1.130	1.200	0.001 15	280
	35	2.909	0.100	1.191	1.230	1.340	0.001 20	250
	50	4.544	0.055	1.195	1.300	1.400	0.001 25	235

表 6.2　含石英粉的硅酸盐水泥的水化动力学模型参数($W/C=0.4$)

编号	f_{SCM}/%	A_f	Eff_{SCM}	a_f	I_{ratio}	G_{ratio}	k_D/h^{-1}	l_{max}/nm
Q1-0.4	0	1.000	1.000	1.000	1.000	1.000	0.000 79	336
	20	1.004	1.000	1.004	1.000	1.000	0.000 82	335
	35	1.008	1.000	1.008	1.005	1.008	0.000 84	335
	50	1.015	1.000	1.015	1.010	1.010	0.001 03	335
Q2-0.4	0	1.000	1.000	1.000	1.000	1.000	0.000 79	336
	20	1.032	1.000	1.032	1.010	1.020	0.000 92	334
	35	1.069	0.780	1.054	1.020	1.030	0.000 99	331
	50	1.128	0.600	1.077	1.030	1.060	0.001 22	314
Q3-0.4	0	1.000	1.000	1.000	1.000	1.000	0.000 79	336
	20	1.297	0.400	1.119	1.040	1.090	0.001 10	306
	35	1.640	0.220	1.141	1.100	1.160	0.001 20	292
	50	2.189	0.140	1.166	1.190	1.280	0.001 50	272
Q4-0.4	0	1.000	1.000	1.000	1.000	1.000	0.000 79	336
	20	1.886	0.190	1.168	1.130	1.200	0.001 19	278
	35	2.909	0.100	1.191	1.224	1.337	0.001 31	251
	50	4.544	0.060	1.213	1.300	1.400	0.001 48	235

6.3.2　硬化浆体的物相组成计算分析

6.3.2.1　物相定量计算

按照5.3.3.1节硅酸盐水泥浆体物相含量的计算原则，结合本章含石英粉的硅酸盐水泥的水化动力学计算结果，本节给出了含石英粉的硅酸盐水泥浆体的物相组成，如图6.14～图6.17所示。含石英粉的水泥浆体后期物相组成变化与纯硅酸盐水泥浆体类似，熟料矿物和AFt含量逐渐减少，而其他水化产物含量增多。此外，由于石英粉的掺入促进了水泥水化，含石英粉的水泥浆体中水泥反应程度更高。

6.3.2.2　化学结合水量

按照表5.4中给出的硅酸盐水泥浆体中各物相结合水量，结合6.3.2.1节计算的含石英粉的硅酸盐水泥浆体中的物相组成，可以计算得到体系总体的化学结合水量。化学结合水量实测结果和计算结果如图6.18和图6.19所示。计算结果与实测结果的对比分析图如图6.20所示，二者之间差异较小。图6.18～图6.20中，曲线为计算值，符号为实测值。

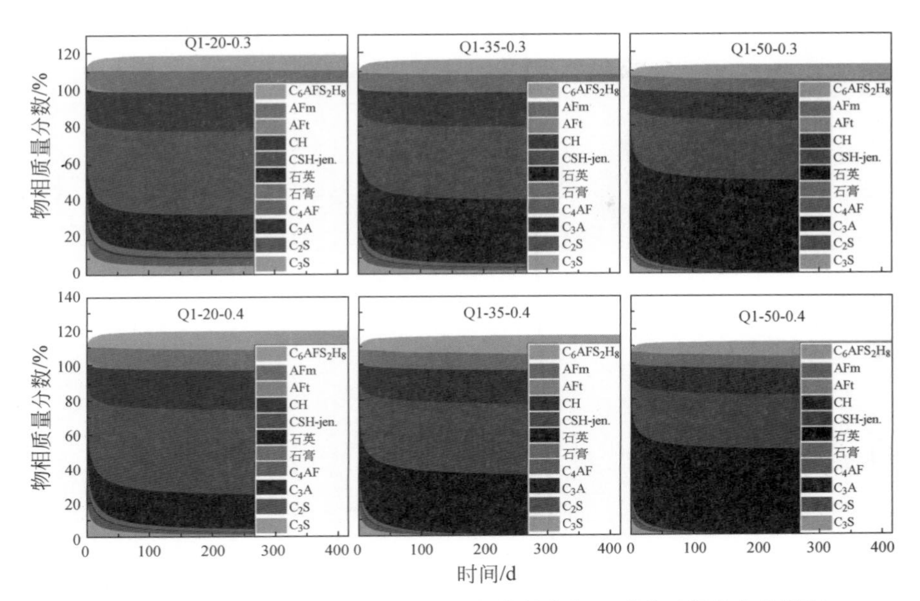

图 6.14　含石英粉 Q1 的硅酸盐水泥浆体的物相组成随时间的变化情况

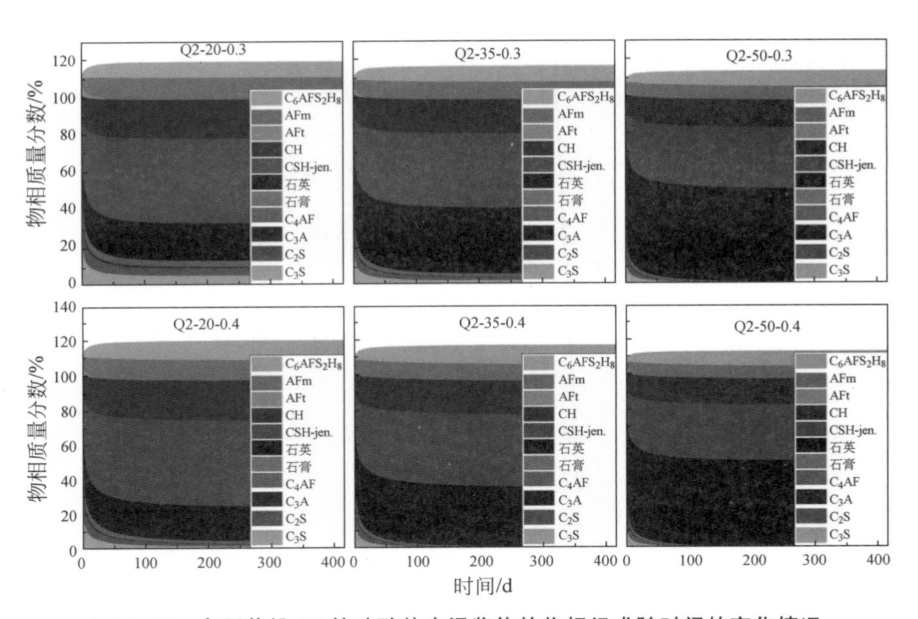

图 6.15　含石英粉 Q2 的硅酸盐水泥浆体的物相组成随时间的变化情况

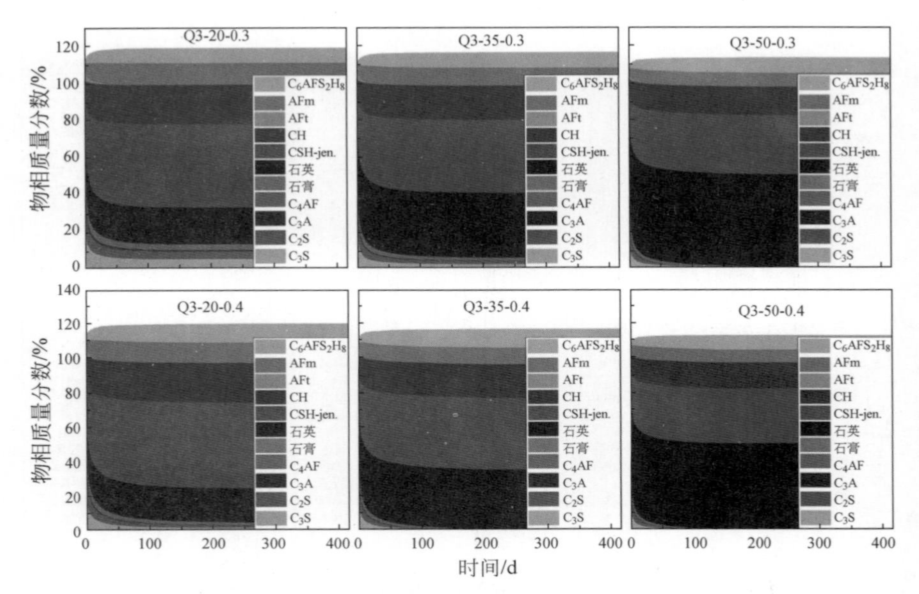

图 6.16　含石英粉 Q3 的硅酸盐水泥浆体的物相组成随时间的变化情况

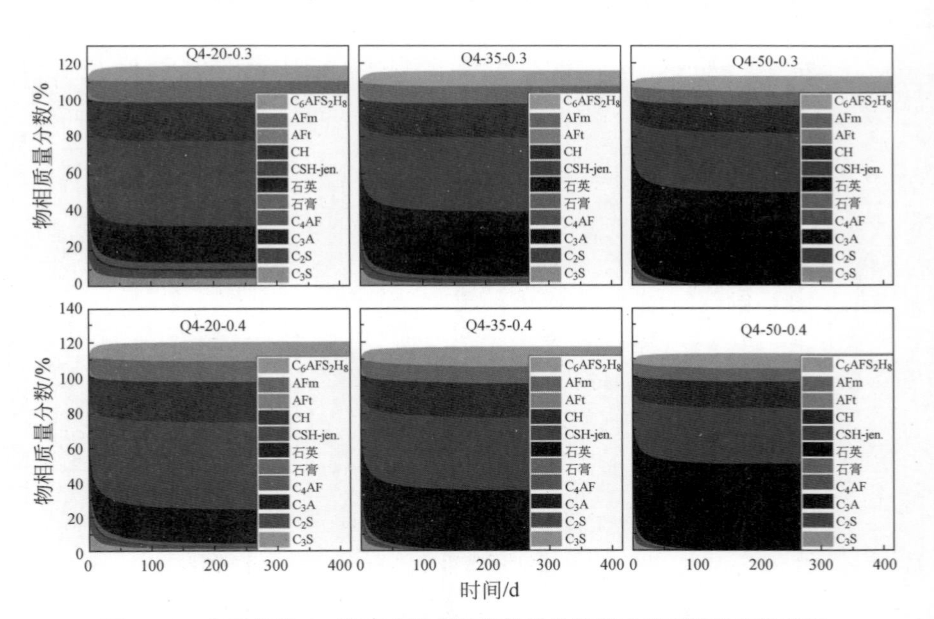

图 6.17　含石英粉 Q4 的硅酸盐水泥浆体的物相组成随时间的变化情况

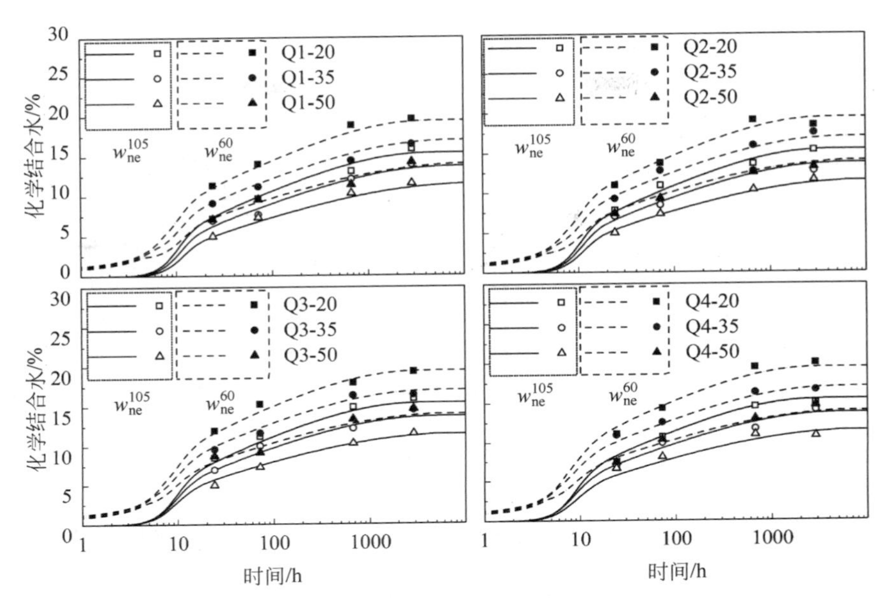

图 6.18 含石英粉的硅酸盐水泥的化学结合水量(*W/C*=0.3)

曲线为计算值,符号为实测值

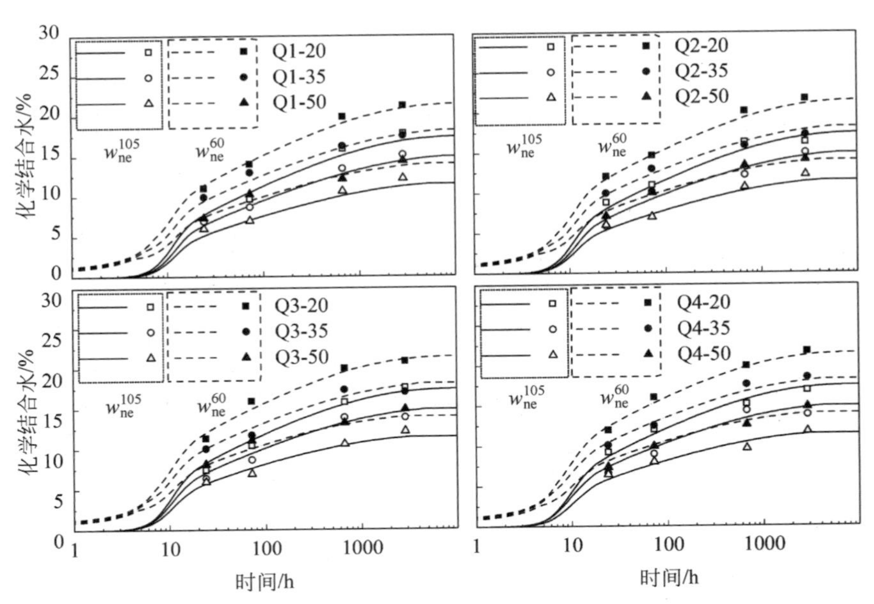

图 6.19 含石英粉的硅酸盐水泥的化学结合水含量(*W/C*=0.4)

曲线为计算值,符号为实测值

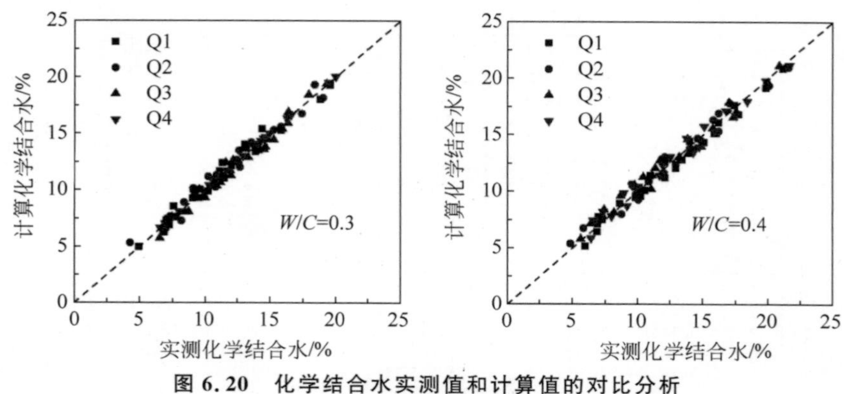

图 6.20　化学结合水实测值和计算值的对比分析

虚线为计算值，符号为实测值

6.4　温度对惰性掺合料在水泥水化硬化过程中作用效果的影响

6.4.1　水化动力学模型拟合

含石英粉的硅酸盐水泥在 45℃和 60℃条件下的水化放热曲线分别如图 6.21 和图 6.22 所示。传统矿物掺合料的细度与石英粉 Q3 在同一尺度上，石英粉 Q1 和 Q2 颗粒过粗，而石英粉 Q4 则与超细矿物掺合料相近。在高温条件下石英粉对硅酸盐水泥水化的影响主要以石英粉 Q3 为研究主体。

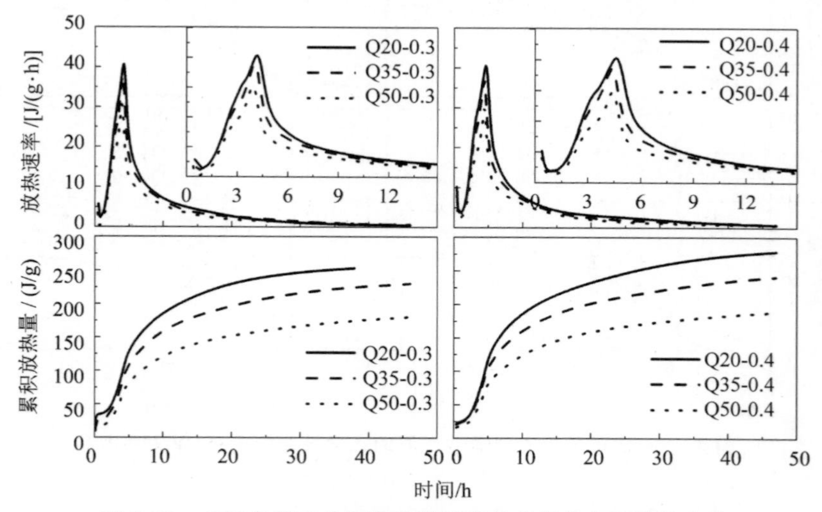

图 6.21　45℃条件下含石英粉的硅酸盐水泥的水化放热曲线

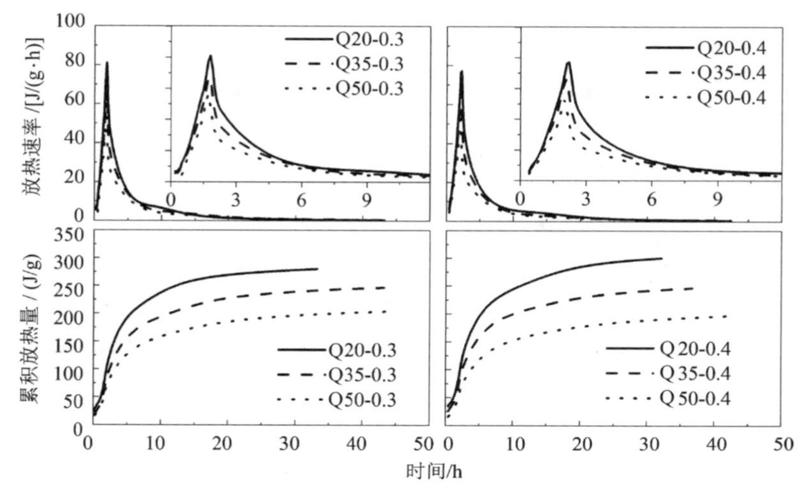

图 6.22　60℃条件下含石英粉的硅酸盐水泥的水化放热曲线

结合 6.1 节推导的含石英粉的硅酸盐水泥的水化动力学模型和 6.2 节的模型拟合方法，对高温条件下硅酸盐水泥-石英粉的水化放热结果进行了模型拟合计算。水灰比为 0.3 和 0.4 的含石英粉 Q3 的硅酸盐水泥浆体在不同温度条件下水化放热模型拟合结果分别如图 6.23 和图 6.24 所示，其中曲线为计算值，符号为实测值。水化放热的实测结果与模型拟合结果吻

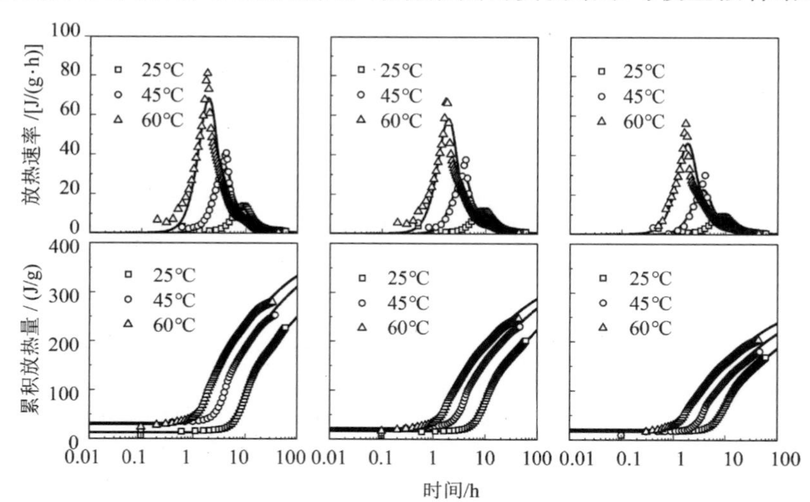

图 6.23　不同温度条件下含石英粉 Q3 的硅酸盐水泥浆体水化放热模型拟合结果($W/C=0.3$)

曲线为计算值，符号为实测值

合良好。从图 6.23 和图 6.24 中可以明显看到，与纯硅酸盐水泥水化类似，随养护温度的提高，含石英粉的水泥水化提前，诱导期缩短，主放热峰提前，主放热峰对应的累积放热量增大。

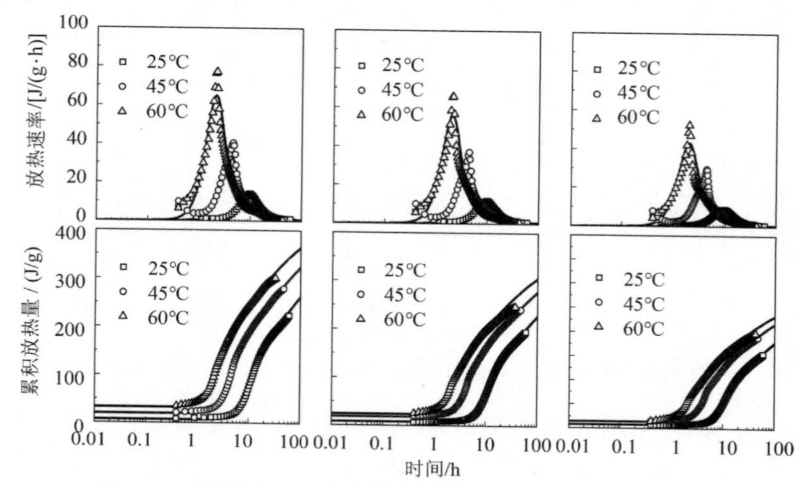

图 6.24　不同温度条件下含石英粉 Q3 的硅酸盐水泥浆体的水化放热模型拟合结果（$W/C=0.4$）

曲线为计算值，符号为实测值

不同温度条件下含石英粉 Q3 的硅酸盐水泥的水化动力学参数如图 6.25 所示。水化产物生长速率常数、成核速率常数和扩散速率常数均随温度的

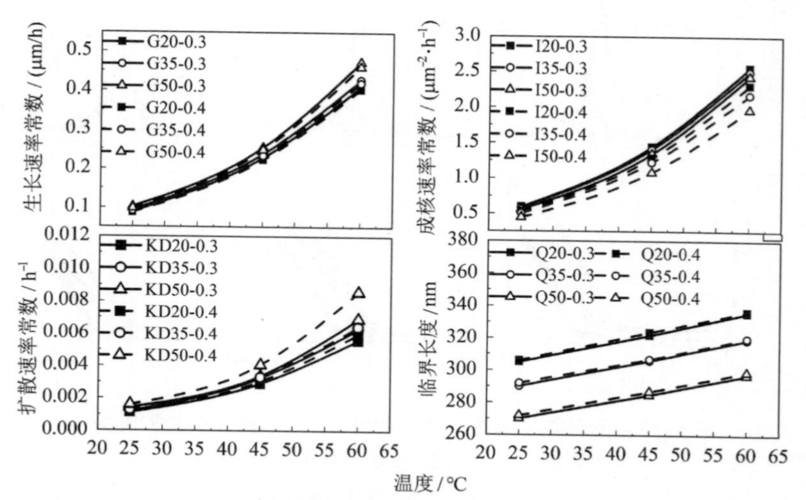

图 6.25　不同温度条件下含石英粉 Q3 的硅酸盐水泥水化动力学模型参数

曲线为计算值，符号为实测值

增加而增大。基于 Arrhenius 公式计算了含石英粉的硅酸盐水泥水化动力学参数活化能，Arrhenius 公式拟合结果如图 6.26 所示。含石英粉的硅酸盐水泥水化反应活化能与纯硅酸盐水泥的水化反应活化能相近，成核活化能为 34～35 kJ/mol，而生长活化能约 36 kJ/mol。由于扩散速率常数采用反算法获得，尽管含石英粉的硅酸盐水泥水化扩散活化能低于纯硅酸盐水泥体系，但并不影响其整体动力学计算过程。

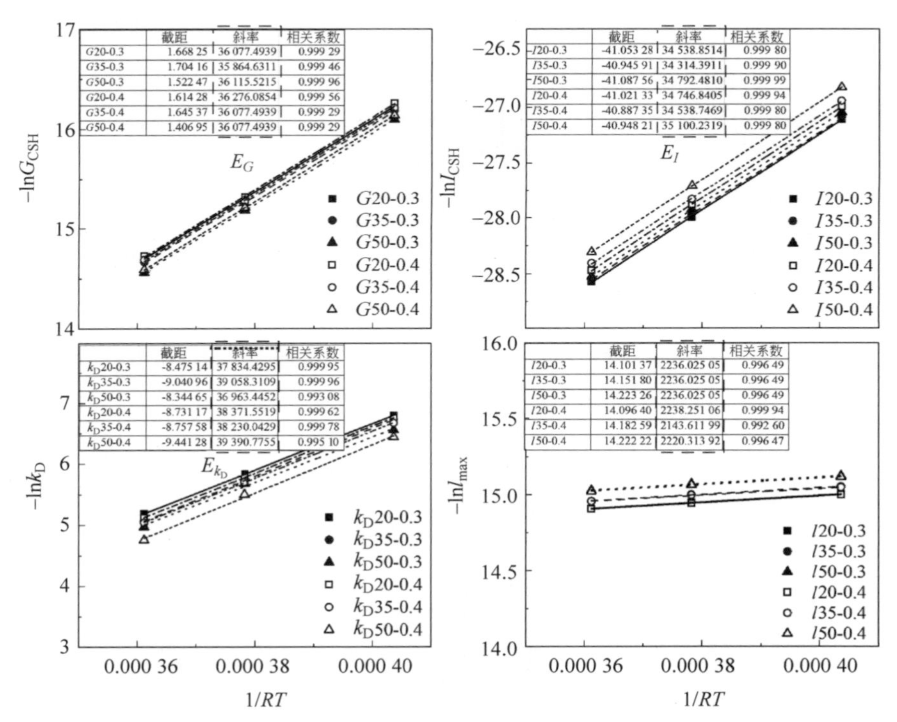

图 6.26　含石英粉 Q3 的硅酸盐水泥水化反应活化能

曲线为计算值，符号为实测值

6.4.2　硬化浆体物相组成计算分析

按照 5.3.3.1 节硅酸盐水泥浆体物相含量的计算原则，结合 6.4.1 节高温条件下硅酸盐水泥水化动力学计算结果，给出了含石英粉的硅酸盐水泥浆体在 45℃ 和 60℃ 条件下的物相组成，分别如图 6.27 和图 6.28 所示。与常温条件下含石英粉的水泥浆体物相组成相比，高温条件下水泥浆体的物相组成在更早的龄期就达到了最终状态。

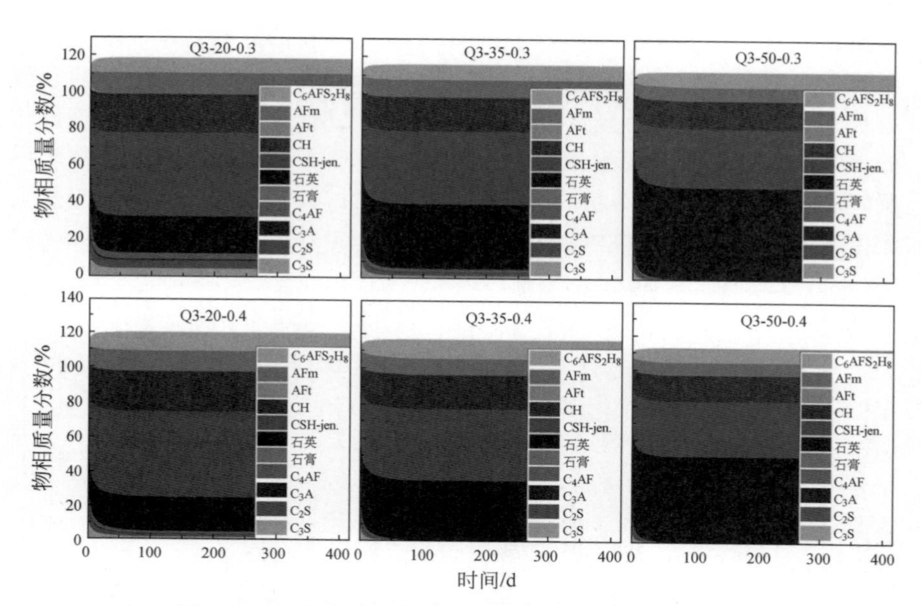

图 6.27　45℃条件下含石英粉 Q3 的硅酸盐水泥浆体的物相组成随时间的变化情况

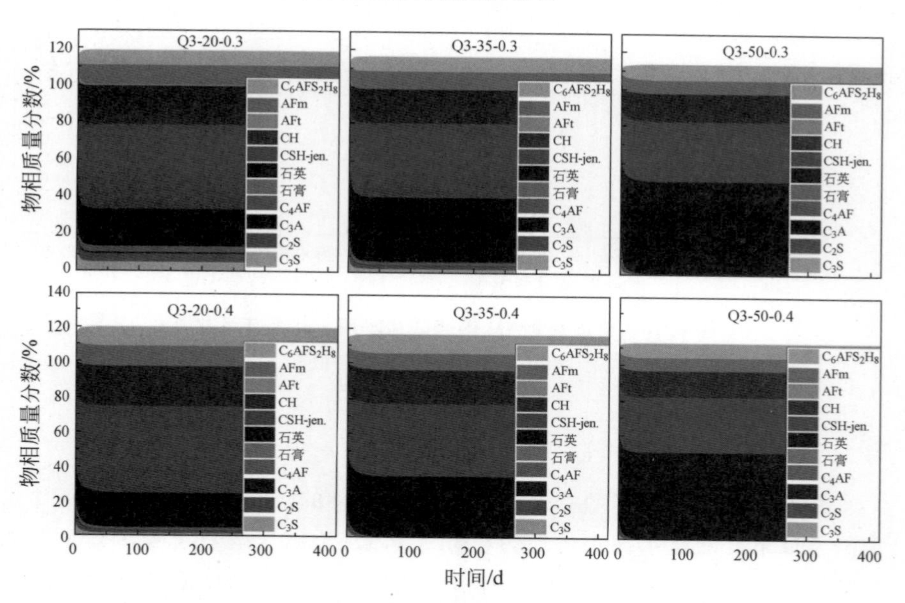

图 6.28　60℃条件下含石英粉 Q3 的硅酸盐水泥浆体的物相组成随时间的变化情况

6.5　本章小结

本章的主要工作是建立了含惰性掺合料的硅酸盐水泥水化动力学模型。具体工作和创新点如下。

(1) 惰性掺合料对硅酸盐水泥水化的作用机理：对水泥的稀释效应(增大实际水灰比)；对水泥的加速溶解作用(增大水泥溶解速率，提高水化产物成核和生长速率)；对水化产物的成核作用(提供额外的成核位点)。

(2) 水化产物成核速率常数和生长速率常数取值方程中采用实际水灰比替代水胶比来体现石英对水泥含量的稀释效应；引入成核速率促进因子 I_{ratio}(大于 1)和生长速率促进因子 G_{ratio}(大于 1)来体现石英掺入后对水泥溶解和水化产物沉淀的促进效果；模型推导过程中需要计算浆体中总成核面积，在含石英粉的水泥浆体水化建模过程中总成核面积按照水泥比表面积和石英粉比表面积的加权和计算，以此体现石英粉对水化产物的成核作用。

(3) 通过不同细度和掺量的石英粉实验结果和动力学模型的拟合确定了石英粉对硅酸盐水泥水化的影响参数：成核速率促进因子 I_{ratio}(1.0～1.3)、生长速率促进因子 G_{ratio}(1.0～1.4)和石英成核比表面积折扣系数 Eff_{ratio}(0～1)，并建立影响参数与总比表面积之间的函数关系，给出影响参数的取值方法。随着体系内总比表面积的增加(增加石英掺量或增大石英比表面积)，成核速率促进因子 I_{ratio}、生长速率促进因子 G_{ratio} 和实际成核面积均逐渐增大，但增大速率越来越小，最终达到各自的最大值后保持不变。这说明石英粉对水泥水化的加速溶解作用和成核作用并非始终随着石英掺量和细度的增加而持续增大，当体系内的总比表面积达到纯硅酸盐水泥比表面积的 3 倍左右时，成核作用达到极限，而当总比表面积达到纯硅酸盐水泥比表面积的 4～5 倍时，石英对硅酸盐水泥的加速溶解作用也达到极限。

(4) 通过不同温度下含石英粉的硅酸盐水泥水化动力学参数拟合，获得了不同物理化学过程的活化能。水化产物成核过程和生长过程的活化能分别为 34.5 kJ/mol 和 36.0 kJ/mol，与纯硅酸盐水泥水化活化能相差不大。但扩散阶段的活化能约为 38.5 kJ/mol，明显低于纯硅酸盐水泥水化扩散阶段的活化能。

第7章　水泥-矿渣复合胶凝材料水化动力学模型

矿物掺合料在水泥基材料中的化学作用主要指火山灰反应。以矿渣为例，硅酸盐水泥水化产物为复合胶凝材料体系提供了稳定的碱性环境，破坏了矿渣的玻璃体结构，激发了矿渣的反应活性。本章的主要目标是在总结矿渣反应条件和反应机理的基础上提出矿渣自身的反应动力学模型方程，并确定动力学参数取值方法。

7.1　水泥-矿渣复合材料水化动力学模型推导

7.1.1　矿渣反应过程中的基本参数确定

Chen 和 Brouwers[31,65]研究了水泥-矿渣复合体系中水化产物的组成和含量，研究结果表明复合胶凝材料体系的水化产物主要有 CSH、M_5AH_{13}、AFt、CH 和 C_4AH_{13}，其中矿渣的主要反应产物是 CSH、M_5AH_{13}、AFt 和 C_4AH_{13}。矿渣的化学组成已经在表 2.2 中给出，单位质量矿渣中各元素物质的量如表 7.1 所示。本研究选定矿渣反应产物的化学组成如表 7.2 所示。基于矿渣自身化学组成和反应产物的化学组成，根据元素配平原则可以得出矿渣反应产物的具体含量。Si、Mg 和 S 元素分别只存在于矿渣的某一种反应产物中，可以首先确定 $C_{0.83}SH_{1.33}$、M_4AH_{10} 和 AFt 的含量。Al 元素存在于 M_4AH_{10}、AFt 和 C_4AH_{13} 中，而 M_4AH_{10} 和 AFt 的含量已经基于 Mg 和 S 元素确定，根据剩余 Al 元素含量可以确定 C_4AH_{13} 含量。此时，矿渣反应产物中的 Ca 元素总量高于矿渣原材料中的 Ca 元素总量，此差值主要由水泥的水化产物 CH 补充，即矿渣反应消耗 CH。矿渣中不参与反应的物相统一标记为 U。综上，矿渣(S)的反应方程式为

$$100g(S) + 15.76g(CH) + 44.24g(H_2O) \longrightarrow 75.26g(C_{0.83}SH_{1.33}) + 40.72g(C_4AH_{13}) + 30.86g(M_4AH_{10}) + 10.21g(C_6A\bar{S}_3H_{32}) + 2.95g(U) \tag{7-1}$$

表 7.1　矿渣主要化学组成及其含量

氧化物组成	SiO_2	Al_2O_3	CaO	MgO	SO_3
质量分数/%	34.65	15.36	33.94	11.16	1.95
氧化物的摩尔质量/(g/mol)	60	102	56	40	80
氧化物含量/(mol/g)	0.005 775	0.001 506	0.006 061	0.002 79	0.000 243 8

表 7.2　本研究中矿渣的主要反应产物的化学组成

反应产物	$C_{0.83}SH_{1.33}$	C_4AH_{13}	M_4AH_{10}	$C_6AS_3H_{32}$
结晶水含量/(mol/mol)(80%RH)	1.33	13.00	10.00	32.00
结晶水含量/(mol/mol)(100%RH)	2.23	19.00	16.00	32.00
摩尔体积/(cm^3/mol)(80%RH)	59.00	273.37	220.00	705.00
摩尔体积/(cm^3/mol)(100%RH)	75.71	371.33	317.32	705.00

经过元素配平计算可得矿渣火山灰反应消耗的CH含量约0.1575g/g矿渣，而单位质量矿渣的火山灰反应产生的反应产物的体积为$9.86\times10^{-7}m^3/g$矿渣。

7.1.2　水泥矿渣复合材料水化动力学实验数据

25℃、45℃和60℃条件下水泥-矿渣复合胶凝材料以及水泥-石英粉复合胶凝材料的水化放热曲线分别如图7.1、图7.2和图7.3所示。从图中

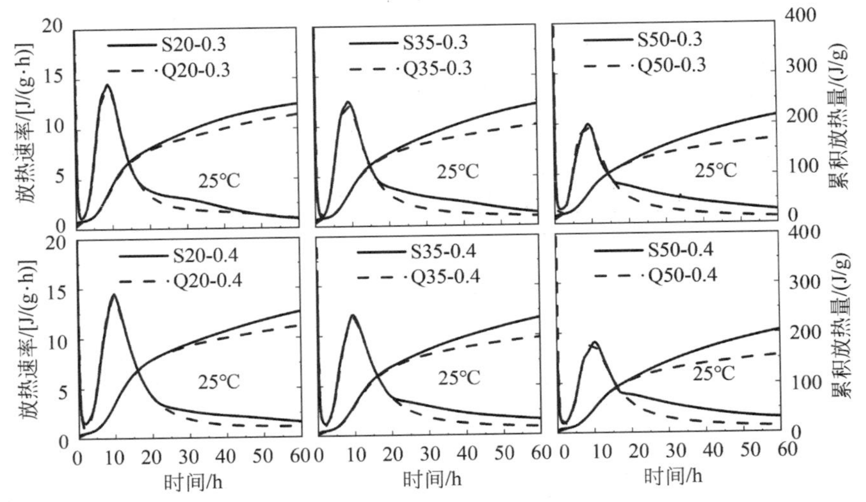

图 7.1　水泥-矿渣和水泥-石英粉复合胶凝材料体系的水化放热曲线(25℃)

可以看到，含矿渣粉的复合胶凝材料体系的早期水化放热曲线与含等量同细度石英粉的复合材料的早期水化放热曲线几乎重合，以上两种体系的水化放热曲线在水化减速期末段才会发生明显偏离。两种体系的水化放热曲线末段的差异主要源于矿渣的火山灰反应，可见矿渣的火山灰反应开始的时间可以非常清晰地通过对比两种体系的水化放热曲线得到。

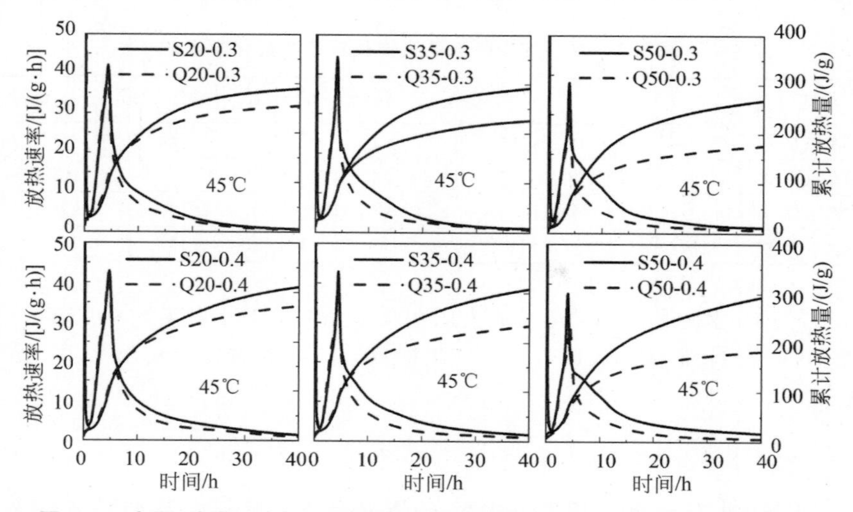

图 7.2 水泥-矿渣和水泥-石英粉复合胶凝材料体系的水化放热曲线（45℃）

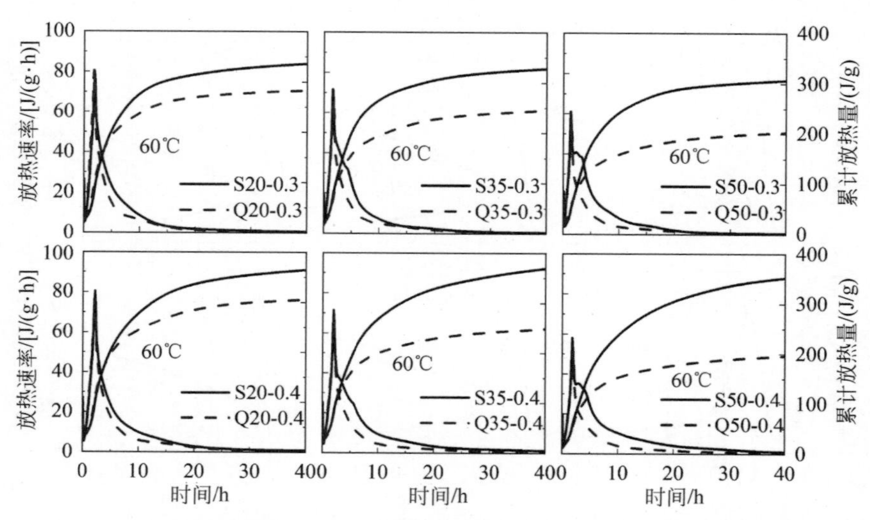

图 7.3 水泥-矿渣和水泥-石英粉复合胶凝材料体系的水化放热曲线（60℃）

7.1.3 矿渣水化动力学的模型推导

7.1.3.1 水化产物成核生长阶段的模型推导

第 3 章给出了晶体边界成核生长模型的两种推导思路：固定成核速率或固定晶核密度，两种思路的区别在于是否存在诱导期。固定成核速率的反应产物成核生长方式需要一段时间的诱导期，以积累足够多稳定存在的晶核，而固定晶核密度的反应产物生长方式是指水化产物只需满足一定条件就开始快速生长。从图 7.4 可以看到，矿渣反应没有诱导期存在，其反应更倾向固定晶核密度的生长方式，固定晶核密度为 N。式(3-12)给出了固定晶核密度的水化产物体积分数计算方法。类比第 5 章硅酸盐水泥的水化动力学推导过程(见式(5-1)～式(5-9))，可以给出矿渣的反应动力学方程。首先假定矿渣开始反应的时间为 t_1。所有晶核在长大到 t 时刻时与 y 高度界面相交圆的实际总面积可以根据式(5-3)得到：

$$A_{\text{trul}}(t,y)=1-\exp\{-\pi N_{\text{SCM}}g[G_{\text{SCM}}^2(t-t_1)^2-y^2]\} \tag{7-2}$$

基于式(5-4)，水化产物在其生长空间内的初步体积分数为

$$V_{\text{extended}}(t)=\int_0^{l_{\max}^{\text{SCM}}}\text{SSA}_{\text{VSCM}}A_{\text{true}}(t,y)\text{d}y \tag{7-3}$$

其中，$l_{\max}^{\text{SCM}}$ 和 SSA_{VSCM} 分别是矿渣水化产物的临界长度和供矿渣水化产物成核生长的表面积，$\text{SSA}_{\text{VSCM}}=f_{\text{SCM}}\text{SSA}_{\text{SCM}}/[V_{\text{water}}-V_{\text{CSH}}(t_1)]$。超过临界长度后，矿渣水化产物法向生长速率的减小比例为 r，则超出局部生长区间的水化产物沉淀速率为

$$dV_{\text{out}}(t)=\text{SSA}_{\text{VSCM}}S_{\max}^{\text{SCM}}(t)G_{\text{SCM}}/r \tag{7-4}$$

$S_{\max}(t)$是 CSH 在临界长度处的面积分数，可以通过式(4-17)计算：

$$\begin{aligned}S_{\max}^{\text{SCM}}(t)&=A_{\text{true}}(t,l_{\max}^{\text{SCM}})\\&=1-\exp\{-\pi N_{\text{SCM}}g[G_{\text{SCM}}^2(t-t_1)^2-l_{\max}^{\text{SCM}2}]\}\end{aligned} \tag{7-5}$$

考虑重叠部分对水化产物体积分数的影响，修正后的水化产物在其生长空间内的体积分数为

$$V_{\text{trul}}(t)=1-\exp\left(-V_{\text{extended}}(t)-\int_{t_1}^{t}dV_{\text{out}}(\tau)\text{d}\tau\right) \tag{7-6}$$

类比式(5-9)可以得到矿渣的反应速率为

$$\frac{\text{d}\alpha_{\text{SCM}}(t)}{\text{d}t}=\frac{V_{\text{water}}-V_{\text{CSH}}(t_1)}{f_{\text{SCM}}V_{\text{mSCM}}^{\text{product}}}\frac{\text{d}\{1-\exp[\text{SSA}_{\text{VSCM}}(-A-B)]\}}{\text{d}t} \tag{7-7}$$

$$A=\int_{0}^{l_{\max}}(1-\mathrm{e}^{-\pi N_{\mathrm{SCM}}g[G_{\mathrm{SCM}}^{2}(t-t_{1})^{2}-y^{2}]})\mathrm{d}y \tag{7-7a}$$

$$B=\int_{0}^{t}(1-\mathrm{e}^{-\pi N_{\mathrm{SCM}}g[G_{\mathrm{SCM}}^{2}(t-t_{1})^{2}-l_{\max}^{\mathrm{SCM2}}]})\frac{G_{\mathrm{SCM}}}{r}\mathrm{d}\tau \tag{7-7b}$$

其中，$V_{\mathrm{mSCM}}^{\mathrm{product}}$ 是单位质量矿渣完全反应产生的水化产物体积。

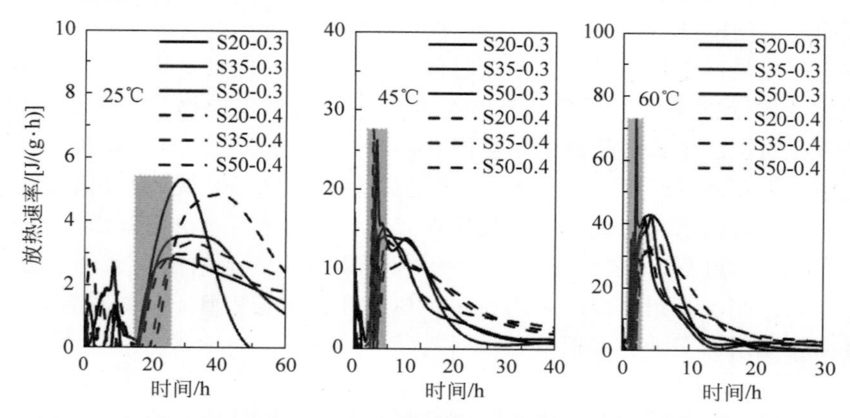

图 7.4 不同温度下水泥-矿渣复合材料中矿渣的反应放热速率（见文前彩图）

矿渣水化产物成核生长阶段的动力学方程中需要考虑矿渣开始反应的时间 t_1。正如矿渣反应动力学模型的基本假设所言，当矿渣所处环境满足一定条件时，矿渣的反应产物即刻以固定的晶核密度开始生长。图 7.1～图 7.3 给出了矿渣开始反应的时间，为了确定矿渣开始反应时所需满足的客观条件，本书统计了图 7.1～图 7.3 中矿渣开始反应时的各个参数，包括水泥的反应程度和水化产物体积等，发现当矿渣开始反应时，水泥的水化程度几乎为常数（35.5%），如图 7.5 所示。因此，矿渣的反应建模以水泥的反应程度是否达到一定值为矿渣开始反应与否的判断依据。水泥-矿渣复合胶凝材料体系中矿渣的反应需要碱性环境的激发，而当水泥水化产生 CH 时，随着水泥水化程度的提高，体系中的碱性逐渐增强，因此，以水泥水化程度作为判断依据是合理的。

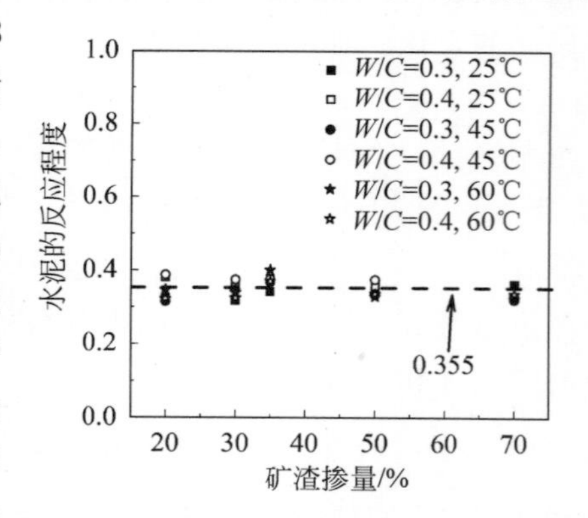

图 7.5 不同配比和不同环境下水泥-矿渣复合材料体系中矿渣开始反应时水泥的水化程度

7.1.3.2 扩散控制阶段动力学模型推导

5.1.2节给出了详细的水泥水化扩散阶段的动力学方程推导过程，矿渣反应的扩散控制阶段与水泥水化的扩散控制阶段类似，矿渣反应扩散控制阶段的动力学方程仍然按照水泥水化扩散阶段的动力学方程表征

$$\frac{d\alpha_{SCM}}{dt}=k_{D}^{SCM}\left(\frac{\alpha_{u,SCM}}{\alpha_{SCM}}-1\right)^{3/2}\frac{(1-\alpha_{SCM})^{2/3}}{1-(1-\alpha_{SCM})^{1/3}} \tag{7-8}$$

其中，$\alpha_{u,SCM}$是矿渣的极限反应程度。Lumley等[204]研究了两年龄期内，五种不同的水泥分别与八种矿渣组成的复合胶凝材料体系内矿渣的反应程度，发现矿渣最终的反应程度和矿渣的比表面积、掺量、化学组分以及水胶比相关：$\alpha_{u,SCM}\propto(W/B)^{a}$，$\alpha_{u,SCM}\propto \text{Blaine}^{b}$，$\alpha_{u,SCM}\propto(1/f_{SCM})^{c}$，$\alpha_{u,SCM}\propto\beta^{d}$。其中$a$、$b$、$c$、$d$为常系数；$\beta$是矿渣的活性指数，与矿渣的化学组成相关，本书按照表1.1中国际公认的活性指数计算公式K_3计算，即$\beta=(CaO+MgO+Al_2O_3)/SiO_2$。

Luzio和Cusatis[205]曾提出水泥-硅灰复合材料体系中硅灰的极限反应程度与含量和水灰比之间的关系，本书借鉴Luzio方程的形式，进一步考虑矿渣比表面积和活性指数的影响，提出矿渣极限反应程度的计算方程如下：

$$\alpha_{u,SCM}=\left(\frac{\text{Blain}}{1000}\right)^{1.1}\beta\left\{\min\left[1,\frac{\min\left(0.3,0.375\frac{W}{B}\right)}{f_{SCM}}\right]\right\}^{0.3} \tag{7-9}$$

高温会促进矿渣玻璃体结构的分解，提高矿渣的火山灰反应活性，本书采用式(7-10)表征温度对矿渣极限反应程度的影响。文献中不同矿渣化学组成、细度、掺量、水灰比和温度对矿渣极限反应程度影响的公式拟合结果如图7.6所示。

$$\alpha_{u,SCM}^{T}=\alpha_{u,SCM}^{25}\exp\left[\frac{9000}{8.314}\times\left(\frac{1}{273+25}-\frac{1}{273+T}\right)\right] \tag{7-10}$$

Wang等[72-76]研究表明，每克矿渣的火山灰反应共消耗自由水约0.45 g（包括化学结合水和凝胶水），在计算含矿渣的复合胶凝材料中硅酸盐水泥的极限反应程度时需要考虑矿渣反应与水泥水化之间的水分竞争关系。因此水泥极限反应程度的计算需要考虑剩余自由水含量是否足够。单位质量胶凝材料中排除矿渣反应消耗的自由水之后，剩余水含量$W_R=(W/B)-0.45\alpha_{u,SCM}^{T}f_{SCM}$，水泥的极限反应程度计算公式（见式(5-17)）按照实际剩余水灰比计算。若水泥的极限反应程度α_u大于$W_R/0.42$，则含矿渣的复合胶凝材料体系中水泥的极限反应程度按$W_R/0.42$取值。

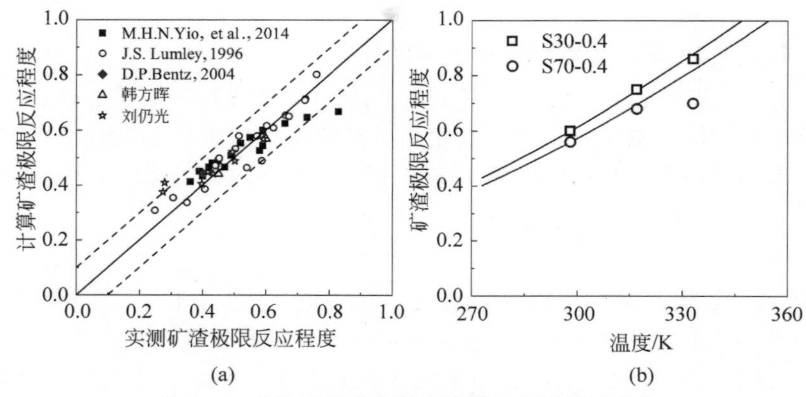

图 7.6　矿渣极限反应程度计算与实测结果对比

虚线为计算值,符号为实测值

7.2　水泥-矿渣复合材料水化动力学模型拟合方法与过程

水泥-矿渣复合胶凝材料水化动力学模型的求解过程同样需要对模型方程进行离散化处理,硅酸盐水泥水化反应的离散过程详见附录 B.1,而矿渣火山灰反应动力学方程的离散化过程详见附录 C.1。水泥-矿渣复合胶凝材料水化动力学模型整体的求解框架详见附录 C.2。与纯 C_3S 的水化动力学模型和硅酸盐水泥水化动力学模型拟合过程一致,采用遗传算法自动获取最佳拟合参数,目标函数如式(4-32)所示,遗传算法参数设置:种群密度取 160,最大迭代数为 40,个体染色体长度为 80,比例选择因子为 0.5,交叉概率为 0.7,变异概率为 0.01。遗传算法框架已经在附录 A 中给出。

7.3　常温条件下水泥-矿渣复合材料水化动力学模型拟合计算

7.3.1　水泥-矿渣复合材料水化动力学模型拟合结果

根据 7.1 节水泥-矿渣复合胶凝材料体系的动力学模型和 7.2 节动力学模型的拟合方法,常温条件下水泥-矿渣复合胶凝材料早期水化放热速率和累积放热量的动力学模型拟合结果分别如图 7.7 和图 7.8 所示。从图中可以看到实测水化放热数据与动力学模型计算结果吻合良好。水泥和矿渣长龄期反应程度实测和模型计算结果如图 7.9 和图 7.10 所示。水泥-矿渣复合胶凝材料体系中硅酸盐水泥部分的水化动力学参数已经在第6章进行了详细分析，而矿渣的反应动力学参数如表7.3和图7.11所示。随着矿渣掺量的增加，矿渣反应产物的初始晶核密度和晶核生长速率逐渐减小。

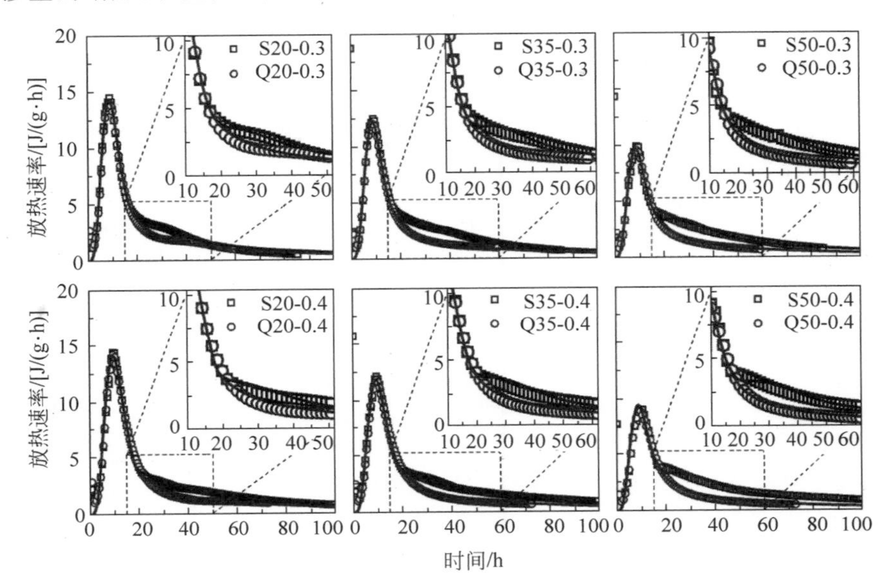

图7.7　常温条件下水泥-矿渣复合胶凝材料早期水化放热速率模型拟合结果

曲线为计算值，符号为实测值

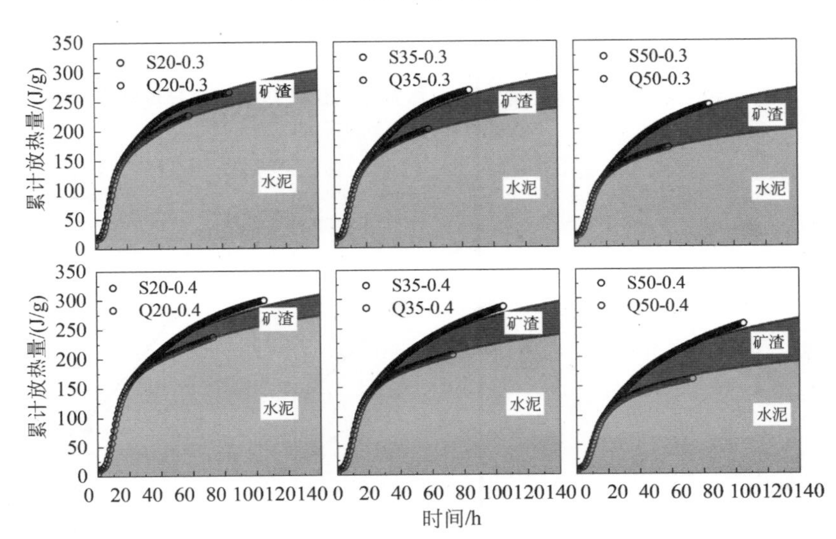

图7.8　常温条件下水泥-矿渣复合胶凝材料累积水化放热量模型拟合结果

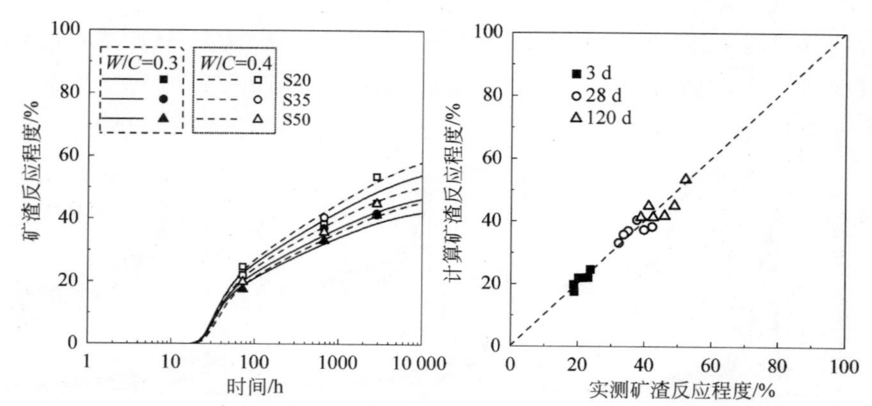

图 7.9　水泥-矿渣复合胶凝材料体系中矿渣长龄期反应程度拟合结果

曲线为计算值，符号为实测值

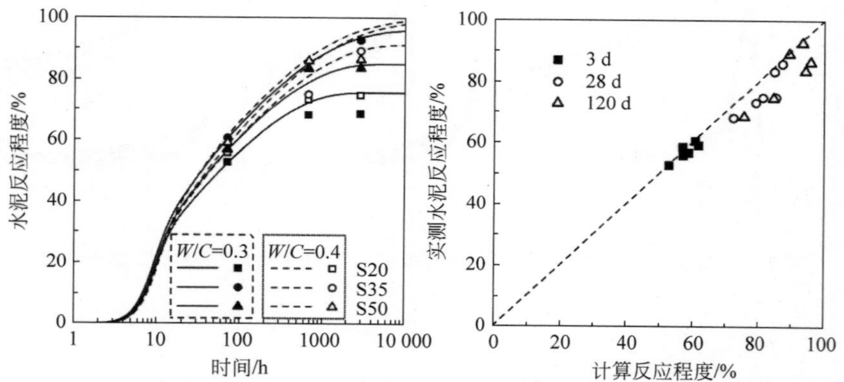

图 7.10　水泥-矿渣复合胶凝材料体系中水泥长龄期反应程度拟合结果

曲线为计算值，符号为实测值

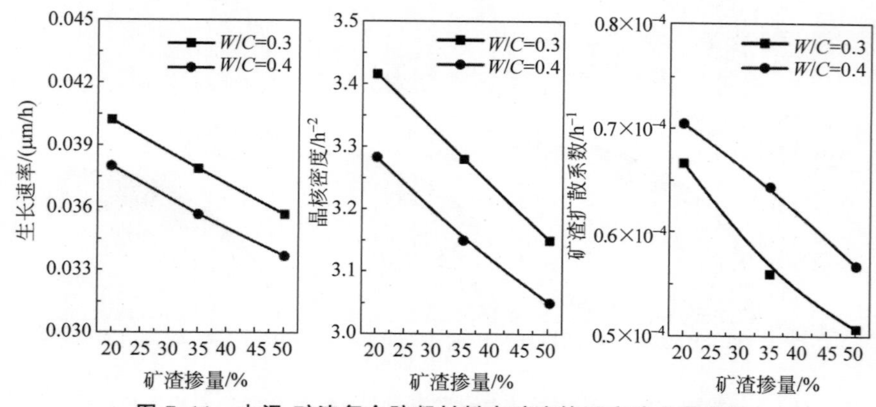

图 7.11　水泥-矿渣复合胶凝材料中矿渣的反应动力学参数

表 7.3　水泥-矿渣复合胶凝材料体系中矿渣的反应动力学参数

水灰比	矿渣掺量 /%	产物晶核密度 /μm^{-2}	产物生长速率 /(μm/h)	扩散速率常数 /($10^{-4}h^{-1}$)
0.3	20	3.42	0.0402	0.666
	35	3.28	0.0379	0.560
	50	3.15	0.0357	0.507
0.4	20	3.28	0.0380	0.704
	35	3.15	0.0357	0.644
	50	3.05	0.0337	0.568

7.3.2　硬化浆体物相组成计算分析

7.3.2.1　物相定量计算

根据 5.3.3.1 节硅酸盐水泥水化扩散阶段四个熟料矿物反应速率的分配原则，结合水泥-矿渣复合胶凝材料体系中硅酸盐水泥和矿渣各自的反应程度以及各自的反应方程，硅酸盐水泥：式(1-1)～式(1-6)；矿渣：式(7-1)，可以计算得到水泥-矿渣复合胶凝材料体系不同时间的物相含量组成。常温条件下水泥-矿渣复合胶凝材料物相组成随时间的变化如图 7.12 所示。与纯硅酸盐水泥体系相比，含矿渣的复合胶凝材料硬化浆体中含有 $C_{0.83}SH_{1.33}$、M_4AH_{10} 和 C_4AH_{13} 等反应产物，此外含矿渣的胶凝材料硬化浆体中 AFt 含量比含同质量石英粉的硬化浆体高。

7.3.2.2　化学结合水量

结合表 5.4 中给出的胶凝材料硬化浆体中不同物相的化学结合水量和本节计算的水泥-矿渣复合胶凝材料浆体的各物相含量随时间的变化，可以得到复合胶凝材料浆体的化学结合水量。化学结合水量的实测结果和计算结果如图 7.13 所示，化学结合水量实测结果和计算结果的对比如图 7.14 所示，从图中可以看到化学结合水量计算值与实测值较为接近。含石英粉的硬化浆体的化学结合水量随石英掺量的增加而明显减少，但含不同掺量矿渣粉的硬化浆体化学结合水量差异较小，且这种差异随着龄期的延长逐渐减小，这主要归因于矿渣的火山灰反应。

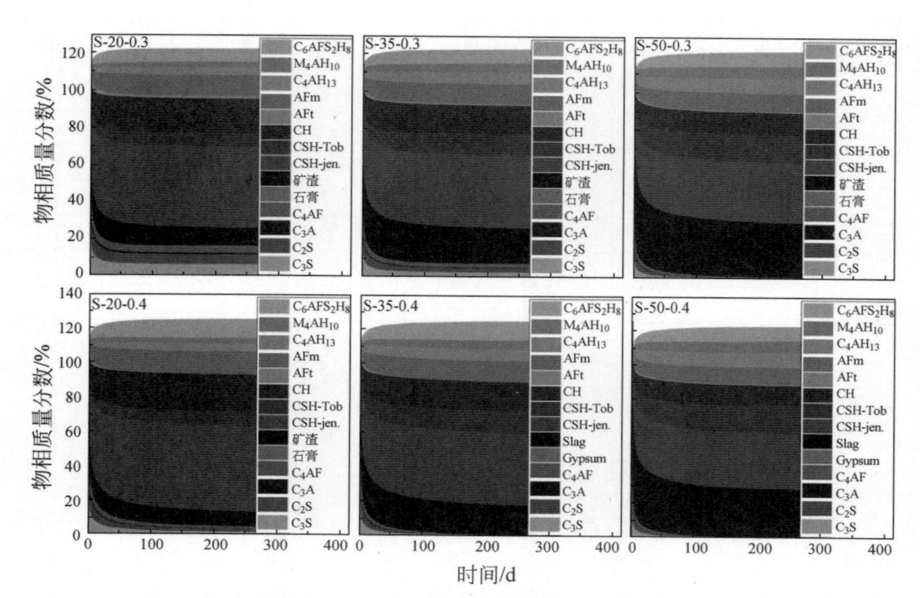

图 7.12　常温条件下水泥-矿渣复合胶凝材料浆体的物相组成随时间的变化情况

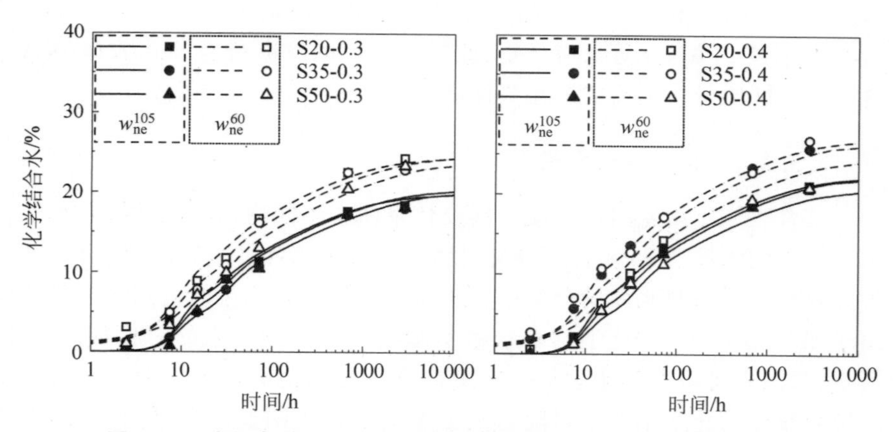

图 7.13　常温条件下水泥-矿渣复合胶凝材料浆体的化学结合水量

曲线为计算值,符号为实测值

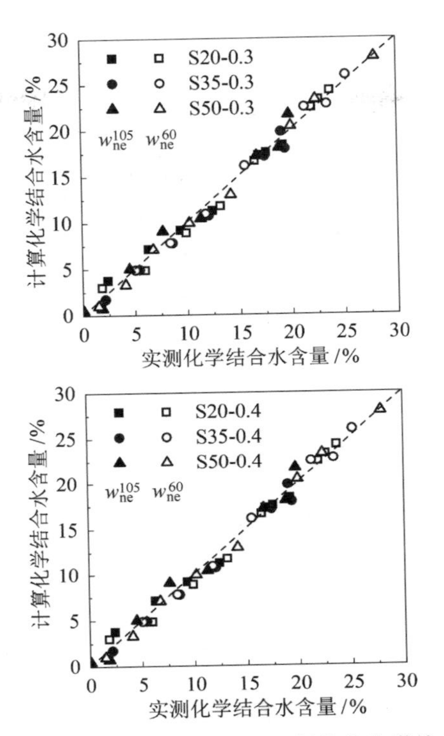

图 7.14　常温条件下水泥-矿渣复合胶凝材料浆体化学结合水量计算值与实测值对比

曲线为计算值，符号为实测值

7.3.2.3　XRD 定量分析

常温条件下含 35% 矿渣的复合胶凝材料的水化初期 XRD 结果如图 7.15 所示，常温条件下水泥-矿渣复合胶凝材料水化后期的 XRD 结果如图 7.16 和图 7.17 所示。通过对上述 XRD 结果的全谱拟合分析，得到了不同龄期复合胶凝材料浆体中熟料矿物的具体含量，测试结果和模型计算结果如图 7.18 所示。

7.3.2.4　热重分析

常温条件下水泥-矿渣复合胶凝材料浆体短龄期和长龄期的热重曲线如图 7.19 所示，CH 在 2.5～5 h 产生并逐渐增多。基于 2.2.5 节的热重分析方法，可以得到水泥-矿渣复合胶凝材料浆体在不同龄期的 CH 含量，如图 7.20 所示，图中虚线为含石英粉的硬化浆体 CH 含量模型计算结果。

图 7.21 给出了复合胶凝材料浆体中 CH 含量的实测结果与模型计算结果的对比分析，CH 含量实测值与计算值之间差异较小。不同于纯硅酸盐水泥硬化浆体和含石英粉的水泥硬化浆体，含矿渣的胶凝材料硬化浆体中的 CH 含量在后期有下降趋势。此外，对比含石英粉和含矿渣粉的胶凝材料硬化浆体中的 CH 含量可以发现，含矿渣粉复合胶凝材料硬化浆体中的 CH 含量在水化 20 h 后明显低于含石英粉硬化浆体。因此，矿渣后期火山灰反应对 CH 的消耗较为明显。水泥-矿渣复合胶凝材料水化动力学建模过程已经给出了矿渣的反应方程，通过分析矿渣化学组成和火山灰反应产物的组成发现，每克矿渣的火山灰反应需要消耗约 0.16 g CH。

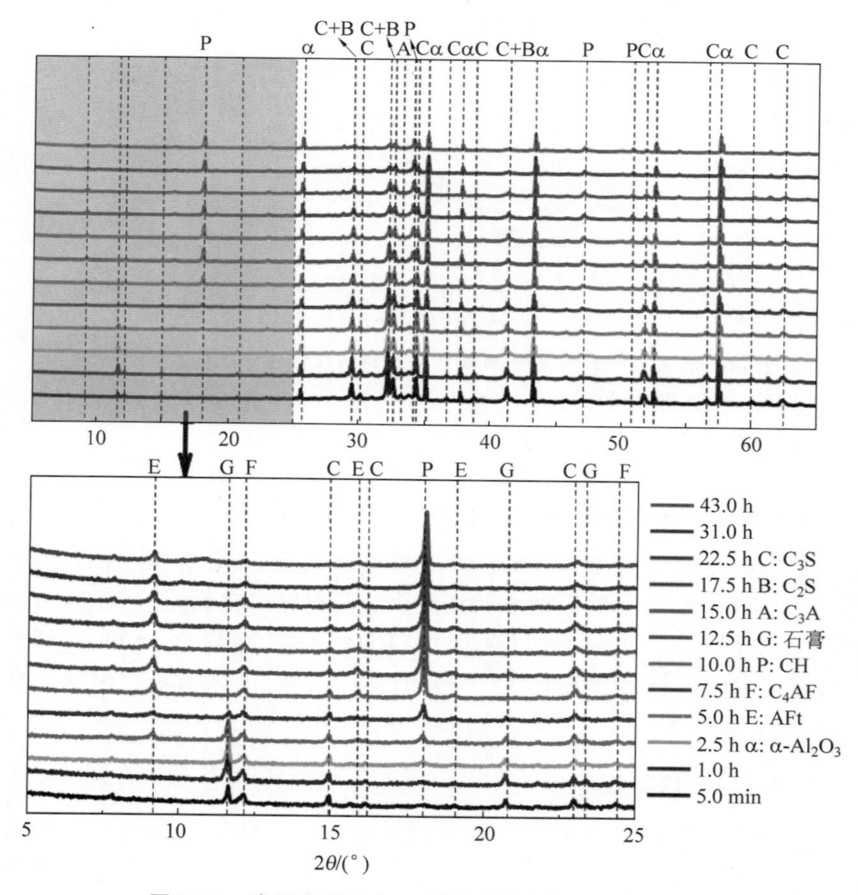

图 7.15　常温条件下含 35%矿渣的复合胶凝材料水化初期 XRD 结果（$W/C=0.4$）

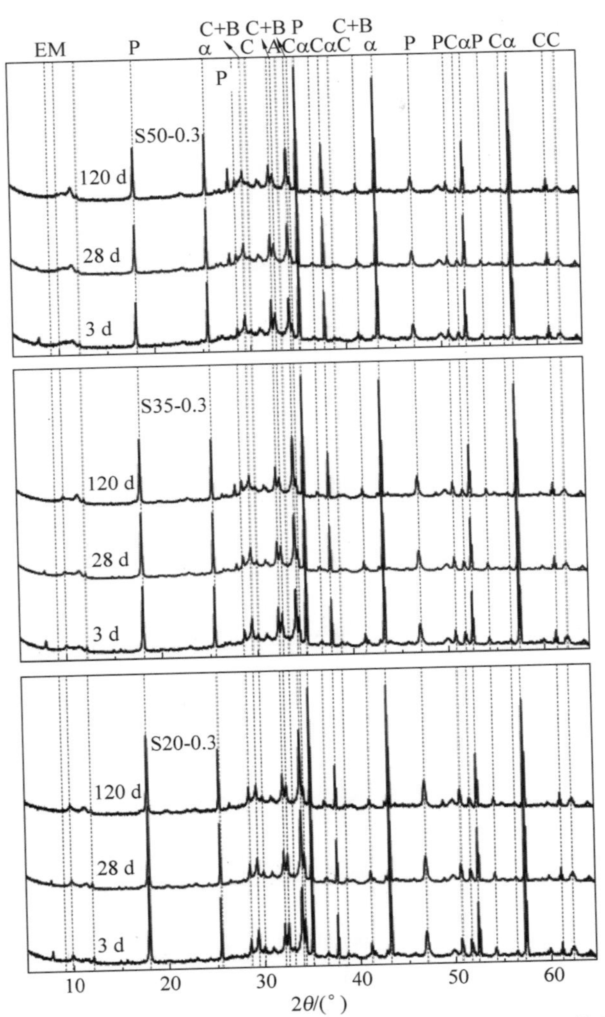

C: C_2S; B: C_2S; A: C_3A; P: CH; F: C_4AF; E: AFt; M: AFm; α: α-Al_2O_3

图 7.16　常温条件下水泥-矿渣复合胶凝材料长龄期 XRD 结果($W/C=0.3$)

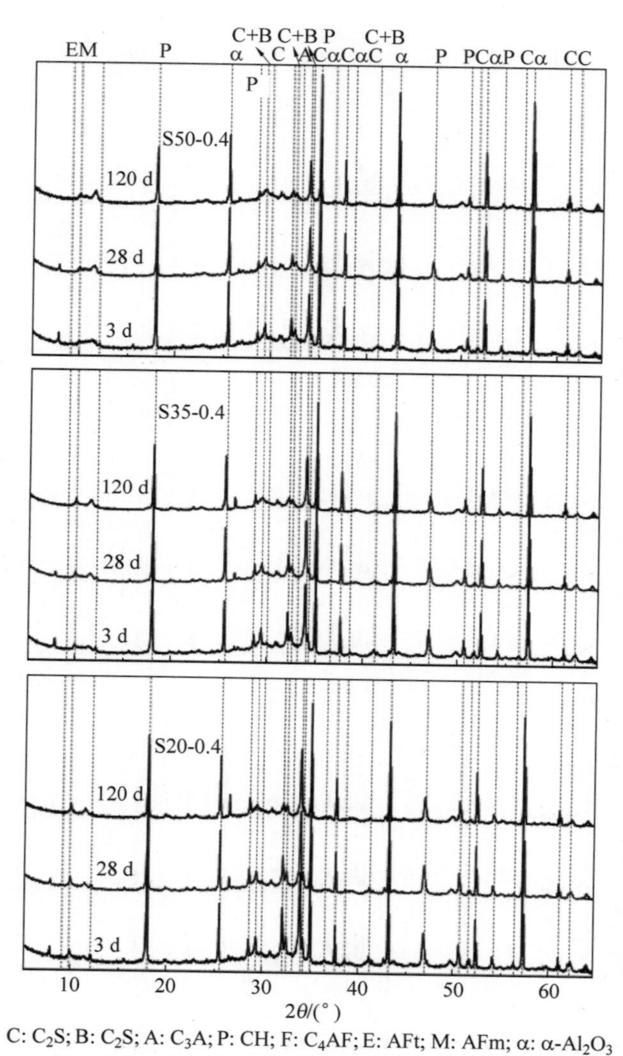

C: C_2S; B: C_2S; A: C_3A; P: CH; F: C_4AF; E: AFt; M: AFm; α: α-Al_2O_3

图 7.17 常温条件下水泥-矿渣复合胶凝材料长龄期 XRD 结果($W/C=0.4$)

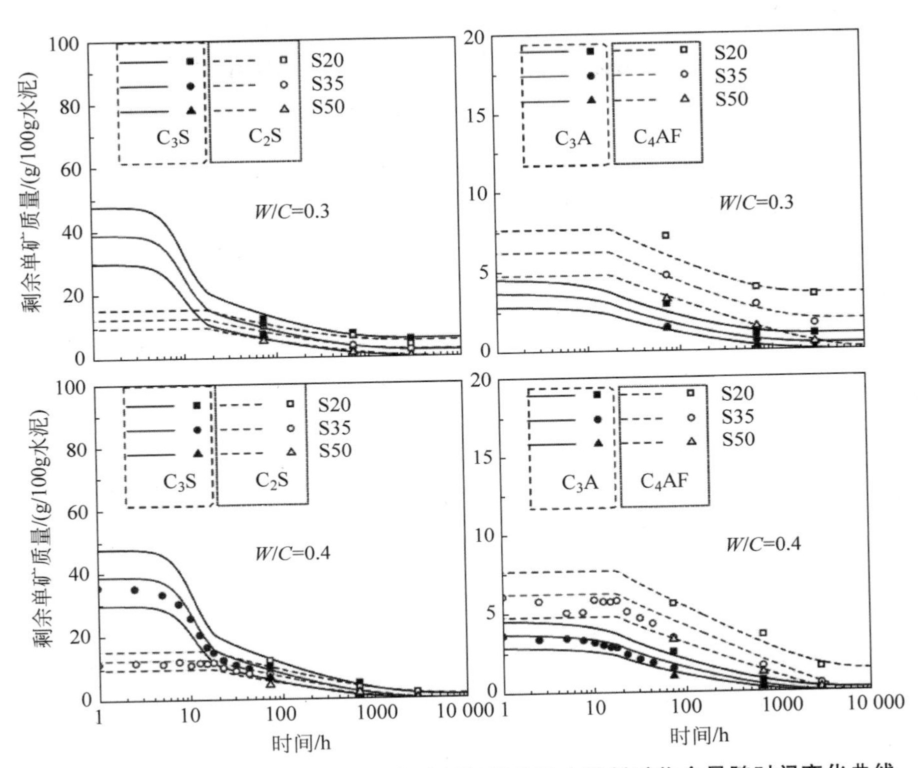

图 7.18　常温条件下水泥-矿渣复合胶凝材料体系中熟料矿物含量随时间变化曲线

曲线为计算值，符号为实测值

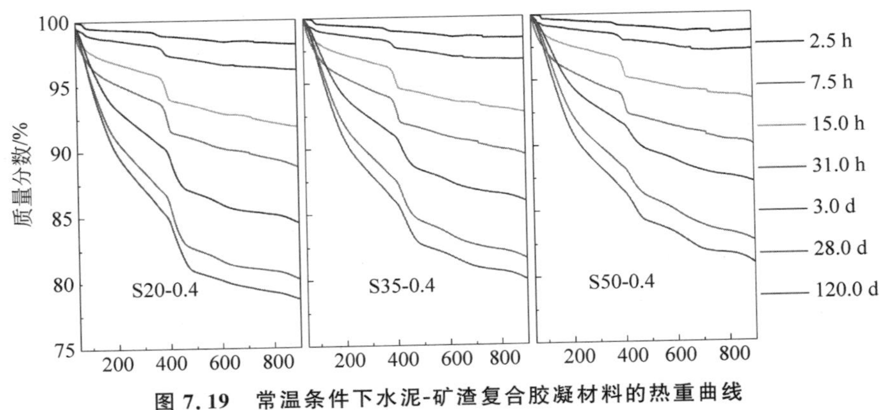

图 7.19　常温条件下水泥-矿渣复合胶凝材料的热重曲线

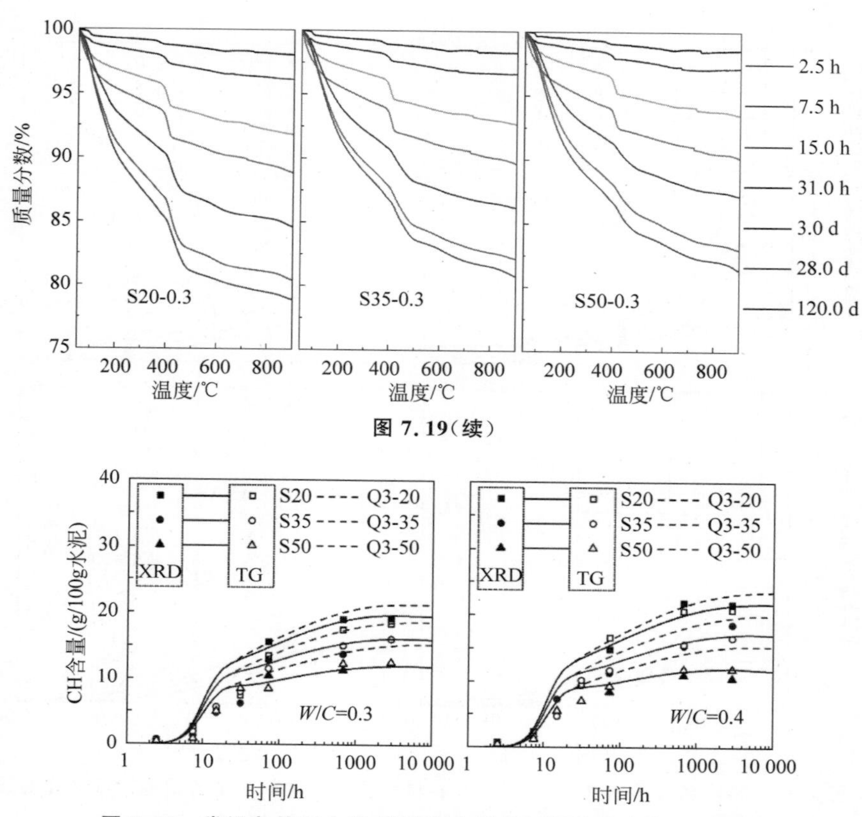

图 7.19(续)

图 7.20 常温条件下水泥-矿渣复合胶凝材料浆体中的 CH 含量

曲线为计算值,符号为实测值

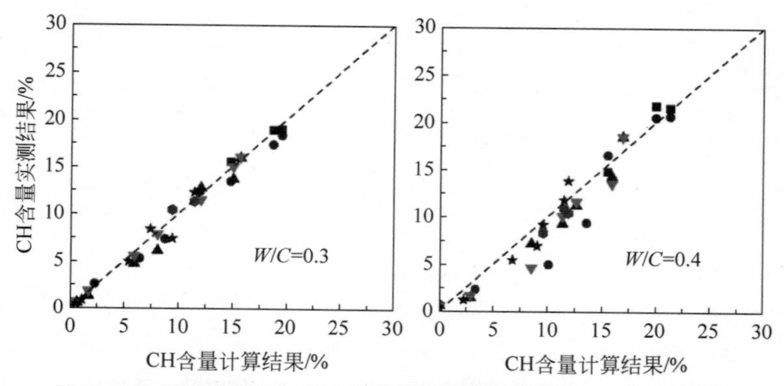

图 7.21 常温条件下水泥-矿渣复合胶凝材料浆体中的 CH 含量实测结果与计算结果对比

虚线为计算值,符号为实测值

7.4　高温条件下水泥-矿渣复合材料水化动力学模型拟合计算

7.4.1　水泥-矿渣复合材料水化动力学模型拟合结果

45℃和 60℃条件下水泥-矿渣复合胶凝材料水化放热速率曲线和累计放热量曲线的动力学模型拟合结果分别如图 7.22～图 7.25 所示，实测结果与模型计算结果吻合良好。从图 7.24 和图 7.25 的累积放热总量曲线中可以看到，模型计算结果可以清晰地区分水泥-矿渣复合胶凝材料浆体中水泥水化和矿渣火山灰反应对累积放热量的贡献。

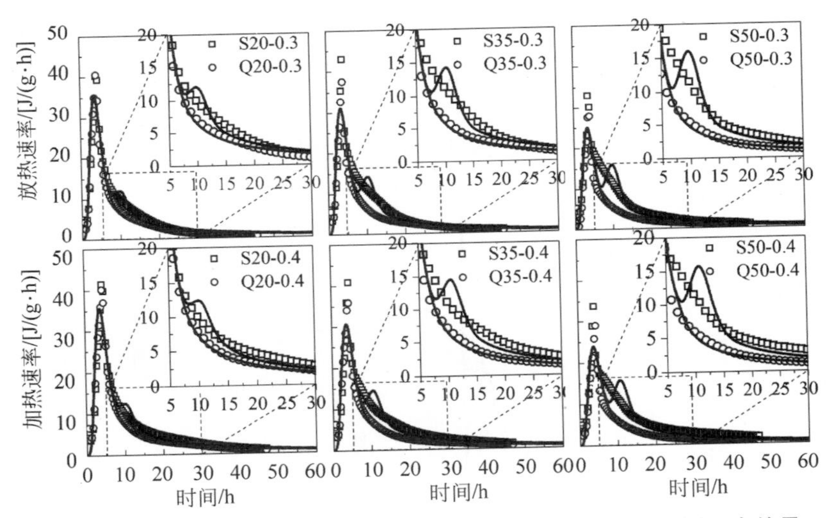

图 7.22　45℃水泥-矿渣复合胶凝材料水化放热速率动力学模型拟合结果

曲线为计算值，符号为实测值

高温条件下水泥-矿渣复合胶凝材料浆体后期的水泥和矿渣反应程度实测结果和模型计算结果分别如图 7.26 和图 7.27 所示。随着反应温度提高，矿渣各个龄期的反应程度均增大。但是由于高温激发了矿渣的火山灰活性，矿渣反应与硅酸盐水泥之间存在水分和产物生长空间之间的竞争关系，提高温度后低水灰比（水分和空间均较为稀缺）条件下的水泥后期反应程度略有降低。

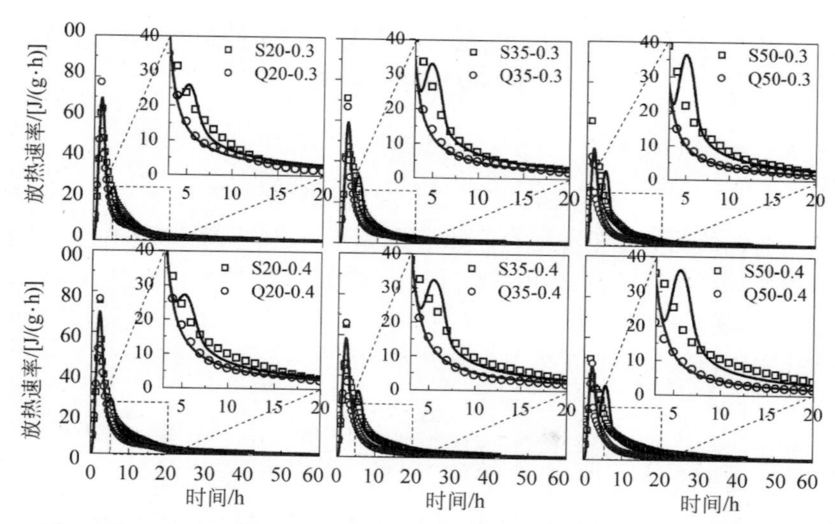

图 7.23 60℃水泥-矿渣复合胶凝材料水化放热速率动力学模型拟合结果

曲线为计算值，符号为实测值

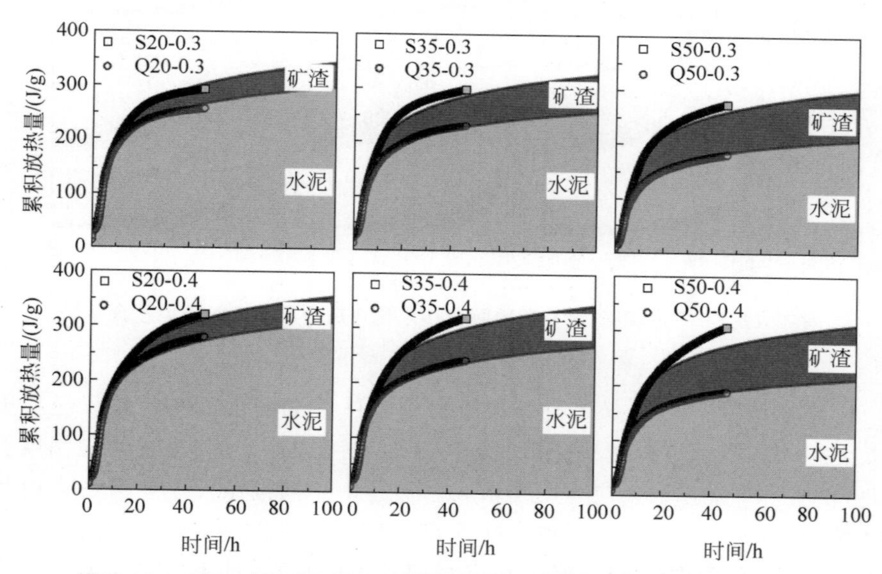

图 7.24 45℃水泥-矿渣复合胶凝材料累积放热量动力学模型拟合结果

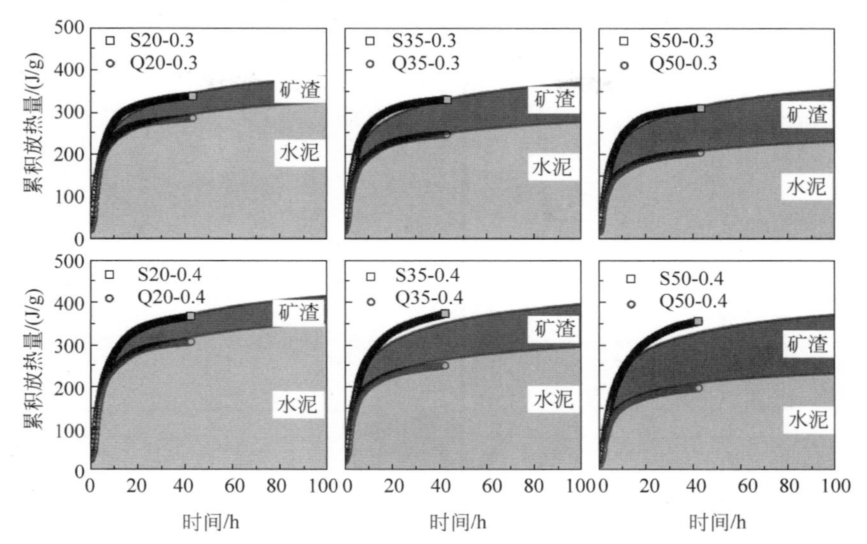

图 7.25　60℃水泥-矿渣复合胶凝材料累积放热量动力学模型拟合结果

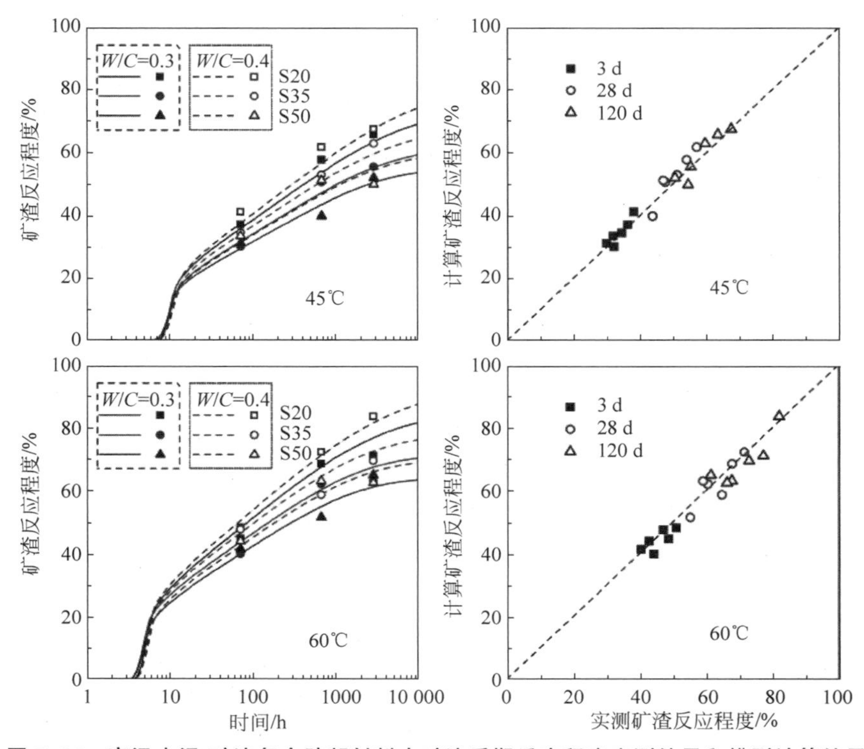

图 7.26　高温水泥-矿渣复合胶凝材料中矿渣后期反应程度实测结果和模型计算结果

曲线为计算值，符号为实测值

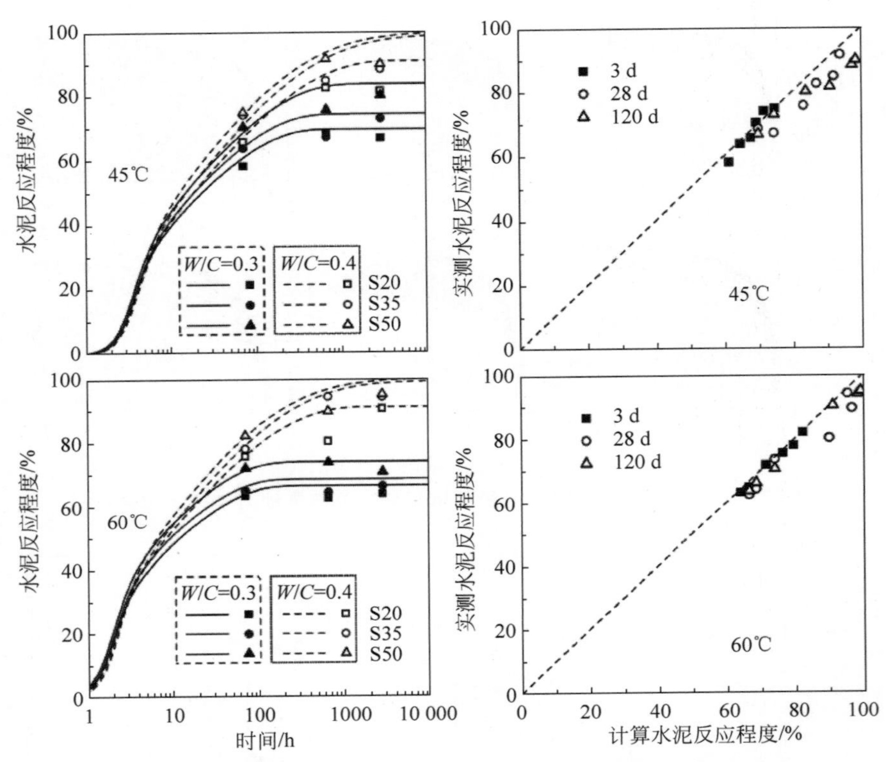

图 7.27　高温水泥-矿渣复合胶凝材料中水泥后期反应程度实测结果和模型计算结果

曲线为计算值，符号为实测值

高温条件下矿渣的火山灰反应动力学参数如图 7.28 和表 7.4 所示，矿渣的火山灰反应的不同物理化学过程的动力学参数均随温度的升高而增大。根据 Arrhenius 公式可以拟合得到矿渣火山灰反应的不同物理化学过程参数的活化能，拟合结果如图 7.29 所示。矿渣火山灰反应的活化能明显高于硅酸盐水泥水化过程的活化能，说明矿渣的火山灰反应对反应温度更加敏感。这与前人的研究结果一致：含矿渣粉的复合胶凝材料的水化活化能高于纯水泥体系，且随着矿渣掺量的增大，复合胶凝材料体系的活化能逐渐增加[16,206-207]。

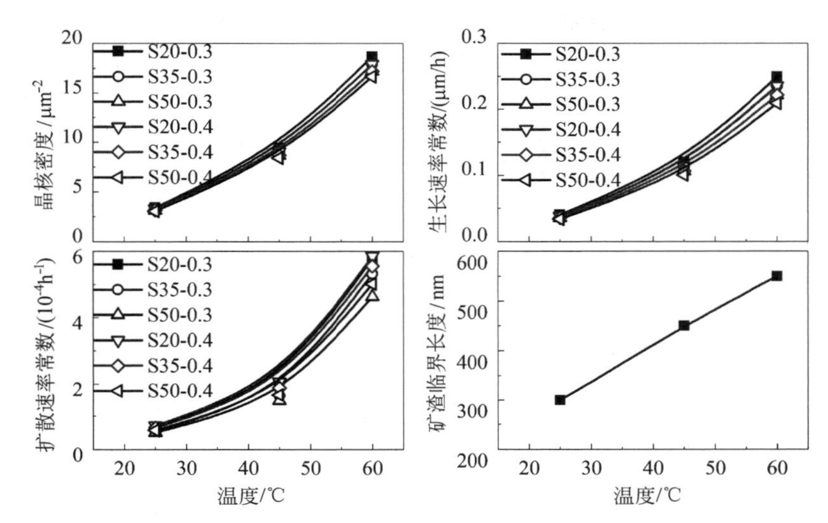

图 7.28　不同温度下水泥-矿渣复合胶凝材料中矿渣反应动力学参数

表 7.4　45℃和60℃条件下矿渣火山灰反应动力学参数

温度/℃	水灰比	矿渣掺量/%	产物晶核密度/μm^{-2}	产物生长速率/(μm/h)	扩散速率常数/($10^{-4}h^{-1}$)
45	0.3	20	9.44	0.120	1.953
		35	9.05	0.113	1.639
		50	8.70	0.106	1.486
	0.4	20	9.05	0.113	2.064
		35	8.70	0.106	1.886
		50	8.42	0.100	1.663
60	0.3	20	18.66	0.249	5.778
		35	17.90	0.235	5.327
		50	17.19	0.221	4.634
	0.4	20	17.90	0.236	5.856
		35	17.19	0.221	5.560
		50	16.64	0.209	5.019

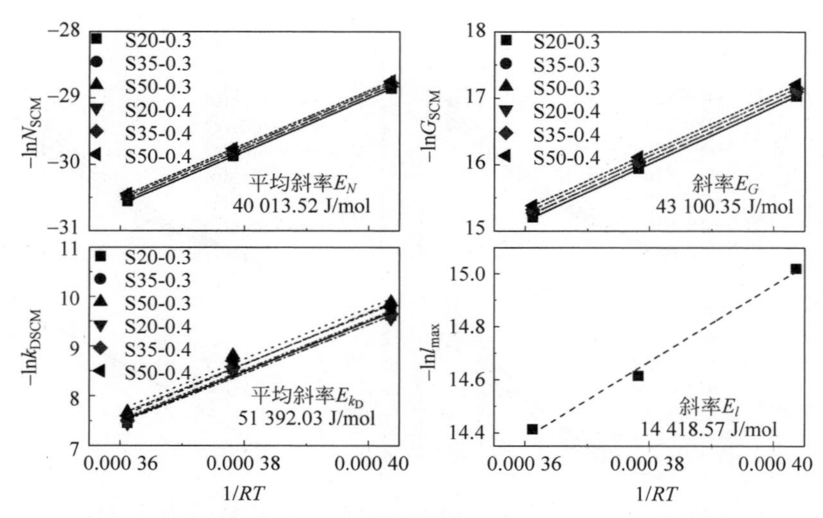

图 7.29 水泥-矿渣复合胶凝材料中矿渣的不同反应动力学参数活化能

7.4.2 硬化复合胶凝材料浆体的物相组成计算分析

7.4.2.1 物相定量计算

结合高温条件下水泥-矿渣复合胶凝材料水化动力学模型的计算结果，可以得到复合胶凝材料体系硬化浆体的物相组成，45℃和 60℃条件下的计算结果分别如图 7.30 和图 7.31 所示。高温促进了矿渣的反应，提高了各个龄期矿渣的反应程度，因此任意龄期硬化浆体中 $C_{0.83}SH_{1.33}$、M_4AH_{10}、AFt 和 C_4AH_{13} 等矿渣反应产物含量随养护温度的提高而增多，但 CH 的含量随着养护温度的提高而减少。

7.4.2.2 化学结合水量

结合表 5.4 给出的复合胶凝材料浆体中各物相的化学结合水量以及本节计算的高温条件下水泥-矿渣复合胶凝材料硬化浆体的物相组成，可以计算得到不同龄期的化学结合水量，45℃和 60℃条件下不同龄期复合胶凝材料硬化浆体的化学结合水量的实测值和模型计算值的对比分别如图 7.32 和图 7.33 所示。早龄期含矿渣复合胶凝材料硬化浆体的化学结合水量随矿渣掺量的增加而减少，但高温条件下矿渣的火山灰活性较高，后期矿渣火山灰反应产生的化学结合水量较多，使得后期含矿渣复合胶凝材料硬化浆体的化学结合水量随矿渣掺量的增加而增多。

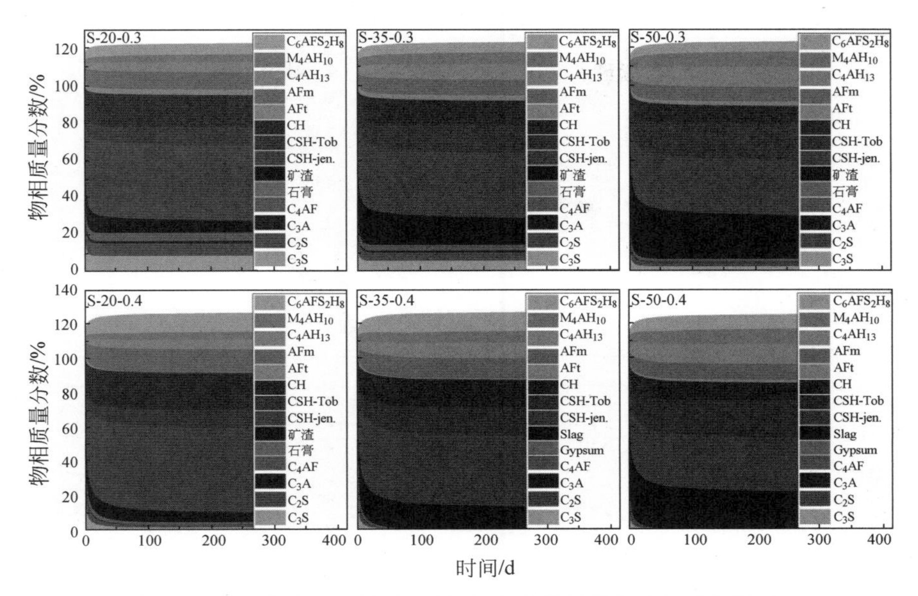

图 7.30　45℃条件下水泥-矿渣复合胶凝材料浆体的物相组成

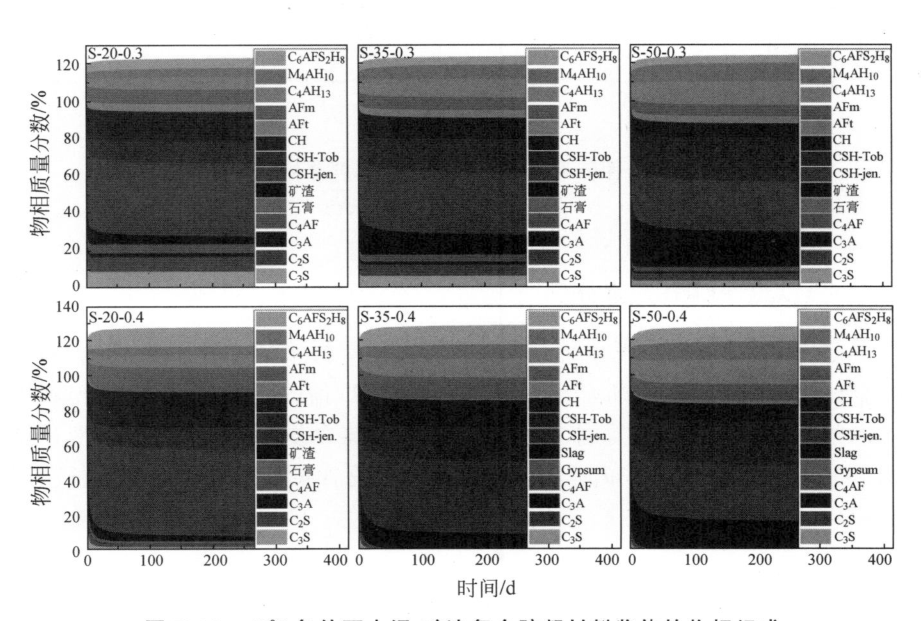

图 7.31　60℃条件下水泥-矿渣复合胶凝材料浆体的物相组成

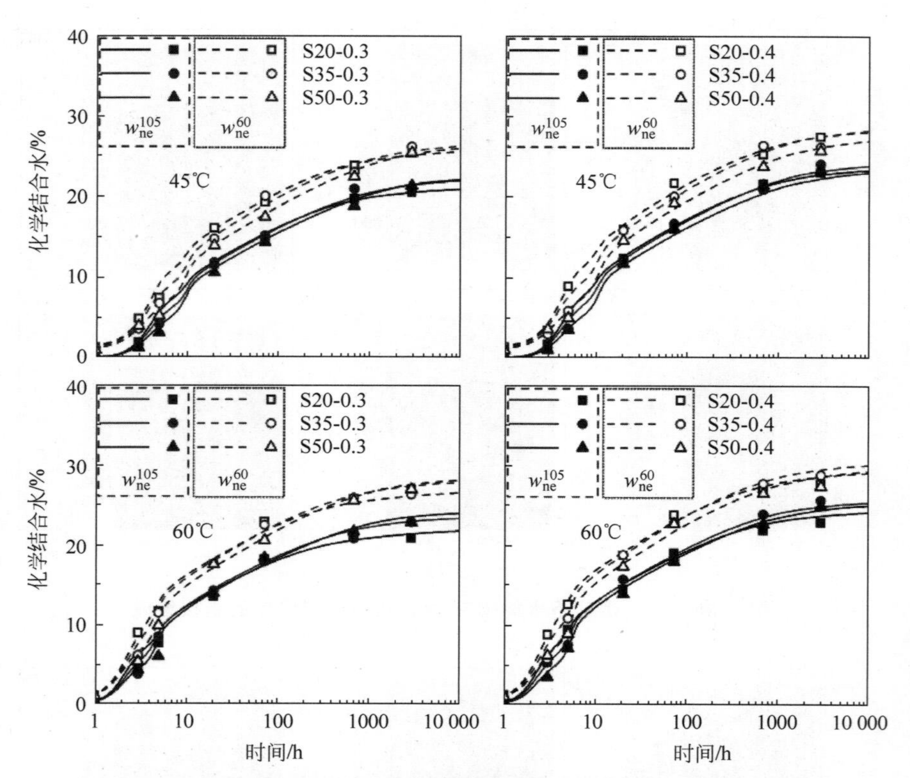

图 7.32 高温条件下水泥-矿渣复合胶凝材料浆体的化学结合水量

曲线为计算值,符号为实测值

7.4.2.3 XRD 定量分析

45℃和 60℃条件下水泥-矿渣复合胶凝材料浆体在不同龄期的 XRD 谱如图 7.34～图 7.37 所示。通过对上述 XRD 谱的全谱拟合分析,得到了不同龄期复合胶凝材料浆体中熟料矿物的具体含量,测试结果和模型计算结果如图 7.38 和图 7.39 所示。四个熟料矿物含量均随水化龄期延长而逐渐减少。

7.4.2.4 热重分析

45℃和 60℃条件下水泥-矿渣复合胶凝材料浆体不同龄期的热重曲线分别如图 7.40 和图 7.41 所示。

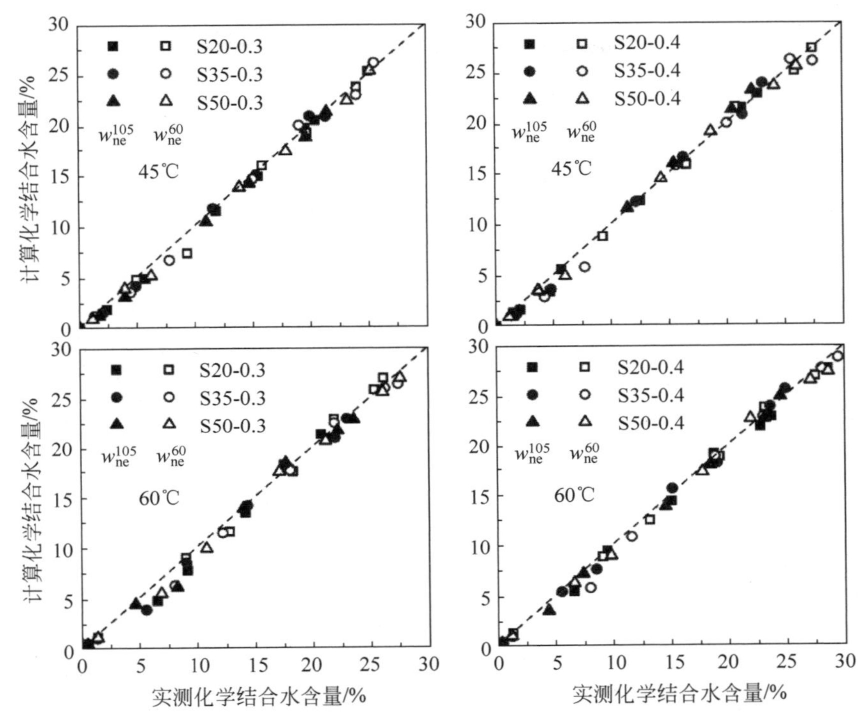

图 7.33　高温条件下水泥-矿渣复合胶凝材料浆体的化学结合水量计算值与实测值对比

虚线为计算值，符号为实测值

基于热重曲线可以计算得到硬化浆体中的 CH 含量。CH 含量基于热重曲线的测量结果和 XRD 衍射图谱的拟合结果均在图 7.42 中给出，图中实线为含矿渣的复合胶凝材料硬化浆体中的 CH 含量的模型计算结果，虚线为含石英粉的水泥硬化浆体中的 CH 含量的模型计算结果。图 7.43 显示了计算结果与实测结果之间的差异性，实测值与计算值之间差异较小。与常温条件下的结果类似，高温条件下含矿渣的复合胶凝材料硬化浆体中的长龄期 CH 含量有下降趋势，且 CH 含量的绝对值随养护温度的提高而降低，含矿渣粉和石英粉硬化浆体中的 CH 含量之间的差异也随养护温度的提高而增大，这都归因于高温对矿渣火山灰反应的促进作用，使得矿渣反应消耗了更多的 CH。

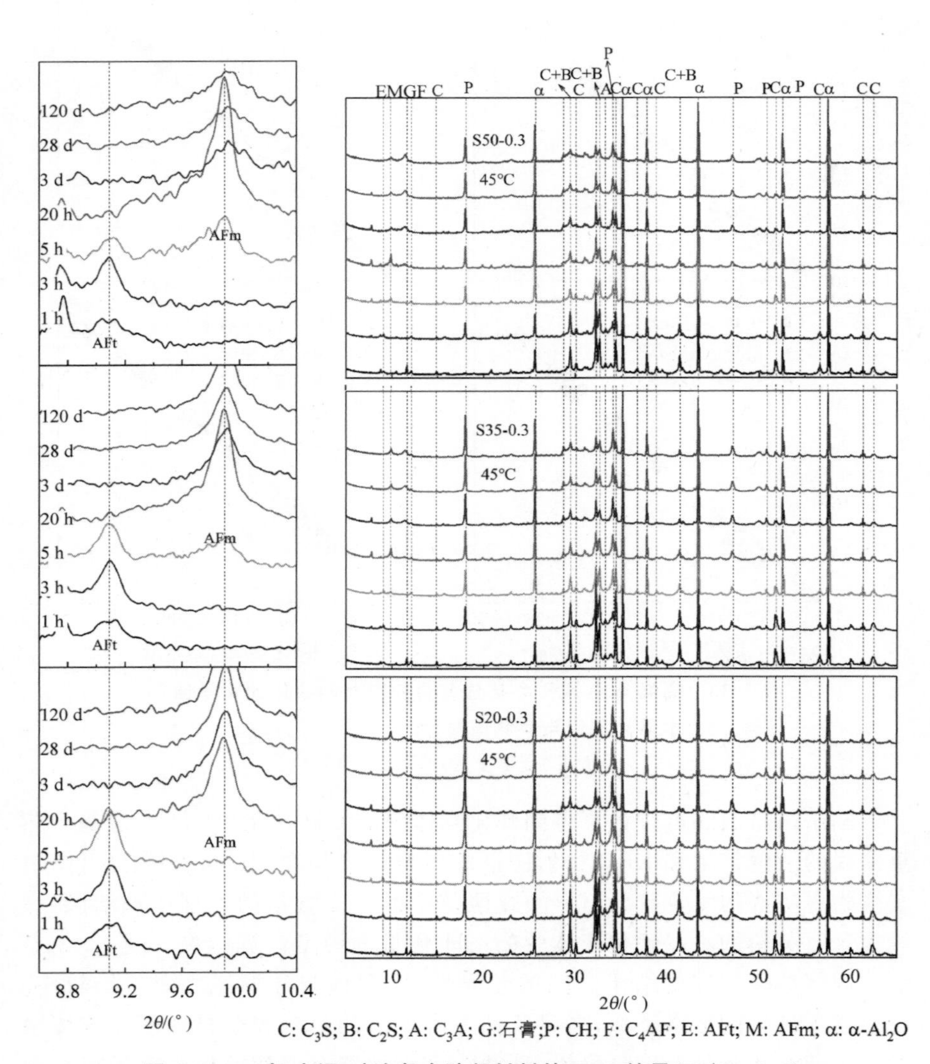

图 7.34　45℃水泥-矿渣复合胶凝材料的 XRD 结果($W/C=0.3$)

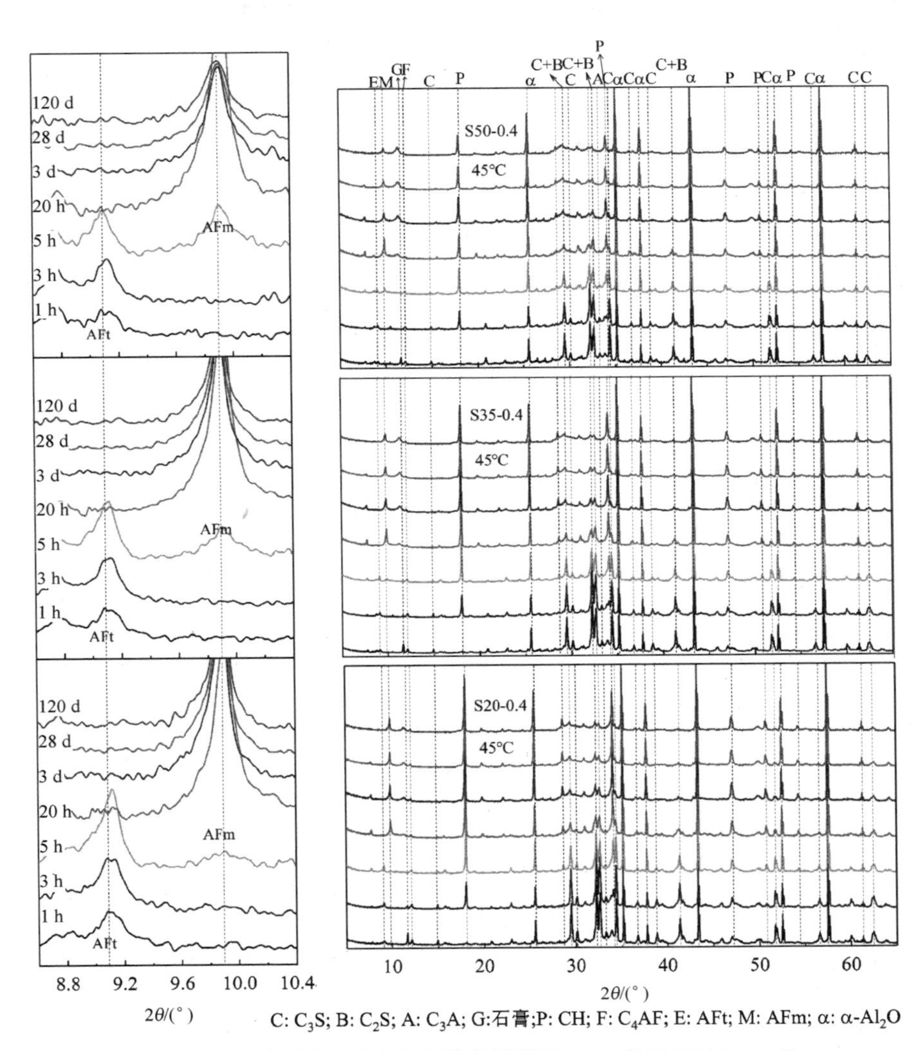

图 7.35　45℃ 水泥-矿渣复合胶凝材料的 XRD 结果(W/C=0.4)

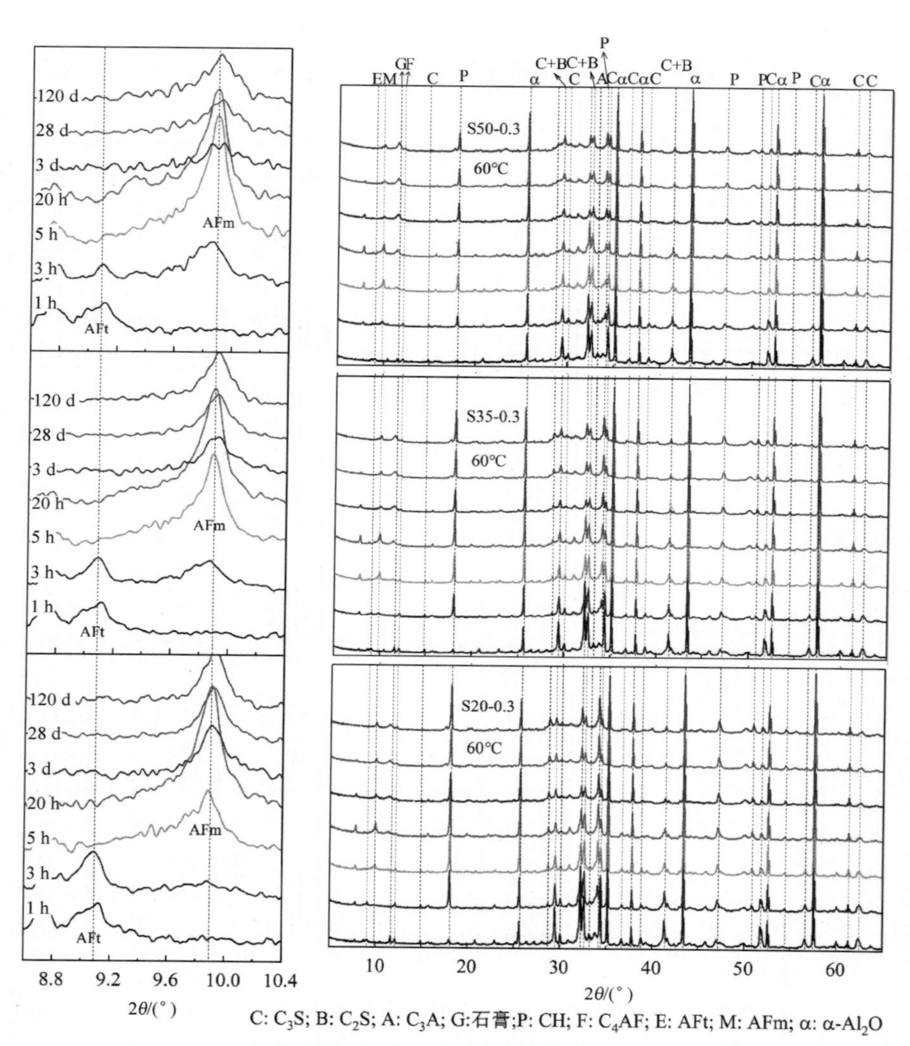

图 7.36 60℃水泥-矿渣复合胶凝材料的 XRD 结果($W/C=0.3$)

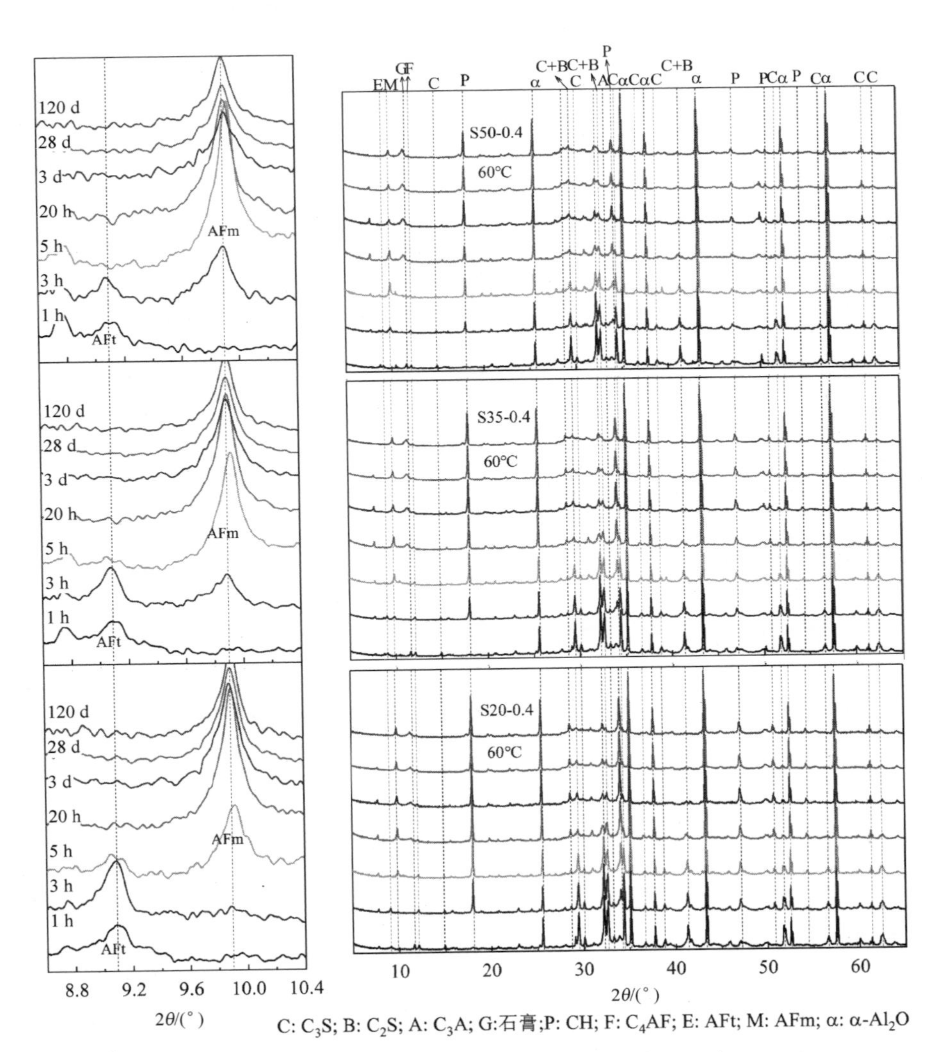

图 7.37　60℃水泥-矿渣复合胶凝材料的 XRD 结果($W/C=0.4$)

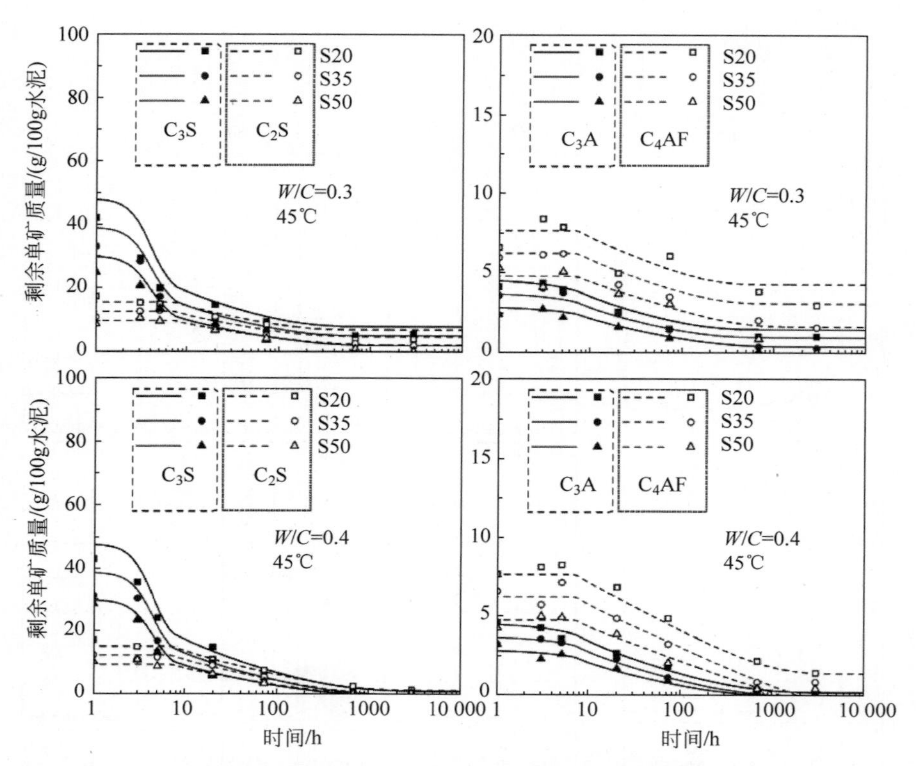

图 7.38 45℃水泥-矿渣复合胶凝材料体系中熟料矿物含量随时间变化曲线

曲线为计算值,符号为实测值

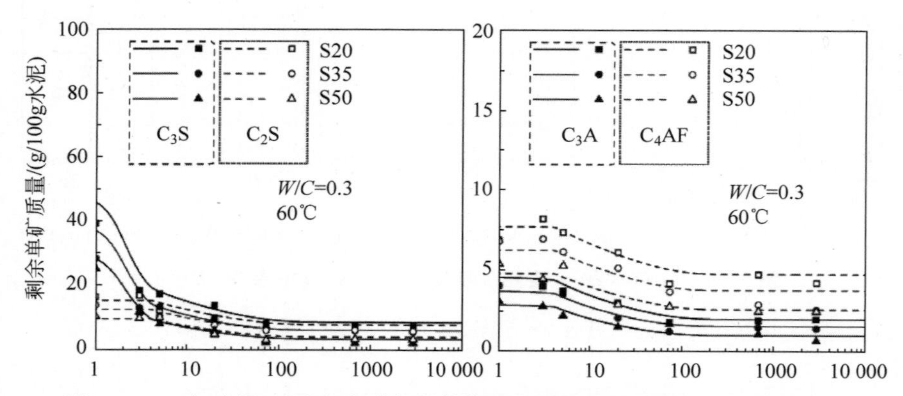

图 7.39 60℃水泥-矿渣复合胶凝材料体系中熟料矿物含量随时间变化曲线

曲线为计算值,符号为实测值

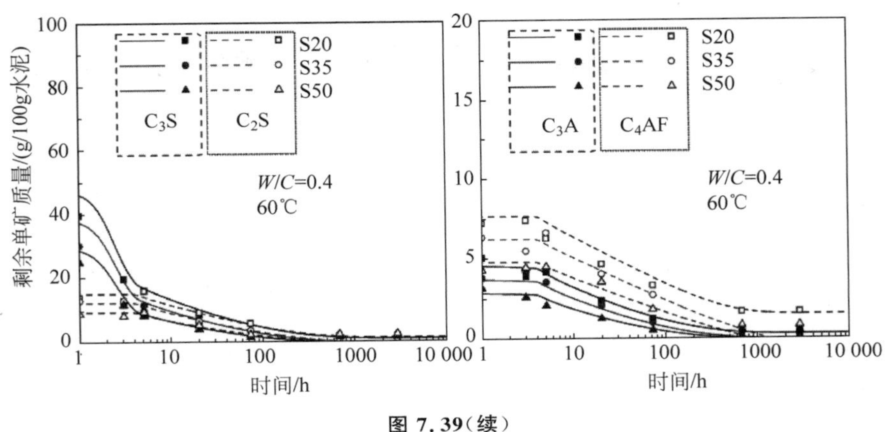

图 7.39（续）

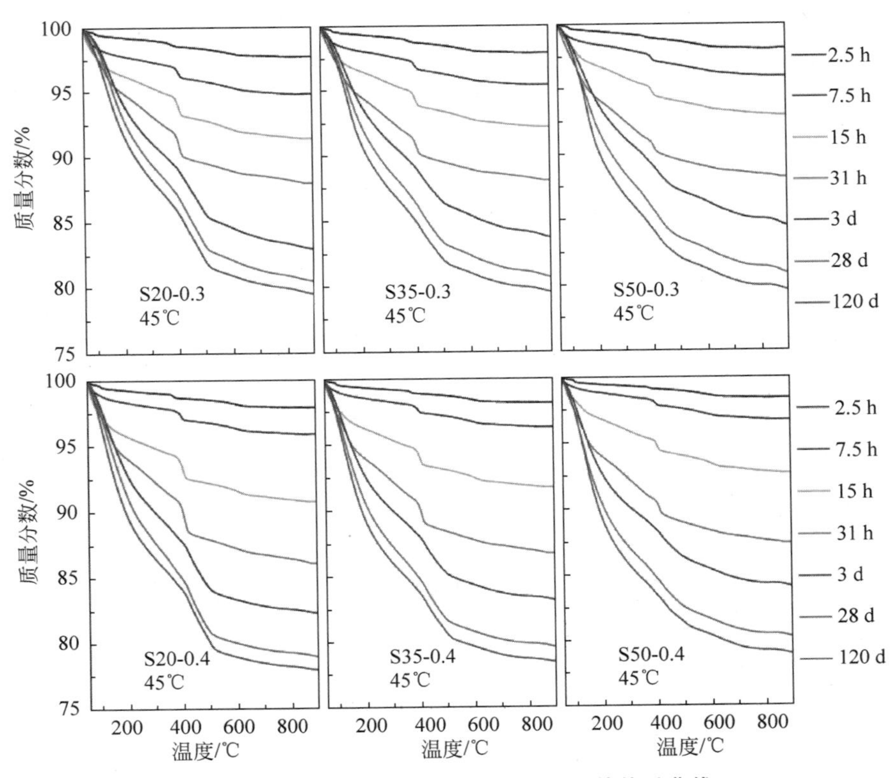

图 7.40　45℃水泥-矿渣复合胶凝材料的热重曲线

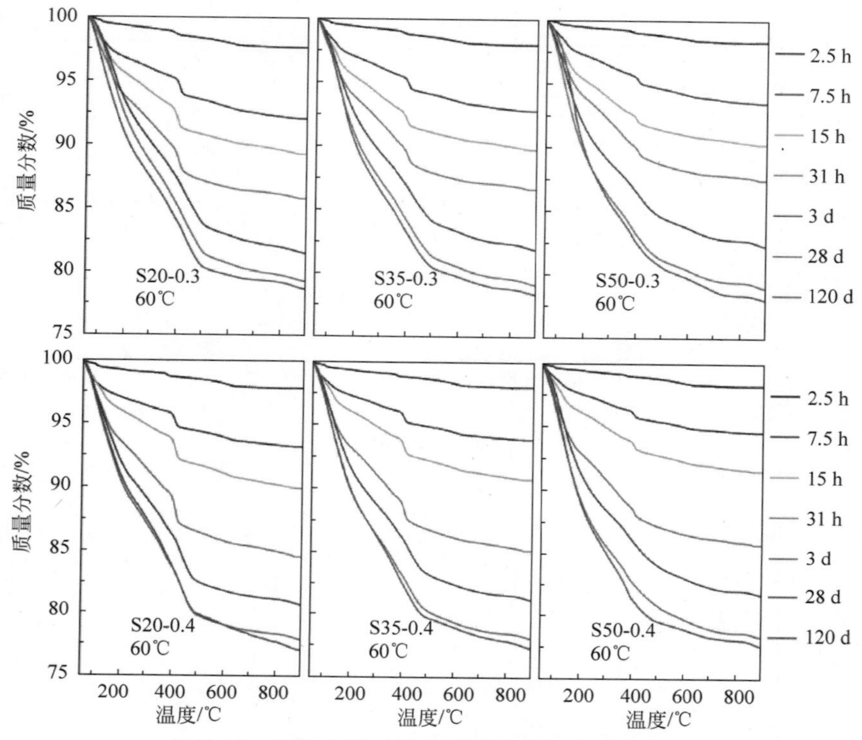

图 7.41　60℃水泥-矿渣复合胶凝材料的热重曲线

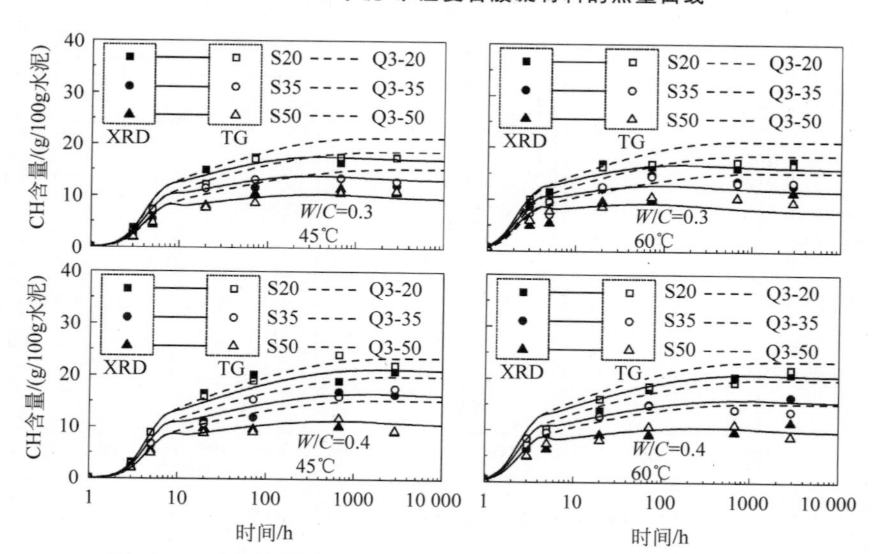

图 7.42　高温条件下水泥-矿渣复合胶凝材料浆体中的 CH 含量

曲线为计算值，符号为实测值

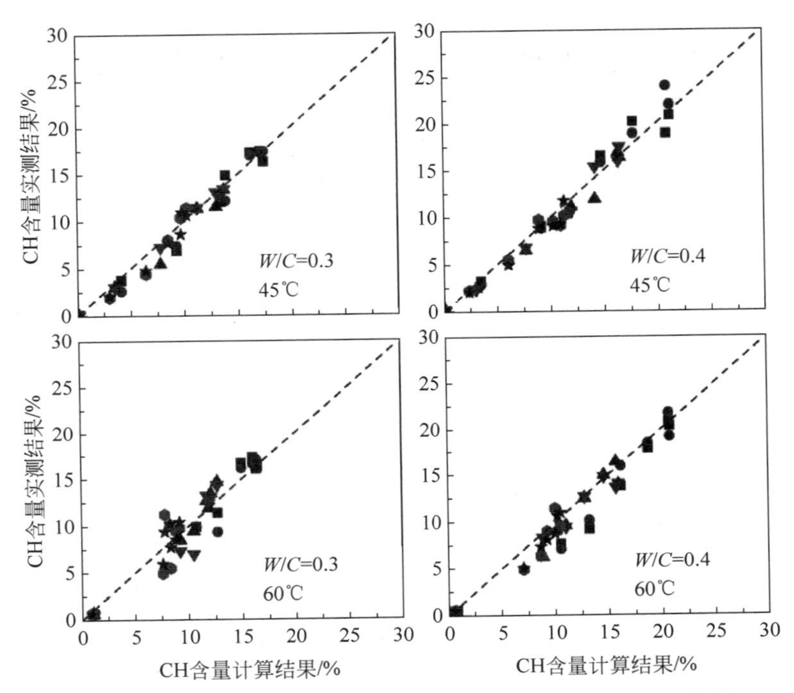

图 7.43　高温条件下水泥-矿渣复合胶凝材料浆体中的 CH 含量实测值与模型计算值对比

曲线为计算值，符号为实测值

7.5　本章小结

本章的主要工作是建立了水泥-矿渣复合胶凝材料完整的水化动力学模型。具体工作和创新点如下。

(1) 通过分析本研究所用矿渣粉的化学组成和矿渣火山灰反应的产物组成，提出了矿渣粉的火山灰反应方程式，给出了单位质量矿渣的火山灰反应消耗 CH 含量(约 0.16 g/g 矿渣)以及反应产物体积(9.86×10^{-7} m^3/g 矿渣)，为后续的动力学建模提供理论基础。

(2) 通过与含同细度石英粉的复合胶凝材料的水化放热曲线对比，给出以水泥反应程度为矿渣早期开始反应时间的判断依据：当水泥反应程度达到约 35.5%时，矿渣开始反应。早期矿渣反应产物是固定晶核密度的生长方式，并推导了早期矿渣反应产物晶核生长阶段的动力学方程。

(3) 通过修正的Jander方程表征矿渣扩散控制阶段的动力学过程。提出矿渣极限反应程度的影响因素：掺量、细度、氧化物活性指数、水灰比和温度，并通过文献数据拟合得出矿渣极限反应程度的计算方程。

(4) 通过对水化放热数据和BSE实测反应程度的拟合，获得了矿渣反应动力学模型中晶核密度、生长速率常数、扩散速率常数和临界长度等关键动力学参数取值以及上述动力学参数的活化能，为其他条件下水泥-矿渣复合胶凝材料水化建模提供参数取值方法。常温条件下矿渣火山灰反应的初始晶核密度为3～3.5 μm^{-2}，生长速率常数为0.03～0.04 $\mu m/h$，初始晶核密度和生长速率常数均随着矿渣掺量的增加和水胶比的增大而减小。矿渣火山灰反应初始晶核密度和生长速率常数的活化能分别为40 kJ/mol和43 kJ/mol，远高于硅酸盐水泥水化活化能。

第8章 结论与展望

8.1 研究结果

建立水化动力学模型是研究胶凝材料水化机理的重要方法。现代胶凝材料组分非常复杂，往往含有大掺量的矿物掺合料，复合胶凝材料中水泥的水化提供了碱性环境，激发了矿物掺合料的火山灰反应。因此，复合胶凝材料的水化更倾向是一种链式反应，不能简单地把复合胶凝材料作为一种均质材料处理，而现有胶凝材料的水化动力学模型主要基于纯硅酸盐水泥的水化机理建立。因此，有必要建立基于复合胶凝材料反应机理的水化动力学模型。本书的主要工作就是以水泥-矿渣复合胶凝材料为研究对象，逐步建立含火山灰材料的复合胶凝材料水化动力学模型，并给出水泥-矿渣体系的动力学参数取值方法，为后续含其他种类火山灰材料复合胶凝材料的动力学建模提供模型框架。本书动力学模型研究的主要结果如下。

(1) 建立了纯 C_3S 水化动力学模型。本书认为纯 C_3S 的水化主要包括初始的溶解过程和向外的水化产物成核生长过程，当 C_3S 表面几乎被水化产物完全包裹之后，在未水化 C_3S 界面处向内生长的高密度凝胶不可忽略。本书采用经验方程来反映 C_3S 蚀坑溶解机理，采用边界成核生长模型表征外部水化产物的生长，当水化产物覆盖面积超过一定比例时，则考虑向内生长的高密度凝胶修正。考虑 C_3S 溶解过程释放离子，CSH 和 CH 沉淀消耗液相离子，综合计算了液相离子浓度。反过来，本研究中的 C_3S 溶解速率、CSH 成核速率和生长速率是物相饱和度的函数，通过离子浓度计算物相饱和度的方式考虑了离子浓度对 C_3S 溶解速率、CSH 成核速率和生长速率的影响。因此，本书建立的 C_3S 水化动力学模型是一种通过液相离子浓度耦合的溶解-沉淀动力学方程。与传统边界成核生长模型相比，除了考虑离子浓度对沉淀速率的影响之外，本研究成核生长模型部分还通过选定水化产物的基本热力学参数，把水化产物体积分数转化为水化产物实际含量，采用直接法表征水化速率和水化程度。此外，通过局部生长理论修正了水化产物在不同高度处的生长速率，认为当水化产物超过临界长度后，其生长速率减小甚至停止生长。

(2) 建立了纯硅酸盐水泥体系水化动力学模型。硅酸盐水泥组分复杂，元素种类多样，不宜再考虑水泥的溶解和液相离子浓度对水化速率的影响。通过简化纯 C_3S 水化动力学模型获得硅酸盐水泥早期水化产物成核生长阶段的动力学模型：简化后的动力学模型采用固定成核速率和固定产物生长速率的方式推导边界成核生长方程，同样采用局部生长理论修正水化产物在不同高度处生长速率的差异。当水泥表面被水化产物完全覆盖之后，采用修正的 Jander 方程表征水泥水化的扩散控制阶段。在修正的 Jander 方程中，Jander 广义扩散系数不再被看作常数，而是与水泥反应程度呈负相关关系的函数，且考虑了极限反应程度对广义扩散系数的影响，认为当水泥反应程度趋近极限反应程度时，Jander 广义扩散系数趋近 0。通过模型与实验数据的拟合，获得了常温条件下不同水灰比的水泥浆体中水化产物成核速率常数(约 0.5 $\mu m^{-2} \cdot h^{-1}$)、生长速率常数(约 0.08 $\mu m/h$)、广义扩散系数和临界长度(336 nm)等动力学参数，并给出了成核速率常数、生长速率常数与水灰比之间的线性函数关系以及不同动力学参数的活化能(成核速率和生长速率的活化能分别约为 36 kJ/mol 和 37.5 kJ/mol，高于 C_3S 单矿成核和生长阶段 30 kJ/mol 的活化能)，为其他不同水灰比和温度条件下的动力学计算提供了参数取值方法。

(3) 建立含惰性掺合料的硅酸盐水泥水化动力学模型。本研究中惰性掺合料对硅酸盐水泥水化的影响被划分为三个方面，即：成核作用(增加成核位点)、稀释作用(增大实际水灰比)和加速溶解作用(表现为成核速率和生长速率的增长)。分别通过在模型中引入额外成核面积、实际水灰比、成核速率和生长速率促进因子等动力学参数表征上述作用机理，并通过模型和实验数据的拟合，获得参数取值，给出取值函数和活化能。从额外成核面积、成核速率和生长速率促进因子与总比表面积之间的指数函数关系来看，石英粉对硅酸盐水泥水化的成核作用和促进溶解作用存在极限，随着石英细度的增加和石英掺量的增大，石英粉对水泥水化的促进作用逐渐趋于恒定，当体系内的总比表面积达到纯硅酸盐水泥比表面积的 3 倍左右时，成核作用达到极限，而当总比表面积达到纯硅酸盐水泥比表面积的 4～5 倍时，石英对硅酸盐水泥的加速溶解作用也达到极限。含石英粉的水泥水化产物成核和生长阶段的活化能分别为 34.5 kJ/mol 和 36 kJ/mol，略低于纯水泥体系。

(4) 建立水泥-矿渣复合胶凝材料的水化动力学模型。通过分析本研究所用矿渣粉的化学组成和火山灰反应产物种类和元素组成，确定本研究中矿渣火山灰反应的反应方程式。结合方程式给出单位质量矿渣火山灰反应消耗的CH含量(约0.16 g/g)。结合矿渣火山灰反应产物的摩尔体积和反应方程，给出单位质量矿渣火山灰反应生成的反应产物体积(9.86×10^{-7} m^3/g)。假定相同粒径的石英和矿渣对水泥水化的物理作用一致，通过对比含矿渣的复合胶凝材料和含相同粒径石英的复合胶凝材料的水化放热实验结果，确定矿渣早期火山灰反应对复合胶凝材料水化放热的贡献。类比硅酸盐水泥的水化过程，矿渣的火山灰反应被认为包括产物成核生长和扩散控制两个阶段。假定矿渣反应初期有固定的晶核密度和产物生长速率，推导了矿渣火山灰反应边界成核生长阶段的动力学模型方程，并通过局部生长理论对不同高度上的矿渣反应产物生长速率进行修正。扩散阶段采用修正的Jander方程进行表征，Jander方程中的广义扩散系数被认为是矿渣反应程度和矿渣极限反应程度的函数。通过模型与实验数据的拟合，确定了矿渣火山灰反应动力学模型中的晶核密度(3～3.5 μm^{-2})和生长速率常数(0.03～0.04 $\mu m/h$)。晶核密度和生长速率常数的活化能分别为40 kJ/mol和43 kJ/mol，远高于硅酸盐水泥水化活化能，说明矿渣反应对温度的依赖性比水泥高。

(5) 建立不同体系动力学模型方程的计算程序和动力学参数的自动拟合程序。纯C_3S水化动力学模型考虑溶解和沉淀的耦合，硅酸盐水泥和含惰性或活性掺合料的胶凝材料水化动力学模型中含有积分和指数形式的数学表达式，均难以通过简单的数值拟合确定模型参数。本研究中上述动力学模型均进行离散化处理，编写成计算程序。另外编写了遗传算法计算程序，通过遗传算法调用动力学模型的计算程序，实现动力学参数的自动拟合。

(6) 建立基于不同体系动力学模型计算结果的硬化浆体物相组成计算方法。本研究中给出了硅酸盐水泥和矿渣的反应方程式。水泥由四个熟料矿物组成，在扩散阶段水泥的水化速率由水分在水化产物层中的传输速率决定，因此同一时段内四个熟料矿物各自的反应速率与其此时的剩余含量呈正相关关系。通过对实测数据的拟合，确定了四个熟料矿物基于剩余含量和活性指数的后期水化速率分配原则，结合各矿物相和矿渣的反应方程式，可以给出扩散阶段硬化胶凝材料浆体物相组成和具体含量。

8.2 主要学术贡献和创新点

8.2.1 主要学术贡献

(1) 建立了从纯 C_3S 单矿到纯硅酸盐水泥体系再到含惰性和活性矿物掺合料的动力学模型,以水泥-矿渣复合胶凝材料体系为例,建立了复合胶凝材料的水化动力学模型推导框架,为当下越来越复杂的复合胶凝材料水化动力学建模研究提供基础。

(2) 给出了动力学参数与水灰比、掺合料掺量、掺合料细度和掺合料化学组成等原材料和配合比相关的函数关系,给出了不同动力学参数在 25~60℃的活化能,为其他水化条件下胶凝材料的水化动力学模型研究提供参数取值方法。

(3) 通过纯 C_3S 单矿水化动力学模型研究,得到 C_3S 不同水化阶段的水化控制机理:诱导前期主要表现为 C_3S 单矿的溶解,由于液相 C_3S 饱和度逐渐增大,溶解速率减小,反应进入诱导期;诱导期内主要表现为 C_3S 单矿的缓慢溶解和 CSH 晶核的逐渐积累,当体系内积累了足够多的稳定存在的 CSH 晶核后,CSH 开始大量生长,反应进入加速期;加速期内 CH 达到过饱和,开始沉淀;随着 C_3S 表面越来越多的晶核生长超过一定长度,这些晶核的生长速率逐渐下降,反应进入减速期;当 C_3S 表面逐渐被 CSH 完全覆盖后,反应进入稳定期,水分的传输成为水化速率的主要控制机制。

(4) 给出了活性矿物掺合料的火山灰反应方程式的计算方法。首先确定反应产物种类,根据元素配平的原则确定各个反应产物的含量,最后确定火山灰反应消耗 CH 的含量。

(5) 给出了稳定期硅酸盐水泥四个矿物反应速率的分配原则,结合动力学模型的计算结果、硅酸盐水泥的反应方程和矿渣火山灰反应方程计算了长龄期硬化浆体的物相组成和含量,为水泥混凝土的微结构、力学性能和耐久性能的建模研究提供了基础。

8.2.2 创新点

(1) 在动力学模型推导方面,本书从 C_3S 单矿出发建立科学的动力学模型,为胶凝材料早龄期的快速水化阶段建模提供思路,在此基础上逐步深化,建立硅酸盐水泥的全水化周期动力学模型,进而考虑掺合料的物理作用和化学反应，最终建立完整的复合胶凝材料水化动力学模型。建模过程层层递进，由简入繁，逐步完善。

(2) 在反应程度表征方面，传统边界成核生长模型采用水化产物体积分数间接表征反应程度，本研究中通过选定水化产物组成和水化产物热力学性质(摩尔体积等)，把水化产物的体积分数转化为实际含量，从而采用直接法表征反应程度，更为科学。

(3) 在水泥水化机理方面，本研究采用局部生长理论解释水泥水化加速期向减速期的转变机制，这与传统边界成核与生长模型的空间不足假说相比更为科学，使得模型对反应程度的表征更为准确。

(4) 在掺合料火山灰反应动力学建模方面，既区别于前人把掺合料与水泥均质化的处理手段，又区别于前人简化火山灰反应控制机制的建模方法，本研究完全从矿物掺合料火山灰反应早期产物成核生长和后期水分传输的两阶段控制机制出发，建立科学的火山灰反应动力学模型。

(5) 在原材料选择方面，本研究采用了粒径差异非常大的四种石英粉作为惰性掺合料的代表，采用了 0～50％的掺量范围，使含惰性掺合料胶凝材料水化动力学模型参数的取值方法的适用范围最大化。

(6) 在实验设计方面，本研究采用了和矿渣粒径分布相似的石英粉作为参照，摒除了矿渣粉在复合胶凝材料体系中的物理作用，使得矿渣火山灰反应动力学建模所依据的实验数据更科学、准确。

8.3 存在的问题与展望

本研究的主要目标是以水泥-矿渣复合胶凝材料为例，建立更符合当代胶凝材料水化机理的动力学模型，但由于时间和精力的限制，有许多复合胶凝材料水化机理尚无法解释，也有许多模型推导方面的工作需要完善。本书存在的问题和展望汇总如下：

(1) 本研究引入局部生长假说来解释水泥水化加速期向减速期的转变机理，虽然有越来越多的实验结果论证了局部生长假说，也有许多学者发现了水化产物临界长度的存在，但目前仍缺乏科学理论来解释这一现象，这是下一步研究需要重点攻克的理论问题。

(2) 本研究仅仅以水泥-矿渣体系为例，提出了复合胶凝材料水化动力学模型框架，并提出模型参数取值方法，而其他辅助性胶凝材料(如硅灰和粉煤灰等)的动力学模型仍需建立，相关实验仍需进行，以便确定动力学模型参数。

（3）本研究动力学模型给出的最终结果是反应速率、反应程度、硬化浆体物相组成和含量等。对基于物相组成和含量的微结构分析以及宏观力学性能和耐久性能的分析仍然需要进一步建模论证。

（4）与复合硅酸盐水泥基材料类似，许多特殊胶凝材料（如碱激发胶凝材料、高铝水泥以及硫铝酸盐水泥等）的水化过程也存在溶解-沉淀或者解聚-缩聚的过程，本研究的动力学建模框架在特殊胶凝材料动力学研究领域的应用值得进一步探索。

附录A 纯C_3S水化动力学模拟计算过程

A.1 纯C_3S水化动力学模型离散化

C_3S溶解动力学方程(式(4-8))离散化之后为

$$d_{C_3S}[i]=\Delta t k_{C_3S}A_{eff}[i-1]SSA\left\{1-\exp\left[-\left(\frac{\ln(1/\beta_{C_3S}[i-1])}{p1}\right)^{p2}\right]\right\} \tag{A-1}$$

其中,$p1$和$p2$为常系数。CSH沉淀动力学方程较为复杂,分不同推导阶段分别离散化。x时刻产生的晶核在距C_3S表面高度为y的相交圆面积(见式(4-15))离散化:

$$A_{circle}(x,t,y)=\pi g\left[\left(\sum_{j=1}^{n}G_{CSH}\left(\frac{j(t-x)}{n}+x\right)\frac{t-x}{n}\right)^2-y^2\right]I_{CSH}(x)dx \tag{A-2}$$

所有时刻产生的晶核在长大到t时刻时与y高度界面相交圆的总面积(见式(4-16))离散化:

$$A_{extended}(t,y)=\sum_{k=1}^{m}I_{CSH}\left(\frac{kt}{m}\right)A_{circle}\left(\frac{kt}{m},t,y\right)\frac{t}{m} \tag{A-3}$$

考虑同一个成核面相邻晶核之间的互相重叠,实际总面积(见式(4-17))离散化:

$$A_{true}(t,y)=1-\exp(-A_{extended}(t,y)) \tag{A-4}$$

C_3S表面被CSH覆盖的面积分数(见式(4-18))

$$A_{cov}(t)=A_{true}(t,0) \tag{A-5}$$

有效溶解面积和有效成核生长面积分数(见式(4-19))为

$$A_{eff}(t)=1-A_{cov}(t) \tag{A-6}$$

临界长度范围内CSH的体积分数(见式(4-21))为

$$V_{extended}(t)=\sum_{q=1}^{h}SSA_V\left\{1-\exp\left[-A_{extended}\left(t,\frac{ql_{max}}{h}\right)\right]\right\}\frac{l_{max}}{h} \tag{A-7}$$

考虑不同成核面上晶核的相互重叠,修正后的CSH体积分数(见式(4-22))为

$$V_{\text{true}}(t)=1-\exp(-V_{\text{extended}}(t)) \tag{A-8}$$

可供 CSH 生长的空间范围内 CSH 的总体积(见式(4-23))为

$$V_{\text{CSH}}(t)=V_{\text{water}}V_{\text{true}}(t) \tag{A-9}$$

向外生长的低密度凝胶沉淀速率(见式(4-24))为

$$d_{\text{outer-CSH}}[i]=\frac{V_{\text{CSH}}(i\Delta t)-V_{\text{CSH}}(i\Delta t-\Delta t)}{V_{\text{MCSH}}} \tag{A-10}$$

向内生长的高密度凝胶的沉淀速率(见式(4-30))为

$$d_{\text{inner-CSH}}[i]=\frac{1}{V_{\text{MCSH}}^{\text{inner}}}\times G_{\text{CSH}}^{\text{inner}}\text{SSA}\left(\frac{A_{\text{cov}}[i-1]-0.92}{1-0.92}\right)\Delta t \tag{A-11}$$

CH 的沉淀速率(见式(4-26))为

$$d_{\text{CH}}[i]=3d_{\text{C}_3\text{S}}[i]-1.67d_{\text{CSH}}[i]-(C_{\text{Ca}}^{\text{total}}[i]\cdot V_{\text{w}}[i]-C_{\text{Ca}}^{\text{total}}[i-1]\cdot V_{\text{w}}[i-1]),\quad t>t_{\text{precipitation}} \tag{A-12}$$

孔溶液性质中自由水的含量(见式(4-27))为

$$V_{\text{w}}[i]=V_{\text{w}}[i-1]-(5d_{\text{C}_3\text{S}}[i]-1.53d_{\text{CSH}}[i])V_{\text{Mwater}}\times 1000 \tag{A-13}$$

孔溶液中硅元素浓度(见式(4-28))为

$$C_{\text{Si}}^{\text{total}}[i]=\frac{C_{\text{Si}}^{\text{total}}[i-1]V_{\text{w}}[i-1]+d_{\text{C}_3\text{S}}[i]-d_{\text{CSH}}[i]}{V_{\text{w}}[i]} \tag{A-14}$$

孔溶液中钙元素浓度(见式(4-25)和式(4-29))为

$$C_{\text{Ca}}^{\text{total}}[i]=\begin{cases} t\leqslant t_{\text{precipitation}}:\dfrac{C_{\text{Ca}}^{\text{total}}[i-1]V_{\text{w}}[i-1]+3d_{\text{C}_3\text{S}}[i]-1.67d_{\text{CSH}}[i]}{V_{\text{w}}[i]} \\ t>t_{\text{precipitation}}:C_{\text{Ca}}^{\text{eq}}+(C_{\text{Ca}}^{\max}-C_{\text{Ca}}^{\text{eq}})\exp\left(\dfrac{r_{\text{Ca}}(i\Delta t-t_{\text{precipitation}})}{C_{\text{Ca}}^{\max}-C_{\text{Ca}}^{\text{eq}}}\right)\end{cases} \tag{A-15}$$

基于孔溶液中钙元素和硅元素浓度计算矿物饱和度的方法在 4.1.6 节中已经给出,以 BP 模型的结果可以快速给出指定 Ca 元素和 Si 元素浓度条件下的物相饱和度。

A.2 纯 C_3S 水化动力学模型计算框架

基于离散化之后的计算公式可以通过数学编程实现计算,主程序框架如图 A.1 所示。为了使计算机可以自动对参数进行拟合,本研究采用遗传算法进行参数拟合。遗传算法的代码框架如图 A.2 所示，通过遗传算法调用图 A.1 中的主程序，对初步给定的动力学参数进行水化热计算，然后与实测结果进行对比，根据对比结果确定下一步迭代的动力学参数，直到计算误差达到要求或迭代次数达到上限。

```
Main function;
Input Data: 配合比，比表面积SSA，初始溶液条件
Model parameters: I0, G0, GINNER, kC3S, lmax, g
Initial value assignment [i=1]
for i=2 : ……
    Determine the saturation degrees of phases by BP model
    (SI[i] = F(Ca[i-1], Si[i-1]))
    if SIPortlandite[i-1] >0.4
        count = i
        break
    end
    Determine the dissolution rate of C3S by Eq. A1
    Determine the nucleation rate and growth rate of CSH by Eqs. 4.10和4.12
    Determine the precipitation rate of CSH by Eqs. A2~A10
    if Acov[i-1]>0.92
        Determine the precipitation rate of inner-CSH by Eq. A11
    end
    Determine the content of free water, total silicon and Calcium concentration by Eqs.A13~A15
    Determine the Area fractions Acov[i] and Aeff[i] by Eqs. A5和A6
end
for i=count : ……
    Determine the saturation degrees of phases by BP model
    (SI[i]=F(Ca[i-1], Si[i-1]))
    Determine the dissolution rate of C3S by Eq. A1
    Determine the nucleation rate and growth rate of CSH by Eqs. 4.10和4.12
    Determine the precipitation rate of CSH by Eqs. A2~A10
    Determine the precipitation rate of CH by Eq. A12
    if Acov[i-1]>0.92
        Determine the precipitation rate of inner-CSH by Eq. A11
    end
    Determine the content of free water, total silicon and Calcium concentration by Eqs.A13~A15
    Determine the Area fractions Acov[i] and Aeff[i] by Eqs. A5和A6
end
q[i]=(dC3S[i]×HC3S+dCSH[i]×HCSH+dCH[i]×HCH)/dt[i];
```

图 A.1　纯 C_3S 水化动力学模型计算框架

```
%% Set the initial parameters
lbx1 = a1; ubx1 = b1;%x belongs to nucleation rate
lbx2 = a2; ubx2 = b2;%y belongs to growth rate
lbx3 = a3; ubx3 = b3;%x belongs to critical length
%% Define the parameters of GA
NIND = 160;%size of the group
MAXGEN = 40;%max generations
PRECI = 80;%length of a individual
GGAP = 0.5;%gap
NIND1=round(NIND*GGAP);
px = 0.7;%the possibility of cross production
pm = 0.01;%the possibility of mutation
trace = zeros(5,MAXGEN);%initial value of algorithm
FieldD = [PRECI ……;lbx1 lbx2 ……;1 …… ];%Field discriber
Chrom = crtbp(NIND,PRECI*4);%creat random discrete group
%% Optimizations
……
parfor i=1:NIND
    ……
    ObjV = sum((qtrul(:,P:leng)-q(:,P:leng)).^2,2);%cal the f(x,y)
    ……
    ObjVSel = sum((qtrul1(:,P:leng)-q(:,P:leng)).^2,2);%cal the next-gen's target f(x)
    gen = gen + 1 %counter+=1
    %get every gen's answers and it's nums, Y stant for best f(x), I for nums;
    [Y, I] = min(ObjV);
    trace(1:4,gen) = XY(I,:);
    trace(5,gen) = Y;
    R2(gen)=1-Y/SST;
end
bestX1 = trace(1,end)
bestX2 = trace(2,end)
bestX3 = trace(3,end)
```

图 A.2 遗传算法程序框架

附录B　纯硅酸盐水泥水化动力学模拟计算过程

B.1　纯硅酸盐水泥水化动力学模型离散化

所有时刻产生的晶核在长大到 t 时刻时与 y 高度界面相交圆的总面积离散化：

$$A_{\text{extended}}(t,y)=I_{\text{CSH}}\pi g\sum_{k=1}^{m}\left[G^2\left(t-\frac{kt}{m}\right)^2-y^2\right]\cdot\frac{t}{m}\tag{B-1}$$

考虑同一个成核面相邻晶核之间的互相重叠，实际总面积(见式(5-3))离散化：

$$A_{\text{true}}(t,y)=1-\exp(-A_{\text{extended}}(t,y))\tag{B-2}$$

水泥表面被CSH覆盖的面积分数为

$$A_{\text{cov}}(t)=A_{\text{true}}(t,0)\tag{B-3}$$

有效溶解面积和有效成核生长面积分数为

$$A_{\text{eff}}(t)=1-A_{\text{cov}}(t)\tag{B-4}$$

临界长度范围内CSH的体积分数(见式(5-4))为

$$V_{\text{extended}}(t)=\sum_{q=1}^{h}\text{SSA}_{\text{V}}\left\{1-\exp\left[-A_{\text{extended}}\left(t,\frac{ql_{\max}}{h}\right)\right]\right\}\cdot\frac{l_{\max}}{h}\tag{B-5}$$

超出临界长度的CSH的体积生长速率(见式(5-5))为

$$dV_{\text{out}}(t)=\text{SSA}_{\text{V}}A_{\text{true}}(t,l_{\max})\cdot\frac{G}{r}\tag{B-6}$$

考虑不同成核面上晶核的相互重叠，修正后的CSH体积分数(见式(5-7))为

$$V_{\text{trul}}(t)=1-\exp\left[-V_{\text{extended}}(t)-\frac{t}{m}\cdot\sum_{k=1}^{m}dV_{\text{out}}\left(\frac{kt}{m}\right)\right]\tag{B-7}$$

可供CSH生长的空间范围内CSH的总体积(见式(5-8))为

$$V_{\text{CSH}}(t)=V_{\text{water}}V_{\text{true}}(t)\tag{B-8}$$

CSH凝胶沉淀速率为

$$d_{\text{CSH}}[i]=\frac{V_{\text{CSH}}(i\Delta t)-V_{\text{CSH}}(i\Delta t-\Delta t)}{V_{\text{MCSH}}\Delta t}\tag{B-9}$$

根据 C_3S 的反应方程式可知，CSH 的沉淀速率与 C_3S 的溶解速率是一致的，进而可以计算水泥(C_3S)的反应速率：

$$\frac{d\alpha}{dt}=d_{CSH}[i]\cdot M_{C_3S} \tag{B-10}$$

扩散阶段的动力学方程：

$$\alpha[i]=\alpha[i-1]+k_D\left(\frac{\alpha_u}{\alpha[i-1]}-1\right)\frac{(1-\alpha[i-1])^{2/3}\Delta t}{1-(1-\alpha[i-1])^{1/3}} \tag{B-11}$$

B.2 纯硅酸盐水泥水化动力学模型计算框架

基于离散化之后的计算公式可以通过数学编程实现计算，主程序框架如图 B.1 所示。为了使计算机可以自动对参数进行拟合，本研究采用遗传算法进行参数拟合。遗传算法的代码框架如图 A.2 所示，通过遗传算法调用图 B.1 中的主程序，对初步给定的动力学参数进行水化热计算，然后与实测结果进行对比，根据对比结果确定下一步迭代的动力学参数，直到计算误差达到要求或迭代次数达到上限。

```
Modeling the hydration of cement
Main function;
Input Data: Mix proportion, SSA
Model parameters: I, G, l_max, g, k_D
Initial value assignment [i=1]
for i=2 : ……
    Determine the precipitation rate of CSH by Eqs B.1~B.11
    Determine the Area fractions A_cov[i], A_eff[i] byEqs. B.4~B.5
    if Aeff[i]<0.001
        count=i;
        break
    end
end
q[i]= dCSH[i]×H /dt[i];
for i=count : ……
    Determine the reaction rate by Jander's equation Eq. B.12
end
```

图 B.1 纯硅酸盐水泥水化动力学模型计算框架

附录C　水泥-矿渣复合胶凝材料水化动力学模拟过程

C.1　矿渣火山灰反应动力学模型离散化

当假定矿渣的火山灰反应产物是以固定晶核密度的形式开始生长时，则所有时刻产生的晶核在长大到 t 时刻时与 y 高度界面相交圆的总面积并不涉及时间积分，无须离散化：

$$A_{\text{trul,SCM}}(t,y)=1-\exp\{-\pi N_{\text{SCM}}g[G_{\text{SCM}}^{2}(t-t_{1})^{2}-y^{2}]\} \tag{C-1}$$

矿渣表面被水化产物覆盖的面积分数为

$$A_{\text{cov,SCM}}(t)=A_{\text{true,SCM}}(t,0) \tag{C-2}$$

有效溶解面积和有效成核生长面积分数为

$$A_{\text{eff,SCM}}(t)=1-A_{\text{cov,SCM}}(t) \tag{C-3}$$

临界长度范围内矿渣反应产物的体积分数(见式(7-3))为

$$V_{\text{extended,SCM}}(t)=\sum_{q=1}^{h}\text{SSA}_{\text{VSCM}}A_{\text{trul,SCM}}\left(t,\frac{ql_{\max}^{\text{SCM}}}{h}\right)\cdot\frac{l_{\max}^{\text{SCM}}}{h} \tag{C-4}$$

超出临界长度的矿渣反应产物的体积生长速率(见式(7-4))为

$$dV_{\text{out,SCM}}(t)=\text{SSA}_{\text{VSCM}}\times A_{\text{true,SCM}}(t,l_{\max,\text{SCM}})\cdot\frac{G_{\text{SCM}}}{r} \tag{C-5}$$

考虑不同成核面上晶核的相互重叠，修正后的矿渣反应产物体积分数(见式(7-6))为

$$V_{\text{trul,SCM}}(t)=1-\exp\left[-V_{\text{extended,SCM}}(t)-\frac{t}{m}\cdot\sum_{k=1}^{m}dV_{\text{out,SCM}}\left(\frac{kt}{m}\right)\right] \tag{C-6}$$

可供矿渣反应产物生长的空间范围内的反应产物总体积为

$$V_{\text{PSCM}}(t)=[V_{\text{water}}-V_{\text{CSH}}(t_{1})]V_{\text{true,SCM}}(t) \tag{C-7}$$

根据矿渣的反应方程、矿渣掺量以及单位质量矿渣反应产生的反应产物体积可以计算得到矿渣的火山灰反应程度：

$$\alpha_{\mathrm{SCM}}(t)=\frac{V_{\mathrm{PSCM}}(t)}{f_{\mathrm{SCM}}\cdot V_{\mathrm{mSCM}}^{\mathrm{product}}} \tag{C-8}$$

扩散阶段的动力学方程为

$$\alpha_{\mathrm{SCM}}[i]=\alpha_{\mathrm{SCM}}[i-1]+k_{\mathrm{DSCM}}\left(\frac{\alpha_{\mathrm{u,SCM}}}{\alpha_{\mathrm{SCM}}[i-1]}-1\right)\frac{(1-\alpha_{\mathrm{SCM}}[i-1])^{2/3}\Delta t}{1-(1-\alpha_{\mathrm{SCM}}[i-1])^{1/3}} \tag{C-9}$$

C.2 水泥-矿渣复合材料体系水化动力学模型计算框架

基于离散化之后的计算公式可以通过数学编程实现计算，主程序框架如图 C.1 所示。为了使计算机可以自动对参数进行拟合，本研究采用遗传算法进行参数拟合。遗传算法的代码框架如图 A.2 所示，通过遗传算法调用图 C.1 中的主程序，对初步给定的动力学参数进行水化热计算，然后与实测结果进行对比，根据对比结果确定下一步迭代的动力学参数，直到计算误差达到要求或迭代次数达到上限。

Modeling the hydration of cement
Main function;
Input Data: Mix proportion, SSA
Model parameters: I, G, $l_{\max}$, g, k_{D}
Model parameters: N_{SCM}, G_{SCM}, l_{maxSCM}
Initial value assignment [i=1]
for i=2 : ……
    Determine the precipitation rate of CSH by Eqs B.1~B.11
    Determine the Area fractions $A_{\mathrm{cov}}[i]$ and $A_{\mathrm{eff}}[i]$ by Eqs. B.4~B.5
    if $A_{\mathrm{eff}}[i]<0.001$
        count1=i;
        break
    end
end
q[i]= dCSH[i]×H /dt[i];
for i=count1 : ……
    Determine the reaction rate of cement by Jander's equation
    Determine the reaction rate of slag by Eqs C.1~C.8
    Determine the Area fractions $A_{\mathrm{covSCM}}[i]$ and $A_{\mathrm{effSCM}}[i]$ by Eqs. C.2~C.3
    if $A_{\mathrm{effSCM}}[i]<0.001$
        count12=i;
        break
    end
end
for i=count1 : ……
    Determine the reaction rate of cement by Jander's equation B.12
    Determine the reaction rate of cement by Jander's equation C.9
end

图 C.1 水泥-矿渣复合胶凝材料水化动力学模型计算框架

参考文献

[1] Micah H W, Seamus F F, Thomas D B, et al. Properties of concrete mixtures containing slag cement and fly ash for use in transportation structures [J]. Construction and Building Materials, 2008, 22(9): 1990-2000.

[2] Schneider M, Romer M, Tschudin M, et al. Sustainable cement production-present and future [J]. Cement and Concrete Research, 2011, 41(7): 642-650.

[3] Lothenbach B, Scrivener K, Hooton R D. Supplementary cementitious materials [J]. Cement and Concrete Research, 2011, 41(12): 1244-1256.

[4] Snellings R, Mertens G, Elsen J. Supplementary cementitious materials [J]. Reviews in Mineralogy and Geochemistry, 2012, 74(74): 211-278.

[5] Juenger M C G, Siddique R. Recent advances in understanding the role of supplementary cementitious materials in concrete [J]. Cement and Concrete Research, 2015, 78: 71-80.

[6] 阎培渝，郑峰. 水泥基材料的水化动力学模型[J]. 硅酸盐学报，2006，34(5): 555-559.

[7] Long G, Li Y, Ma C, et al. Hydration kinetics of cement incorporating different nanoparticles at elevated temperatures [J]. Thermochimica Acta, 2018, 664: 108-117.

[8] Zhang Z Q, Yan P Y. Hydration kinetics of the epoxy resin-modified cement at different temperatures [J]. Construction and Building Materials, 2017, 150: 287-294.

[9] Termkhajornkit P, Barbarulo R. Modeling the coupled effects of temperature and fineness of Portland cement on the hydration kinetics in cement paste [J]. Cement and Concrete Research, 2012, 42(3): 526-538.

[10] Pang X Y, Jimenez W C, Iverson B J. Hydration kinetics modeling of the effect of curing temperature and pressure on the heat evolution of oil well cement [J]. Cement and Concrete Research, 2013, 54(54): 69-76.

[11] Thomas J J, Biernacki J J, Bullard J W, et al. Modeling and simulation of cement hydration kinetics and microstructure development [J]. Cement and Concrete Research, 2011, 41(12): 1257-1278.

[12] Gartner E M, Gaidis J M. Hydration Mechanisms [M]. Materials Science of Concrete, Vol. 1. Westerville: American Ceramic Society, 1989: 95-125.

[13] Scrivener K L,Juilland P,Monteiro P J M. Advances in understanding hydration of Portland cement [J]. Cement and Concrete Research,2015,78: 38-56.

[14] Bullard J W,Jennings H M,Livingston R A,et al. Mechanisms of cement hydration [J]. Cement and Concrete Research,2011,41(12): 1208-1223.

[15] Marchon D,Flatt R J. Mechanisms of Cement Hydration [M]. Cambridge,United Kingdom: Woodhead Publishing,2016.

[16] Han F H,Zhang Z Q,Wang D M,et al. Hydration kinetics of composite binder containing slag at different temperatures [J]. Journal of Thermal Analysis and Calorimetry,2015,121(2): 815-827.

[17] 韩方晖,王栋民,阎培渝. 含不同掺量矿渣或粉煤灰的复合胶凝材料的水化动力学[J]. 硅酸盐学报,2014,42(5): 613-620.

[18] Han F H,Zhang Z Q,Wang D M,et al. Hydration heat evolution and kinetics of blended cement containing steel slag at different temperatures[J]. Thermochimica Acta,2015,605: 43-51.

[19] 吴学权. 矿渣水泥水化动力学研究[J]. 硅酸盐学报,1988,16(5): 423-429.

[20] 张登祥,杨伟军. 粉煤灰-水泥浆体水化动力学模型[J]. 长沙理工大学学报(自然科学版),2008,5(3): 88-92.

[21] 吴浪,雷杜娟,刘英,等. 矿渣-水泥胶凝体系的水化动力学模型[J]. 硅酸盐通报,2015,34(12): 3571-3576.

[22] Elakneswaran Y,Owaki E,Miyahara S,et al. Hydration study of slag-blended cement based on thermodynamic considerations [J]. Construction and Building Materials,2016,124: 615-625.

[23] Wang X Y. Properties prediction of fly ash blended concrete using hydration model[J]. Science China Technological Sciences,2013,56(9): 2317-2325.

[24] Poppe A M,Schutter G D. Cement hydration in the presence of high filler contents [J]. Cement and Concrete Research,2005,35(12): 2290-2299.

[25] 张君,阎培渝,覃维祖. 建筑材料[M]. 北京: 清华大学出版社,2007.

[26] Taylor H F W. Cement Chemistry [M]. London,U. K.: Thomas Telford,1997.

[27] Schwiete H E. Crystal Structures and Properties of Cement Hydration Products (Hydrated Calcium Aluminates and Ferrites) [C]. 5th ISCC,Tokyo,1969: 37-78.

[28] Brown P,Barret P,Double D D,et al. The hydration of tricalcium aluminate and tetracalcium aluminoferrite in the presence of calcium sulfate [J]. Materials and Structures,1986,19(2): 137-147.

[29] Brouwers H J H. The work of Powers and Brownyard revisited: Part 2 [J]. Cement and Concrete Research,2005,35(10): 1922-1936.

[30] Copeland L E,Kantro D L,Verbeck G J. Chemistry of hydration of Portland cement[C]. Proceedings of the 4th International Symposium on Chemistry of

Cement, Washington, 1960: 429-465.

[31] Chen W, Brouwers H J H. The hydration of slag, part 2: reaction models for blended cement [J]. Journal of materials science, 2007, 42(2): 444-464.

[32] Florea M V A, Brouwers H J H. Modelling of chloride binding related to hydration products in slag-blended cements [J]. Construction and Building Materials, 2014, 64: 421-430.

[33] 袁润章. 胶凝材料学[M]. 2 版. 武汉: 武汉理工大学出版社, 1996.

[34] 孔祥明, 卢子臣, 张朝阳. 水泥水化机理及聚合物外加剂对水泥水化影响的研究进展[J]. 硅酸盐学报, 2017, 45(2): 274-281.

[35] Stein H N, Stevels J M. Influence of silica on the hydration of 3 CaO, SiO_2 [J]. Journal of Applied Chemistry, 1964, 14(8): 338-346.

[36] De Jong J G M, Stein H N, Stevels J M. Hydration of tricalcium silicate [J]. Journal of Applied Chemistry, 1967, 17(9): 246-250.

[37] Kondo R, Daimon M. Early hydration of tricalcium silicate: a solid reaction with induction and acceleration periods [J]. Journal of the American Ceramic Society, 1969, 52(9): 503-508.

[38] Jennings H M, Pratt P L. An experimental argument for the existence of a protective membrane surrounding Portland cement during the induction period [J]. Cement and Concrete Research, 1979, 9(4): 501-506.

[39] Gartner E M, Jennings H M. Thermodynamics of calcium silicate hydrates and their solutions [J]. Journal of the American Ceramic Society, 1987, 70(10): 743-749.

[40] Tadros M E, Skalny J, Kalyoncu RS. Early Hydration of Tricalcium Silicate [J]. Journal of the American Ceramic Society, 2010, 59(7-8): 344-347.

[41] Skalny J, Young J F. Mechanisms of Portland cement hydration [C]. 7th ISCC, Paris, 1980, 1: 3-45.

[42] Odler I, Dörr H. Early hydration of tricalcium silicate Ⅱ. The induction period [J]. Cement and Concrete Research, 1979, 9(3): 277-284.

[43] Barret P, Ménétrier D. Filter dissolution of C_3S as a function of the lime concentration in a limited amount of lime water [J]. Cement and Concrete Research, 1980, 10(4): 521-534.

[44] Garrault S, Nonat A. Experimental investigation of calcium silicate hydrate(CSH) nucleation [J]. Journal of Crystal Growth, 1999, 200(3-4): 565-574.

[45] Young J F, Tong H S, Berger R L. Compositions of solutions in contact with hydrating tricalcium silicate pastes [J]. Journal of the American Ceramic Society, 1977, 60(5-6): 193-198.

[46] Maycock J N, Skalny J, Kalyoncu R. Crystal defects and hydration I. Influence of lattice defects [J]. Cement and Concrete Research, 1974, 4(5): 835-847.

[47] Fierens P, Verhaegen J P. Hydration of tricalcium silicate in paste-kinetics of calcium ions dissolution in the aqueous phase [J]. Cement and Concrete Research, 1976, 6(3): 337-342.

[48] Juilland P, Gallucci E, Flatt R, et al. Dissolution theory applied to the induction period in alite hydration [J]. Cement and Concrete Research, 2010, 40(6): 831-844.

[49] Scrivener K L, Nonat A. Hydration of cementitious materials, present and future [J]. Cement and concrete research, 2011, 41(7): 651-665.

[50] Berodier E M J. Impact of the supplementary cementitious materials on the kinetics and microstructural development of cement hydration [D]. Switzerland: EPFL, 2015.

[51] Bazzoni A. Study of early hydration mechanisms of cement by means of electron microscopy [D]. Switzerland: EPFL, 2014.

[52] Bishnoi S, Scrivener K L. Studying nucleation and growth kinetics of alite hydration using μic [J]. Cement and Concrete Research, 2009, 39(10): 849-860.

[53] Bishnoi S, Scrivener K L. μic: A new platform for modelling the hydration of cements [J]. Cement and Concrete Research, 2009, 39(4): 266-274.

[54] Kirby D M, Biernacki J J. The effect of water-to-cement ratio on the hydration kinetics of tricalcium silicate cements: testing the two-step hydration hypothesis [J]. Cement and Concrete Research, 2012, 42(8): 1147-1156.

[55] Masoero E, Thomas J J, Jennings H M. A reaction zone hypothesis for the effects of particle size and water-to-cement ratio on the early hydration kinetics of C_3S [J]. Journal of the American Ceramic Society, 2014, 97(3): 967-975.

[56] Han S, Yan P Y, Liu R G. Study on the hydration product of cement in early age using TEM [J]. Science China Technology Sciences, 2012, 55(8): 2284-2290.

[57] Narmluk M, Nawa T. Effect of fly ash on the kinetics of Portland cement hydration at different curing temperatures [J]. Cement and Concrete Research, 2011, 41(6): 579-589.

[58] Rahimi-Aghdam S, Bažant Z P, Qomi M J A. Cement hydration from hours to a century controlled by diffusion through barrier shells of C-S-H [J]. Journal of the Mechanics and Physics of Solids, 2017, 99: 211-224.

[59] 史才军. 碱激发水泥和混凝土(精)[M]. 北京：化学工业出版社，2008.

[60] 徐彬，蒲心诚. 矿渣玻璃体分相结构与矿渣潜在水硬活性本质的关系探讨[J]. 硅酸盐学报，1997，25(6)：729-733.

[61] Collins F, Sanjayan J G. Effect of pore size distribution on drying shrinking of alkali-activated slag concrete [J]. Cement and Concrete Research, 2000, 30(9): 1401-1406.

[62] Mostafa N Y, El-Hemaly S A S, Al-Wakeel E I, et al. Hydraulic activity of water-

cooled slag and air-cooled slag at different temperatures [J]. Cement and Concrete Research,2001,31(3): 475-484.

[63] Gruskovnjak A, Lothenbach B, Winnefeld F, et al. Hydration mechanisms of super sulphated slag cement [J]. Cement and Concrete Research, 2008, 38(7): 983-992.

[64] Chen W, Brouwers H J H. The hydration of slag, part 1: reaction models for alkali-activated slag [J]. Journal of Materials Science, 2007, 42(2): 428-443.

[65] Chen W. Hydration of slag cement: theory, modelling and application [D]. Enschede: University of Twente, 2007.

[66] De Schutter G, Taerwe L. General hydration model for Portland cement and blast furnace slag cement [J]. Cement and Concrete Research, 1995, 25(3): 593-604.

[67] De Schutter G. Hydration and temperature development of concrete made with blast-furnace slag cement [J]. Cement and Concrete Research, 1999, 29(1): 143-149.

[68] Song S, Jennings H M. Pore solution chemistry of alkali-activated ground granulated blast-furnace slag [J]. Cement and Concrete Research, 1999, 29(2): 159-170.

[69] Li C, Sun H, Li L. A review: The comparison between alkali-activated slag(Si+Ca) and metakaolin(Si+Al) cements [J]. Cement and Concrete Research, 2010, 40(9): 1341-1349.

[70] 刘仍光. 水泥-矿渣复合胶凝材料的水化机理与长性能[D]. 北京: 清华大学,2013.

[71] 刘仍光,阎培渝. 水泥-矿渣复合胶凝材料中矿渣的水化特性[J]. 硅酸盐学报,2012,40(8): 1112-1118.

[72] Wang X Y, Lee H S, Park K B, et al. A multi-phase kinetic model to simulate hydration of slag-cement blends [J]. Cement and Concrete Composites, 2010, 32(6): 468-477.

[73] Wang X Y, Lee H S. Modeling the hydration of concrete incorporating fly ash or slag [J]. Cement and Concrete Research, 2010, 40(7): 984-996.

[74] Wang X Y, Cho H K, Lee H S. Prediction of temperature distribution in concrete incorporating fly ash or slag using a hydration model [J]. Composites Part B: Engineering, 2011, 42(1): 27-40.

[75] Wang X Y, Lee H S. Modeling of hydration kinetics in cement based materials considering the effects of curing temperature and applied pressure [J]. Construction and Building Materials, 2012, 28(1): 1-13.

[76] Han-Seung L, Wang X Y. Evaluation of compressive strength development and carbonation depth of high volume slag-blended concrete [J]. Construction and Building Materials, 2016, 124: 45-54.

[77] Richardson I G, Groves G W. Microstructure and microanalysis of hardened cement pastes involving ground granulated blast-furnace slag [J]. Journal of Materials Science, 1992, 27(22): 6204-6212.

[78] Hill J, Sharp J H. The mineralogy and microstructure of three composite cements with high replacement levels [J]. Cement and Concrete Composites, 2002, 24(2): 191-199.

[79] Macphee D E, Atkins M, Glassar P P. Phase development and pore solution chemistry in ageing blast furnace slag-Portland cement blends [J]. Mrs Proceedings, 1988: 127: 475-479.

[80] Goumans J J J M, Sloot H A V D, Aalbers T G. Environmental aspects of construction with waste materials[C]. International Conference on Environmental Implications of Construction Materials and Technology Developments. Netherlands, 1994: 433-451.

[81] Regourd M. Structure and behavior of slag Portland cement hydrates[C]. 7th ICCC, III. 2. 1-III. 2. 26, Paris, 1980.

[82] Kolani B, Buffo-Lacarrière L, Sellier A, et al. Hydration of slag-blended cements [J]. Cement and Concrete Composites, 2012, 34(9): 1009-1018.

[83] Xie T, Biernacki J J. The origins and evolution of cement hydration models [J]. Computers and Concrete, 2011, 8(6): 647-675.

[84] Jander W. Reaktionen im festen Zustande bei höheren Temperaturen. Reaktionsgeschwindigkeiten endotherm verlaufender Umsetzungen [J]. Zeitschrift für anorganische und allgemeine Chemie, 1927, 163(1): 1-30.

[85] Ginstling A M, Brounshtein B I. Concerning the diffusion kinetics of reactions in spherical particles [J]. Russian Journal of Applied Chemistry (USSR), 1950, 23(12): 1327-1338.

[86] Brown P W, Franz E, Frohnsdorff G, et al. Analyses of the aqueous phase during early C_3S hydration [J]. Cement and Concrete Research, 1984, 14(2): 257-262.

[87] Brown P W, Pommersheim J, Frohnsdorff G. A kinetic model for the hydration of tricalcium silicate [J]. Cement and Concrete Research, 1985, 15(1): 35-41.

[88] Brown P W. Effects of particle size distribution on the kinetics of hydration of tricalcium silicate [J]. Journal of the American Ceramic Society, 1989, 72(10): 1829-1832.

[89] Pommersheim J M, Clifton J R. Mathematical modeling of tricalcium silicate hydration [J]. Cement and Concrete Research, 1979, 9(6): 765-770.

[90] Pommersheim J M, Clifton J R. Mathematical modeling of tricalcium silicate hydration. II. Hydration sub-models and the effect of model parameters [J]. Cement and Concrete Research, 1982, 12(6): 765-772.

[91] Kondo R. Kinetics and mechanism of the hydration of cements[C]. 5th ISCC,

Tokyo,1968: 203-248.

[92] Avrami M. Kinetics of phase change. I general theory [J]. The Journal of Chemical Physics,1939,7(12): 1103-1112.

[93] Avrami M. Kinetics of phase change. II transformation-time relations for random distribution of nuclei [J]. The Journal of Chemical Physics,1940,8(2): 212-224.

[94] William J,Mehl R. Reaction kinetics in processes of nucleation and growth [J]. Transactions of the Metallurgical Society of AIME,1939,135: 416-442.

[95] Kolmogorov A N. A statistical theory for the recrystallization of metals (in Russian)[J]. Bulletin of the Academy of Sciences of the USSR,Physical Series. 1937,1: 355-359.

[96] Cahn J W. The kinetics of grain boundary nucleated reactions [J]. Acta Metallurgica,1956,4(5): 449-459.

[97] Thomas J J. A new approach to modeling the nucleation and growth kinetics of tricalcium silicate hydration [J]. Journal of the American Ceramic Society,2007,90(10): 3282-3288.

[98] Thomas J J,Allen A J,Jennings H M. Hydration kinetics and microstructure development of normal and $CaCl_2$-accelerated tricalcium silicate pastes [J]. The Journal of Physical Chemistry C,2009,113(46): 19 836-19 844.

[99] Scherer G W,Zhang J,Thomas J J. Nucleation and growth models for hydration of cement [J]. Cement and Concrete Research,2012,42(7): 982-993.

[100] Mostafa A M,Yahia A. Physico-chemical kinetics of structural build-up of neat cement-based suspensions[J]. Cement and Concrete Research,2017,97: 11-27.

[101] Scherer G W,Bellmann F. Kinetic analysis of C-S-H growth on calcite [J]. Cement and Concrete Research,2018,103: 226-235.

[102] Jennings H M,Johnson S K. Simulation of microstructure development during the hydration of a cement compound [J]. Journal of the American Ceramic Society,1986,69(11): 790-795.

[103] Bentz D P. Three-dimensional computer simulation of Portland cement hydration and microstructure development [J]. Journal of the American Ceramic Society,1997,80(1): 3-21.

[104] Van Breugel K. Numerical simulation of hydration and microstructural development in hardening cement-based materials. (I) theory [J]. Cement and Concrete Research,1995,25(2): 319-331.

[105] Van Breugel K. Numerical simulation of hydration and microstructural development in hardening cement-based materials: (II) applications [J]. Cement and Concrete Research,1995,25(3): 522-530.

[106] Bullard J W. Approximate rate constants for nonideal diffusion and their application in a stochastic model [J]. The Journal of Physical Chemistry A,

2007,111(11): 2084-2092.

[107] Bullard J W. A three-dimensional microstructural model of reactions and transport in aqueous mineral systems [J]. Modelling and Simulation in Materials Science and Engineering,2007,15(7): 711.

[108] Han F H,Zhang Z Q,Liu J H,et al. Hydration kinetics of composite binder containing fly ash at different temperatures[J]. Journal of Thermal Analysis and Calorimetry,2016,124(3): 1691-1703.

[109] Han F H,Wang Q,Liu M T,et al. Early hydration properties of composite binder containing limestone power with different finenesses [J]. Journal of Thermal Analysis & Calorimetry,2016,123(2): 1141-1151.

[110] 韩方晖.复合胶凝材料水化特性及动力学研究[D].北京: 中国矿业大学,2015.

[111] Krstulović R,Dabić P. A conceptual model of the cement hydration process [J]. Cement and Concrete Research,2000,30(5): 693-698.

[112] Merzouki T,Bouasker M,Khalifa N E H,et al. Contribution to the modeling of hydration and chemical shrinkage of slag-blended cement at early age [J]. Construction and Building Materials,2013,44(44): 368-380.

[113] Park K B,Jee N Y,Yoon I S,et al. Prediction of temperature distribution in high-strength concrete using hydration model [J]. Aci Materials Journal,2008,105(2): 180-186.

[114] Wang X Y. Properties prediction of ultra high performance concrete using blended cement hydration model[J]. Construction and Building Materials,2014,64(30): 1-10.

[115] Wang X Y. Effect of fly ash on properties evolution of cement based materials [J]. Construction and Building Materials,2014,69(69): 32-40.

[116] Parrott L J,Geiker M,Gutteridge W A,et al. Monitoring Portland cement hydration: Comparison of methods[J]. Cement and Concrete Research,1990,20(6): 919-926.

[117] Atlassi E H. Nonevaporable water and degree of cement hydration in silica fume-cement systems [J]. Aci Special Publication,1995,153: 703-718.

[118] Kjellsen K O,Detwiler R J,Gjørv O E. Backscattered electron imaging of cement pastes hydrated at different temperatures [J]. Cement and Concrete Research,1990,20(2): 308-311.

[119] 王培铭,丰曙霞,刘贤萍.水泥水化程度研究方法及其进展[J].建筑材料学报,2005,8(6): 646-652.

[120] 胡曙光,何永佳,吕林女. $Ca(OH)_2$ 解耦法对混合水泥中 CSH 凝胶的半定量研究[J].材料科学与工程学报,2006,24(5): 666-669.

[121] 李响,阎培渝,阿茹罕.基于 $Ca(OH)_2$ 含量的复合胶凝材料中水泥水化程度的评定方法[J].硅酸盐学报,2009,37(10): 1597-1601.

[122] Zeng Q, Li K, Fen-chong T, et al. Determination of cement hydration and pozzolanic reaction extents for fly-ash cement pastes [J]. Construction and Building Materials, 2012, 27(1): 560-569.

[123] 张大同. 水泥性能及其检验[M]. 北京: 中国建材工业出版社, 1994.

[124] Han F, He X, Zhang Z, et al. Hydration heat of slag or fly ash in the composite binder at different temperatures [J]. Thermochimica Acta, 2017, 655: 202-210.

[125] Deschner F, Lothenbach B, Winnefeld F, et al. Effect of temperature on the hydration of Portland cement blended with siliceous fly ash [J]. Cement and Concrete Research, 2013, 52(10): 169-181.

[126] Maekawa, Koichi. Multi-scale modeling of structural concrete [M]. London: Taylor and Francis, 2009.

[127] Maekawa K, Ishida T. Modeling of structural performances under coupled environmental and weather actions [J]. Materials and Structures, 2002, 35(10): 591-602.

[128] Schindler A K, Folliard K J. Heat of hydration models for cementitious materials [J]. Aci Materials Journal, 2005, 102(1): 24-33.

[129] Pang X, Meyer C, Darbe R, et al. Modeling the effect of curing temperature and pressure on cement hydration kinetics[J]. Aci Materials Journal, 2013, 110(2): 229-35.

[130] Zhang J, Weissinger E A. Early hydration and settingof oil well cement [J]. Cement and Concrete Research, 2010, 40(7): 1023-1033.

[131] Pang X, Meyer C. Cement chemical shrinkage as measure of hydration kinetics and its relationship with nonevaporable water [J]. Aci Materials Journal, 2012, 109(3): 341-351.

[132] Bentz D P, Bentz D P. A three-dimensional cement hydration and microstructure program. I. hydration rate, heat of hydration, and chemical shrinkage [M]. Gaithersburg, Maryland US: National Institute of Standards and Technology, 1995.

[133] Pang X, Bentz D P, Meyer C, et al. A comparison study of Portland cement hydration kinetics as measured by chemical shrinkage and isothermal calorimetry [J]. Cement and Concrete Composites, 2013, 39(5): 23-32.

[134] Geiker, M. Studies of Portland cement hydration: measurements of chemical shrinkage and a systematic evaluation of hydration curves by means of the dispersion model [D]. Copenhagen: Technical University of Denmark, 1983.

[135] Archie G E. The electrical resistivity log as an aid in determining some reservoir characteristics [C]. Transactions of the AIME Dallas, 1942: 54-62.

[136] Li Z, Li W. Contactless, transformer-based measurement of the resistivity of materials: US, US6639401 [P]. 2003-10-28.

[137] Wei X,Li Z. Non-contacting resistivity measurement for hydration of cement-based materials [C]. Role of Cement Science in Sustainable Development, UK,2003.

[138] Wei X, Li Z. Early hydration process of Portland cement paste by electrical measurement [J]. Journal of Materials in Civil Engineering, 2006, 18(1): 99-105.

[139] Li Z,Xiao L, Wei X. Determination of concrete setting time using electrical resistivity measurement [J]. Journal of Materials in Civil Engineering, 2007, 19(5): 423-427.

[140] Wei X,Xiao L,Li Z. Prediction of standard compressive strength of cement by the electrical resistivity measurement [J]. Construction and Building Materials, 2012,31(6): 341-346.

[141] Xiao L,Li Z. Early-age hydration of fresh concrete monitored by non-contact electrical resistivity measurement [J]. Cement and Concrete Research, 2008, 38(3): 312-319.

[142] Xiao L, Li Z. New understanding of cement hydration mechanism through electrical resistivity measurement and microstructure investigations [J]. Journal of Materials in Civil Engineering,2009,21(8): 368-373.

[143] Shao Y,Azar A,Morshed A Z. Characterising cement carbonation curing using non-contact electrical resistivity measurement [J]. Advances in Cement Research,2015,27(4): 1-11.

[144] 魏小胜,肖莲珍,李宗津. 采用电阻率法研究水泥水化过程[J]. 硅酸盐学报,2004,32(1): 34-38.

[145] Lam L,Wong Y L,Poon CS. Degree of hydration and gel/space ratio of high-volume fly ash/cement systems [J]. Cement and Concrete Research, 2000, 30(5): 747-756.

[146] Ohsawa S,Asaga K,Goto S,et al. Quantitative determination of fly ash in the hydrated fly ash-$CaSO_4 \cdot 2H_2O$-$Ca(OH)_2$ system[J]. Cement and Concrete Research,1985,15(2): 357-366.

[147] 郑克仁,孙伟,贾艳涛,等. 水泥-矿渣-粉煤灰体系中矿渣和粉煤灰反应程度测定方法[J]. 东南大学学报(自然科学版),2004,34(3): 361-365.

[148] Kocaba V. Development and evaluation of methods to follow microstructural development of cementitious systems including slags [D]. Switzerland: EPFL,2009.

[149] Luke K,Glasser F P. Selective dissolution of hydrated blast furnace slag cements [J]. Cement and Concrete Research,1987,17(2): 273-282.

[150] 董刚. 粉煤灰和矿渣在水泥浆体中的反应程度研究[D]. 北京: 中国建筑材料科学研究总院,2008.

[151] Termkhajornkit P, Nawa T, Kurumisawa K. Effect of water curing conditions on the hydration degree and compressive strengths of fly ash-cement paste [J]. Cement and Concrete Composites, 2006, 28(9): 781-789.

[152] 黄士元，李志华，程吉平. 粉煤灰-$Ca(OH)_2$-H_2O 系统中的反应动力学[J]. 硅酸盐学报，1986(2)：65-71.

[153] 张云升，孙伟，郑克仁，等. 水泥-粉煤灰浆体的水化反应进程[J]. 东南大学学报(自然科学版)，2006，36(1)：118-123.

[154] 贾艳涛. 矿渣和粉煤灰水泥基材料的水化机理研究[D]. 南京：东南大学，2005.

[155] Antiohos S K, Papageorgiou A, Papadakis V G, et al. Influence of quicklime addition on the mechanical properties and hydration degree of blended cements containing different fly ashes [J]. Construction and Building Materials, 2008, 22(6): 1191-1200.

[156] Zhang Y M, Sun W, Yan H D. Hydration of high-volume fly ash cement pastes [J]. Cement and Concrete Composites, 2000, 22(6): 445-452.

[157] Li S, Roy D M, Kumar A. Quantitative determination of pozzolanas in hydrated systems of cement or $Ca(OH)_2$, with fly ash or silica fume [J]. Cement and Concrete Research, 1985, 15(6): 1079-1086.

[158] Escalante J I, Gómez L Y, Johal K K, et al. Reactivity of blast-furnace slag in Portland cement blends hydrated under different conditions [J]. Cement and Concrete Research, 2001, 31(10): 1403-1409.

[159] Scrivener K L. Backscattered electron imaging of cementitious microstructures: understanding and quantification [J]. Cement and Concrete Composites, 2004, 26(8): 935-945.

[160] Gallucci E, Zhang X, Scrivener K L. Effect of temperature on the microstructure of calcium silicate hydrate(CSH) [J]. Cement and Concrete Research, 2013, 53: 185-195.

[161] Yan P Y, Han F H. Quantitative analysis of hydration degree of composite binder by image analysis and non-evaporable water content [J]. Journal of the Chinese Ceramic Society, 2015, 43: 1331-1340.

[162] Kocaba V, Gallucci E, Scrivener K L. Methods for determination of degree of reaction of slag in blended cement pastes [J]. Cement and Concrete Research, 2012, 42(3): 511-525.

[163] Han F, Liu J, Yan P. Comparative study of reaction degree of mineral admixture by selective dissolution and image analysis [J]. Construction and Building Materials, 2016, 114: 946-955.

[164] Young R A. The Rietveld Method [J]. Crystal Research and Technology, 1993, 210(8): 710-712.

[165] 姚武，魏永起，王伟. 基于 QXRD/Rietveld 法的水泥熟料中晶相与无定形相定量

分析 [J]. 建筑材料学报,2012,15(5): 581-587.
[166] Saoût G L,Kocaba V,Scrivener K. Application of the Rietveld method to the analysis of anhydrous cement [J]. Cement and Concrete Research,2011,41(2): 133-148.
[167] Soin A V,Catalan L J J,Kinrade S D. A combined QXRD/TG method to quantify the phase composition of hydrated Portland cements [J]. Cement and Concrete Research,2013,48(48): 17-24.
[168] Li C,Zhu H,Wu M,et al. Pozzolanic reaction of fly ash modified by fluidized bed reactor-vapor deposition[J]. Cement and Concrete Research,2017,92: 98-109.
[169] Zhang Y,Chang J,Ji J. AH3 phase in the hydration product system of AFt-AFm-AH3 in calcium sulfoaluminate cements: A microstructural study [J]. Construction and Building Materials,2018,167: 587-596.
[170] Zhang Y,Chang J. Microstructural evolution of aluminum hydroxide gel during the hydration of calcium sulfoaluminate under different alkali concentrations [J]. Construction and Building Materials,2018,180: 655-664.
[171] Bergold S T,Goetz-Neunhoeffer F,Neubauer J. Quantitative analysis of C-S-H in hydrating alite pastes by in-situ XRD [J]. Cement and Concrete Research, 2013,53: 119-126.
[172] Hesse C,Goetz-Neunhoeffer F,Neubauer J. A new approach in quantitative *in-situ* XRD of cement pastes: Correlation of heat flow curves with early hydration reactions [J]. Cement and Concrete Research,2011,41(1): 123-128.
[173] Jansen D,Naber C,Ectors D,et al. The early hydration of OPC investigated by in-situ XRD,heat flow calorimetry,pore water analysis and ^{1}H NMR: Learning about adsorbed ions from a complete mass balance approach [J]. Cement and Concrete Research,2018,109: 230-242.
[174] Sun Z,Vollpracht A. Isothermal calorimetry and in-situ XRD study of the NaOH activated fly ash, metakaolin and slag [J]. Cement and Concrete Research,2018,103: 110-122.
[175] Ghasemi Y,Emborg M,Cwirzen A. Estimation of specific surface area of particles based on size distribution curve[J]. Magazine of Concrete Research, 2017,70(10): 533-540.
[176] Ghasemi Y,Emborg M,Cwirzen A. Quantification of the shape of particles for calculating specific surface area of powders[C]. International RILEM Conference on Materials,Systems and Structures in Civil Engineering Conference,Denmark, 2016: 31-41.
[177] 杨鼎宜,孙伟,刘志勇. 钙矾石晶体热分解的动力学[J]. 硅酸盐学报,2007, 35(12): 1641-1645.
[178] Pang X Y. The effect of water-to-cement ratio on the hydration kinetics of

Portland cement at different temperatures [C]. The 14th International Congress on the Chemistry of Cement, Beijing, 2015: 13-16.

[179] Nicoleau L, Nonat A, Perrey D. The di-and tricalcium silicate dissolutions [J]. Cement and Concrete Research, 2013, 47: 14-30.

[180] Lothenbach B, Winnefeld F. Thermodynamic modelling of the hydration of Portland cement [J]. Cement and Concrete Research, 2006, 36(2): 209-226.

[181] Pitzer K S. Thermodynamics of electrolytes. I. Theoretical basis and general equations [J]. The Journal of Physical Chemistry, 1973, 77(2): 268-277.

[182] Zhang T, Chen H, Li X, et al. Hydration behavior of magnesium potassium phosphate cement and stability analysis of its hydration products through thermodynamic modeling [J]. Cement and Concrete Research, 2017, 98: 101-110.

[183] Zhou Z, Chen H, Li Z, et al. Simulation of the properties of $MgO-MgfCl_2-H_2O$ system by thermodynamic method [J]. Cement and Concrete Research, 2015, 68: 105-111.

[184] 牛自得,程芳琴,李宝存. 水盐体系相图及其应用[M]. 天津：天津大学出版社,2002.

[185] Bullard J W, Scherer G W, Thomas J J. Time dependent driving forces and the kinetics of tricalcium silicate hydration [J]. Cement and Concrete Research, 2015, 74: 26-34.

[186] 介万奇. 晶体生长原理与技术[M]. 北京：科学出版社,2010.

[187] Nicoleau L. Accelerated growth of calcium silicate hydrates: Experiments and simulations [J]. Cement and Concrete Research, 2011, 41(12): 1339-1348.

[188] Brown P W, Harner C L, Prosen E J. The effect of inorganic salts on tricalcium silicate hydration [J]. Cement and Concrete Research, 1986, 16(1): 17-22.

[189] Costoya Fernández M M. Effect of particle size on the hydration kinetics and microstructural development of tricalcium silicate [D]. Switzerland: EPFL, 2008.

[190] Kumar A, Scrivener K L. Modelling early age hydration kinetics of alite [J]. Cement and Concrete Research, 2012, 42(7): 903-918.

[191] Liu S, Wang L, Gao Y, et al. Influence of fineness on hydration kinetics of supersulfated cement [J]. Thermochimica Acta, 2015, 605(1): 37-42.

[192] Mills R H, Factors influencing cessation of hydration in water cured cement pastes [R]. Special Report No. 90, Proceedings of the Symposium on the Structure of Portland Cement Paste and Concrete, Highway Research Board, Washington DC, USA, 1966: 406-424

[193] Lin F, Meyer C. Hydration kinetics modeling of Portland cement considering the effects of curing temperature and applied pressure [J]. Cement and Concrete Research, 2009, 39(4): 255-265.

[194] Hu J, Ge Z, Wang K J. Influence of cement fineness and water-to-cement ratio on mortar early-age heat of hydration and set times [J]. Construction and

Building Materials,2014,50: 657-663.

[195] Keienburg R R. Particle size distribution and normal strength of Portland cement [D]. Karlsruhe: Karlsruhe University,1976.

[196] Danielson U. Heat of hydration of cement as affected by water-cement ratio [C]. Proceedings of the 4th International Symposium on the Chemistry of Cement,Washington DC,USA,1962: 519-526.

[197] Escalante-Garcia J I. Nonevaporable water from neat OPC and replacement materials in composite cements hydrated at different temperatures [J]. Cement and Concrete Research,2003,33(11): 1883-1888.

[198] Matsushita T, Hoshino S, Maruyama I, et al. Effect of curing temperature and water to cement ratio on hydration of cement compounds[C]. Proceedings of 12th international congress chemistry of cement,Montreal,2007.

[199] Broda M, Wirquin E, Duthoit B. Conception of an isothermal calorimeter for concrete- Determination of the apparent activation energy [J]. Materials and Structures,2002,35(7): 389-394.

[200] Ravikumar D, Neithalath N. Reaction kinetics in sodium silicate powder and liquid activated slag binders evaluated using isothermal calorimetry [J]. Thermochimica Acta,2012,546(20): 32-43.

[201] Berodier E,Scrivener K. Understanding the filler effect on the nucleation and growth of C-S-H [J]. Journal of the American Ceramic Society,2015,97(12): 3764-3773.

[202] Juilland P,Kumar A,Gallucci E,et al. Effect of mixing on the early hydration of alite and OPC systems [J]. Cement and Concrete Research, 2012, 42 (9): 1175-1188.

[203] A. Bazzoni. Study early hydration mechanisms of cement by mean of electron microscopy [D]. Switzerland: EPFL,2014.

[204] Lumley J S,Gollop R S,Moir GK,et al. Degrees of reaction of the slag in some blends with Portland cements [J]. Cement and Concrete Research,1996,26(1): 139-151.

[205] Luzio G D, Cusatis G. Hygro-thermo-chemical modeling of high performance concrete. I: Theory [J]. Cement and Concrete Composites,2009,31(5): 301-308.

[206] Han F H,Zhang Z Q, Liu JH, et al. Effect of water-to-binder ratio on the hydration kinetics of composite binder containing slag or fly ash [J]. Journal of Thermal Analysis and Calorimetry,2017,128(2): 855-865.

[207] Barnett S J,Soutsos M N, Millard S G, et al. Strength development of mortars containing ground granulated blast-furnace slag: Effect of curing temperature and determination of apparent activation energies [J]. Cement and Concrete Research,2006,36(3): 434-440.

在学期间发表的学术论文

[1] **Zhang Z Q**, Liu Y, Huang L, Yan P Y. A new hydration kinetics model of composite cementitious materials, Part 1: Hydration kinetic model of Portland cement[J]. Journal of The American Ceramic Society, 2019, 103(3): 1970-1991. (SCI 收录)

[2] **Zhang Z Q**, Chen W Y, Han F H, Yan P Y. A new hydration kinetics model of composite cementitious materials, Part 2: Physical effect of SCMs[J]. Journal of The American Ceramic Society, 2020, 103(6): 3880-3895. (SCI 收录)

[3] **Zhang Z Q**, Zhang B, Yan P Y. Comparative study of effect of raw and densified silica fume in the paste, mortar and concrete[J]. Construction and Building Materials, 2016, 105: 82-93. (SCI 收录)

[4] **Zhang Z Q**, Zhang B, Yan P Y. Hydration and microstructures of concrete containing raw or densified silica fume at different curing temperatures[J]. Construction and Building Materials, 2016, 121: 483-490. (SCI 收录)

[5] **Zhang Z Q**, Wang Q, Chen H H. Properties of high-volume limestone powder concrete under standard curing and steam-curing conditions[J]. Powder Technology, 2016, 301: 16-25. (SCI 收录)

[6] **Zhang Z Q**, Wang Q, Yang J. Hydration mechanisms of composite binders containing phosphorus slag at different temperatures[J]. Construction and Building Materials, 2017, 147: 720-732. (SCI 收录)

[7] **Zhang Z Q**, Yan P Y. Hydration kinetics of the epoxy resin-modified cement at different temperatures[J]. Construction and Building Materials, 2017, 150: 287-294. (SCI 收录)

[8] **Zhang Z Q**, Wang Q, Chen H H, et al. Influence of the initial moist curing time on the sulfate attack resistance of concretes with different binders[J]. Construction and Building Materials, 2017, 144: 541-551. (SCI 收录)

[9] **Zhang Z Q**, Li M Y, Wang Q. Influence of high volume mineral admixtures on the properties of concrete and hardened paste under steam-curing condition[J]. Indian Journal of Engineering and Materials Sciences, 2017, 24: 397-405. (SCI 收录)

[10] Sun J W, **Zhang Z Q**, Zhuang S Y, et al. Hydration properties and microstructure characteristics of alkali-activated steel slag[J]. Construction and Building Materials, 2020, 241: 118141. (SCI 收录)

[11] Han F H, Luo A, Liu J H, **Zhang Z Q**. Properties of high-volume iron tailing powder concrete under different curing conditions[J]. Construction and Building Materials, 2020, 241: 118108. (SCI 收录)

[12] **张增起**,石梦晓,王强. 等效龄期法在大体积混凝土性能预测中的准确性[J]. 清华大学学报, 2016(8): 806-810. (EI 收录)

[13] 阎培渝,**张增起**. 复合胶凝材料的水化硬化机理[J]. 硅酸盐学报, 2017(8): 1066-1072. (EI 收录)

[14] **张增起**,张波,阎培渝,等. 大掺量粉煤灰混凝土长龄期的微观结构[J]. 电子显微学报, 2014(6): 516-520. (中文科技核心)

[15] Han F H, **Zhang Z Q**, Liu J H, et al. Effect of water-to-binder ratio on the hydration kinetics of composite binder containing slag or fly ash[J]. Journal of Thermal Analysis and Calorimetry, 2017, 128(2): 855-865. (SCI 收录)

[16] Han F H, **Zhang Z Q**, Liu J H, et al. Hydration kinetics of composite binder containing fly ash at different temperatures[J]. Journal of Thermal Analysis and Calorimetry, 2016, 124(3): 1691-1703. (SCI 收录)

[17] Han F H, **Zhang Z Q**, Wang D M, et al. Hydration heat evolution and kinetics of blended cement containing steel slag at different temperatures[J]. Thermochimica Acta, 2015, 605: 43-51. (SCI 收录)

[18] Han F H, **Zhang Z Q**, Wang D M, et al. Hydration kinetics of composite binder containing slag at different temperature[J]. Journal of Thermal Analysis and Calorimetry, 2015, 121(2): 815-827. (SCI 收录)

[19] Han F H, **Zhang Z Q**. Hydration, mechanical properties and durability of high-strength concrete under different curing conditions[J]. Journal of Thermal Analysis and Calorimetry, 2018, 132: 823-834. (SCI 收录)

[20] Han F H, **Zhang Z Q**. Properties of 5-year-old concrete containing steel slag powder[J]. Powder Technology, 2018, 334: 27-35. (SCI 收录)

[21] Wang Q, Shi M X, **Zhang Z Q**. Hydration properties of steel slag under autoclaved condition[J]. Journal of Thermal Analysis and Calorimetry, 2015, 120(2): 1241-1248. (SCI 收录)

[22] Han F H, He X J, **Zhang Z Q**, et al. Hydration heat of slag or fly ash in the composite binder at different temperatures[J]. Thermochimica Acta, 2017, 655: 202-210. (SCI 收录)

[23] 韩方晖,**张增起**,阎培渝. 钢渣在强碱性条件下的早期水化性能[J]. 电子显微学报, 2014(4): 343-348. (中文科技核心)

致　谢

时光飞逝，来到清华园已经八年有余，到建筑材料研究所师从阎培渝教授也已经有五年光阴，在此论文完成之日，感慨良多。首先，我要真诚地感谢我的导师阎培渝教授，感谢阎老师在学习科研和日常生活中对我的帮助和指导。在博士课题选择方面，阎老师充分尊重我的兴趣爱好和个人选择，每当课题进展遇到阻碍时，和阎老师的沟通交流总会使我茅塞顿开，帮助我找到下一步努力的方向。

感谢我的师母杨文言老师。杨老师不仅在课题实验方面为我提供了很大的帮助，也在为人处世方面给了我很多中肯的建议。能够成为阎老师和杨老师的学生是我今生最大的荣幸。

感谢课题组王强老师。王老师在科技论文写作方面给了我很多细致的指导，和王老师的日常交流也开阔了我的研究视野。

感谢我的校外导师——中国建筑科学研究院冷发光老师在我学业上的指导和帮助。

感谢研究所李克非老师、张君老师、孔祥明老师、魏亚老师和韩建国老师在我学习和科研上的指导和帮助。感谢课题组刘仍光、米贵东、张波、岳蕾、黎梦圆、胡益彰、王喆、崔强、周志凯、李鑫、王志刚和刘牧天等师兄师姐在实验方面给予的指导和帮助，感谢石梦晓、孙建伟、刘进、赵晓、杨峻、陈鸿辉、曹丰泽、王登权、黄磊、刘宇、庄诗雨、陈炜一、黄宗贤、程倩、罗婷、贾瑞权和崔勇等同学们共同营造的轻松活泼的实验室氛围。

感谢我的妻子韩方晖女士给予我的照顾、关心和陪伴。

感谢一直关心我的父母，感谢在我求学路上给予我帮助的各位老师和朋友。

本课题承蒙国家重点研发计划项目（2017YFB0310101）资助，特此说明。